“十三五”应用型本科基础课规划教材

概率论与数理统计

主　编　赵　伟　秦　川
副主编　都俊杰　范臣君　李琼琳
参　编　陈圣滔　梁树生　陈　帆　王安平　冉庆鹏

机 械 工 业 出 版 社

本书是在教育部制定的高等学校概率论与数理统计课程教学基本要求的基础上，并参考全国硕士研究生入学考试大纲，结合多年的实际教学经验编写而成.

全书共7章，各章的内容是：随机事件及其概率、随机变量及其分布、随机变量的数字特征、大数定律与中心极限定理、抽样分布、参数估计和假设检验. 书末附有部分习题参考答案、泊松分布的数值表、标准正态分布表、t分布表、χ^2分布表和F分布表.

本书可作为高等院校非数学类专业的概率论与数理统计课程的选用教材或教学参考书.

图书在版编目（CIP）数据

概率论与数理统计/赵伟，秦川主编. —北京：机械工业出版社，2018.2（2023.1重印）

“十三五”应用型本科基础课规划教材

ISBN 978-7-111-59056-9

Ⅰ.①概… Ⅱ.①赵…②秦… Ⅲ.①概率论－高等学校－教材②数理统计－高等学校－教材 Ⅳ.①O21

中国版本图书馆CIP数据核字（2018）第018738号

机械工业出版社（北京市百万庄大街22号 邮政编码100037）

策划编辑：韩效杰 责任编辑：韩效杰 陈崇昱

责任校对：陈 越 刘 岚 封面设计：鞠 杨

北京雁林吉兆印刷有限公司印刷

2023年1月第1版第7次印刷

184mm×260mm · 11.25印张 · 208千字

标准书号：ISBN 978-7-111-59056-9

定价：39.00元

前　言

概率论与数理统计是高等学校工科、经济学和管理学等专业学生必修的基础课，是高等学校本科阶段各专业普遍开设的研究随机现象规律性的一门学科，也是应用性极强的一门学科.

本书在选材和叙述上尽量联系工科专业的实际，注重概率统计思想的介绍，力图将概念写得清晰易懂，便于教学. 例题和习题的配置注重贴近实际，尽量做到具有启发性和应用性. 本教材主要有以下特点.

1. 通俗易懂

结合教学要求与学生实际，本教材在内容处理上力求通俗易懂、深入浅出；在介绍基本理论、基本方法和重要定理时，采用传统的严谨数学论证方法.

基本概念的引入往往从例题介绍中归纳提出，目的是增强学生对基本概念的感性认识. 对教材重点与难点则尽可能采用通俗易懂、简洁明了的语言进行比较详细的分析，这样便于学生更好地理解和掌握有关基本概念和基本方法，理清思路，把握要点.

2. 重在应用

概率论与数理统计是一门实践性非常强的学科. 本书在教学内容上突出了实际应用. 书中的许多例题与习题就是来自经济生活与管理中的问题，其解决方法带有普遍的适用性，学习中应当注意触类旁通.

为了使学生更好地掌握概率论与数理统计的基本知识，每一章内容都配有一定量针对性较强的习题，以巩固所学内容，有利于学生自查对知识点的掌握和理解，又有利于拓宽解题思路，使所学的知识能够融会贯通.

3. 模块化编排

考虑后续专业课对概率论与数理统计内容的基本要求，本书内容起点适中，重点突出，层次分明，便于进行选择性教学. 由于不同专业课对概率论与数理统计知识的要求不同，教学课时也会有所差异. 全书各个章节内容具有一定的相对独立性，因此可根据不同需要进行一些选择，同时又不会影响后续章节的教学.

综上所述，本书力求做到语言简洁、条理清楚、浅显易懂，便于自学，使其适用于那些对实践需求较强而对理论要求稍弱的应用型高校的数学教学. 对于广大自学者来说，本书也是一本十分有益的参考书.

本书共7章，分两个部分. 前4章为概率论部分，作为基础知识；第5、6、7章主要介绍了抽样分布、参数估计和假设检验.

本书由赵伟、秦川全面筹划定稿，其中第1、3章由赵伟老师编写，第2章由李琼琳老师编写，第4章由都俊杰老师编写，第5、6章由秦川老师编写，第7章由范臣君老师编写。

在本书的编写和出版过程中，得到了长江大学工程技术学院基础教学部数学教研室全体数学教师的大力支持与帮助，并得到了院领导的关心和支持，在此一并表示由衷的感谢！

由于编者水平有限，不妥之处在所难免，恳请广大教师和学生提出宝贵意见.

编　者

2017年9月

目　　录

第1章 随机事件及其概率

概率论与数理统计是研究随机现象统计规律性的一门数学学科.通俗地讲，概率论与数理统计的任务就是从大量的偶然现象中去找出规律性.

人们在实践中经常会遇到各种随机现象，那么什么是随机现象？随机现象是在一定的条件下事先能够预知所有可能的结果，但在每次试验前又不能确定哪一种结果将要出现的现象.对于这一类现象，尽管在每次试验之前无法断言将得到哪一种结果，但是如果进行大量的重复观察，会发现其出现的结果还是有一定规律可循的.例如，在相同条件下，多次重复抛一枚均匀硬币时，正面朝上的次数大致有一半；又如，同一门炮射击同一目标的弹着点按照一定规律分布等.

随机现象的特征：(1) 随机性（偶然性）；(2) 大量试验条件下其结果的发生又具有规律性.随机现象有其偶然性的一面，也有其必然性的一面，这种必然性表现在大量重复试验或观察中所呈现出的固有规律性，即随机现象的统计规律性.

由于随机现象的普遍性，使得概率论与数理统计具有极其广泛的应用.概率论与数理统计的应用几乎遍及所有的科学领域以及工农业生产和国民经济各个部门，如天气预报、地震预测、产品的抽样调查、元件和系统可靠性的评估等；另一方面，广泛的应用也促进了概率论与数理统计的极大发展.

1.1 随机试验和随机事件

在自然界和生产实践以及科学实验中，人们所经常接触到的现象大体可以归结为两种类型：一类是可事前预言的，即条件完全决定结果的现象，我们把这一类现象称为**确定性现象**或**必然现象**.例如，水在标准大气压下加热到100℃肯定会沸腾；在地心引力作用下，重物必从高处落到地面；函数在间断点处不存在导数；同性电荷必然互斥，等等. 另外一类则是事前不可预言的，即条件不能完全决定结果的现象，我们称之为**非确定性现象**或**随机现象**、**偶然现象**. 例如，抛掷一枚硬币（假设硬币不可能竖直立起来），结果可能是正面（指币值面）朝上，也可能是反面朝上；射击时（假设都能命中），可能命中10环，也可能命中9环，……，也有可能命中1环；从一批元件中抽取一件，可能是合格品，也可能是不合格品；过马路交叉口时，可能遇上各种颜色的交通信号灯，等等，类似的例子还有很多很多.

随机现象的共性是：发生的结果预先可以知道但事前又不能完全确定. 我们把在一定条件下可能发生也可能不发生的现象称为**随机现象**. 这类现象的特征是，条件不能完全决定结果. 人们经过长期实践并深入研究后发现，随机现象在个别试验中其结果呈现出不确定性，但在大量重复试验中其结果又呈现出某种固有的规律性，这就是我们以后所说的**统计规律性**.

概率论与数理统计就是研究和揭示随机现象统计规律性的一门学科，是数学的一个重要分支. 概率论与数理统计在金融工程、经济规划和管理、产品质量控制、经营管理、医药卫生、交通工程、人文科学和社会科学等领域有着广泛应用. 概率论与数理统计的思想和方法在科学和工程技术的众多领域中取得了令人瞩目的成就，对某些新学科的产生和发展起了重要的作用，现已出现了随机信号处理、生物统计、统计物理等交叉学科. 同时，概率论与数理统计也是信息论、人工智能、模式识别、控制论、可靠性理论、风险分析与决策等学科的基础.

1.1.1 随机试验

我们是通过研究**随机试验**来研究随机现象的. 这里试验的含义十分广泛，它包括各种各样的科学实验，也包括对事物的某一特征的观察. 那么什么是随机试验呢，下面举一些试验的例子.

E_1：抛一枚硬币两次，观察出现正面 H、反面 T 的情况.

E_2：抛一颗骰子，观察出现的点数.

E_3：观察某一时间段内通过某一红绿灯路口的车辆数.

E_4：观察某一电子元件（如白炽灯）的寿命.

E_5：观察某城市居民（以户为单位）一年的水电支出费用.

上述试验具有以下共同特点：

(1) 试验可以在相同的条件下重复进行；

(2) 试验的所有可能结果是明确的，并且不止一个；

(3) 每次试验总是恰好出现这些可能结果中的一个，但在一次试验之前却不能确定该次试验会出现可能结果中的哪一个.

我们把满足上述三个条件的试验称为**随机试验**. 记为 E，本书以后提到的试验都是指随机试验.

对于随机试验，尽管在进行一次试验之前并不能确定哪一个结果会出现，但试验的所有可能结果组成的集合却是已知的. 我们将随机试验 E 的所有可能结果组成的集合称为 E 的**样本空间**，记为 S. 样本空间的元素，即 E 的每个结果，称为**样本点**（也叫**基本事件**）.

下面写出前面提到的试验 E_k（$k=1, 2, \cdots, 5$）的样本空间 Ω_k：

E_1：$\Omega_1 = \{HH, HT, TH, TT\}$；

E_2：$\Omega_2 = \{1, 2, 3, 4, 5, 6\}$；

E_3：$\Omega_3 = \{0, 1, 2, 3, \cdots\}$；

E_4：$\Omega_4 = \{t \mid t \geqslant 0\}$；（样本点是一非负数，由于不能确定寿命的上界，所以可以认为任一非负实数都是一个可能结果.）

E_5：$\Omega_5 = \{(x,y) \mid M_0 \leqslant x, y \leqslant M_1\}$. [水电的年支出，结果可以用 (x, y) 表示，x、y 分别是水、电年支出的费用（单位：元）. 这时，样本空间由坐标平面第一象限内一定区域内的一切点构成. 也可以按某种标准把支出分为高、中、低三档. 这时，样本点有（高，高），（高，中），……，（低，低）共9种，样本空间就由这9个样本点构成].

试验 E_5 说明，样本空间的元素是由**试验的目的**所确定的，试验的目的不一样，其样本空间也不一样. 样本空间一般可分为两种类型：

(1) 有限样本空间：样本空间中的样本点数是有限的，如 Ω_1、Ω_2、Ω_5.

(2) 无限样本空间：样本空间中的样本点数是无限的，如 Ω_3、Ω_4.

1.1.2 随机事件

在实际进行的各种随机试验中，人们关心的往往是满足某种条件的那些样本点组成的集合. 例如，若规定某种灯泡的寿命（单位：h）小于500为次品，则在试验 E_4 中我们关心灯泡的寿命是否有 $t \geqslant 500$. 满足这一条件的样本点组成 Ω_4 的一个子集：$A = \{t \mid t \geqslant 500\}$. 我们称 A 为试验 E_4 的一个**随机事件**. 显然，当且仅当子集 A 中的一个样本点出现时，就有 $t \geqslant 500$，即随机事件 A 发生.

一般，我们称试验 E 的样本空间 Ω 的**子集**为 E 的**随机事件**，简称**事件**，记作 A、B、C 等. 由此可见，随机事件是由一个或多个样本点组成的. 在每次试验中，当且仅当这一子集中的一个样本点出现时，称这一事件发生.

随机事件可以分为以下几种类型。

(1) **基本事件**：只含一个样本点的随机事件为基本事件. 例如，在试验 E_2 中，“出现1点”“出现2点”……“出现6点”，都是基本事件.

(2) **复合事件**：由两个或两个以上的样本点组成的事件为复合事件，例如，在试验 E_2 中，“点数小于5”和“点数为偶数”都是复合事件.

(3) **必然事件**：样本空间 Ω 是由全体样本点组成的事件，它作为样本空间自身的子集，在每次试验中是必然发生的，称为必然事件，例如，在试验 E_2 中“点数不大于6”就是必然事件.

(4) **不可能事件**：$\varnothing$ 不包含任何样本点，它作为样本空间的子集，在每次试验中是肯定不可能发生的，称为不可能事件.

例1 在掷骰子试验中，观察掷出的点数.

(1)“掷出点数不大于6”是**必然事件**；

(2)“掷出点数7”则是**不可能事件**；

(3) 事件 $A_i=\{$掷出 i 点$\}$ ($i=1, 2, \cdots, 6$) 是**基本事件**；

(4) 事件 $B=\{$掷出奇数点$\}$；

事件 $C=\{2, 4, 6\}$ 表示“出现偶数点”；

事件 $D=\{1, 2, 3, 4\}$ 表示“出现的点数不超过4”均是**复合事件**.

上述事件显然都是样本空间的**子集** ($i=1, 2, \cdots, 6$). 我们可借助**集合**研究事件.

1.1.3 事件间的关系与事件的运算

事件是一个集合，我们自然可以用集合论中有关集合的关系和运算来刻画事件间的关系和运算.

设试验 E 的样本空间为 Ω，而 A，B，A_k ($k=1, 2, \cdots$) 是 Ω 的子集.

1. 事件的包含与相等

如果事件 A 发生必然导致事件 B 发生，则称事件 B 包含事件 A 或称事件 A 包含于事件 B，记作 $B\supset A$ 或 $A\subset B$ (见图1-1a).

若 $A\subset B$ 且同时 $B\subset A$，则称事件 A 与事件相等 (等价)，记为 $A=B$.

2. 事件的和 (并)

事件 $A+B=\{x \mid x\in A\cup x\in B\}$ 称为事件 A 与事件 B 的和事件 (或并事件). 当且仅当事件 A 与事件 B 至少一个发生时，事件 $A+B$ 发生 (见图1-1b).

推广：$A_1+A_2+\cdots+A_n=\sum_{i=1}^{n}A_i$ 称为事件 A_1，A_2，…，A_n 的和事件.

更一般地，可列个事件 A_1，A_2，…，A_n，…的和事件，记作 $\sum_{i=1}^{+\infty}A_i$.

3. 事件的积（交）

事件 $A\cap B=AB=\{x\mid x\in A 且 x\in B\}$ 称为事件 A 与事件 B 的积事件（或交事件）. 当且仅当事件 A 与事件 B 同时发生时，事件 AB 发生（见图 1-1c）.

推广：$A_1A_2\cdots A_n=\prod_{i=1}^{n}A_i$ 称为事件 A_1，A_2，…，A_n 的积事件.

更一般地，可列个事件 A_1，A_2，…，A_n，…的积事件，记作 $\prod_{i=1}^{+\infty}A_i$.

思考题 1 下列事件间有何包含关系：AB，A，B，$A+B$.

4. 两事件的差事件

$A-B=\{x\mid x\in A 且 x\notin B\}$ 称为事件 A 与事件 B 的差事件. 当且仅当事件 A 发生且事件 B 不发生时，事件 $A-B$ 发生（见图 1-1d）.

思考题 2 $A-B=A-AB=A\overline{B}$ 成立吗？

5. 互斥（或互不相容）事件

若 $A\cap B=\varnothing$（即 A、B 两事件不可能同时发生），则称事件 A、B 为互斥（或互不相容）事件（见图 1-1e）.

由互斥的定义可知，基本事件是两两互斥的.

6. 互逆事件（互相对立事件）

若 $A\cap B=\varnothing$ 且 $A+B=\Omega$，则称事件 A 与 B 互为**逆事件**或互为**对立事件**.

A 的对立事件记作 $\overline{A}=\Omega-A$，称 $\overline{A}$ 为 A 的逆事件或 A 的对立事件，显然 A 又是 $\overline{A}$ 的对立事件，即 A 与 $\overline{A}$ 互为对立事件$\Leftrightarrow A\cap\overline{A}=\varnothing$，$A+\overline{A}=\Omega$，此外，$\overline{\overline{A}}=A$（见图 1-1f）.

思考题 3 互不相容与互为对立事件之间的联系与区别？

事件间的关系与事件的运算可用图 1-1 表示，这种图叫维恩（Venn）图. 其中长方形表示样本空间 Ω，圆 A、圆 B 分别表示事件 A 与事件 B.

事件的运算满足下述规则：

（1）交换律：$A+B=B+A$，$AB=BA$.

（2）结合律：$(A+B)+C=A+(B+C)$，$(AB)C=A(BC)$.

（3）分配律：$(A+B)C=AC+BC$.

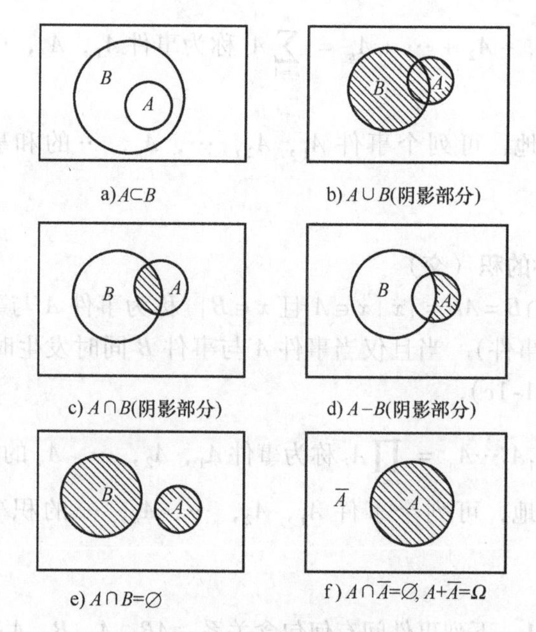

图 1-1　事件的关系和运算

（4）德摩根（De-Morgan）律（对偶律）：$\overline{A+B}=\overline{A}\ \overline{B}$；$\overline{AB}=\overline{A}+\overline{B}$.

推广：$\overline{\sum_{i=1}^{n}A_i}=\prod_{i=1}^{n}\overline{A}_i$；$\overline{\prod_{i=1}^{n}A_i}=\sum_{i=1}^{n}\overline{A}_i$.

对于一个具体事件，要学会用数学符号表示；反之，对于用数学符号表示的事件，要清楚其具体含义是什么，也就是说，要准确无误地“互译”出来，方法可以有多种.

例 2　在 Ω_4 中记事件 $A=\{t \mid t<1500\}$ 表示“产品是次品”；随机事件 $B=\{t \mid t\geqslant 1500\}$ 表示“产品是合格品”；事件 $C=\{t \mid t\geqslant 2000\}$ 表示“产品是一级品”. 则 A 与 C 是互斥事件，而不是互逆事件；A 与 B 才是互逆事件；而 $B-C$ 表示“产品是合格品但不是一级品”；BC 表示“产品是一级品”；$B+C$ 表示“产品是合格品”.

例 3　从一批产品中任取三件，观察合格品的情况. 记 $A=\{$三件产品都是合格品$\}$，记 $B_i=\{$取出的第 i 件是合格品$\}$，$i=1，2，3$. 则 $\overline{A}=\{$三件产品中至少有一件是不合格品$\}$；用 B_i（$i=1，2，3$）表示 A 和 $\overline{A}$ 分别为 $A=B_1B_2B_3$；$\overline{A}=\overline{B_1B_2B_3}=\overline{B}_1+\overline{B}_2+\overline{B}_3$.

在本节的学习中需要特别强调的是：互斥事件与互逆事件不是一个概念. 事件 A 和 B 互斥，意味着在任何一次试验中，事件 A、B 都不可能同时发生，从而积事件 AB 是不可能事件，即 $AB=\varnothing$；而 A、$\overline{A}$ 互逆，意味着在任何一次试验中，事件 A、$\overline{A}$ 不可能同时发生且它们中恰好有一个发生，从而积事件 $A\overline{A}$ 是不可能事件，且和事件 $A+\overline{A}$ 是必然事件，即 $A\overline{A}=\varnothing$ 且 $A+\overline{A}=\Omega$. 这说明互斥事件与互逆事件既有相同之处，又有不同之处. 相同之处在于：积事件都是不可能事件；不同之处在于：在一次试验中，互斥事件有可能都不发生，但互逆事件当中一定有一个事件发生，所以互逆事件一定是互斥事件，但互斥事件不一定是互逆事件.

1.2　概率的定义及其性质

研究随机现象不仅要知道它可能出现哪些现象，通常我们希望知道某些现象在一次试验中发生的可能性的大小，即希望用合适的数量指标对这种可能性的大小进行度量. 例如，我们常说“这次考试我有百分之百把握可以考过”“他有八成把握可以投中”等都是用 0 到 1 之间的一个实数来表示事件发生的可能性大小. 这种随机现象中事件发生的可能性大小叫作事件的概率，它是事件固有的属性. 下面我们来研究如何从数量上描述事件的概率.

1.2.1　概率的统计定义

在中学数学中，我们学过频率的概念. 为此，我们首先引入描述事件发生频繁程度的数——频率，进而引出表征事件在一次试验中发生可能性大小的实数——概率.

定义 1.1　在相同的条件下，进行了 n 次试验，在这 n 次试验中，事件 A 发生的次数 n_A 称为事件 A 发生的**频数**. 且称比值 n_A/n 为事件 A 发生的**频率**，记作 $f_n(A)$.

由定义可知，频率具有下述基本性质：

(1) $0 \leqslant f_n(A) \leqslant 1$;

(2) $f_n(\Omega)=1$;

(3) 若 A_1, A_2, …, A_k 是两两互斥的事件，则

$$f_n(A_1+A_2+\cdots+A_k)=f_n(A_1)+f_n(A_2)+\cdots+f_n(A_k).$$

由频率的定义知道，其大小表示事件在 n 次试验中发生的频繁程度. 频率大，事件 A 发生就频繁，这意味着事件 A 在一次试验中发生可能性就大. 反之亦然. 因此，频率可以在一定程度上反映事件发生的可能性大小，但能否直接用频率表示事件在一次试验中发生的可能性大小呢？先看下面的例子.

例 1　考虑抛硬币，观察正面 H 出现次数的试验，我们将一枚硬币抛掷 5 次、50 次、500 次，各做 10 遍. 得到数据如表 1-1 所示[其中 n 表示试验次数，n_H 表示 H 发生的频数，$f_n(H)$ 表示 H 发生的频率].

表 1-1

实验序号	$n=5$		$n=50$		$n=500$	
	n_H	$f_n(H)$	n_H	$f_n(H)$	n_H	$f_n(H)$
1	2	0.4	22	0.44	251	0.502
2	3	0.6	25	0.50	249	0.498
3	1	0.2	21	0.42	256	0.512
4	5	1.0	25	0.50	253	0.506
5	1	0.2	24	0.48	251	0.502
6	2	0.4	21	0.42	246	0.492
7	4	0.8	18	0.36	244	0.488
8	2	0.4	24	0.48	258	0.516
9	3	0.6	27	0.54	262	0.524
10	3	0.6	31	0.62	247	0.494

我们可以发现，随机事件在一次试验中是否发生具有随机性，但做大量重复试验时，其发生的频率又具有稳定性. 在历史上有人做过这种试验，得到数据如表 1-2 所示.

表 1-2

实验者	抛掷次数 n	正面朝上次数 n_H	频率 $f_n(H)$
De-Morgan	2048	1061	0.5181
Buffon	4040	2048	0.5069
K. Pearson	12000	6019	0.5016
K . Pearson	24000	12012	0.5005
Winnie	30000	14994	0.4998

上述统计数据表明：抛硬币次数 n 较小时，频率 $f_n(H)$ 在 0 与 1 之间随机波动，其幅度较大，但随着 n 的增大，频率 $f_n(H)$ 呈现出稳定性，稳定于 0.5.

大量试验证实，当重复试验次数逐渐增大时，随机事件 A 发生的频率呈现出**稳定性**，即当试验次数 n 很大时，频率 $f_n(A)$ 在一个稳定的值 $p(0<p<1)$ 附近摆动，尽管每进行一连串（n 次）试验，所得到的频率可以各不相同，但只要 n 相当大，频率与某个稳定的值是会非常接近的，这个性质叫作“频率的稳定性”，即统计规律性. 因此，如果让试验重复大量次数，计算出频率 $f_n(A)$，用它来表征事件 A 发生可能性大小是合适的.

定义 1.2 在相同的条件下，重复进行 n 次试验，在这 n 次试验中，事件 A 发生的频率 $f_n(A)$ 总是稳定地在某个常数 p 附近摆动，则称常数 p 为事件 A 的概率，记作 $P(A)$. 即 $P(A)=p$.

如在前面的抛掷硬币的试验中，若设 $A=\{$正面朝上$\}$，则

$P(A)=0.5$. 即说明，出现“正面朝上”的可能性是50%.

注意　虽然事件的频率与概率都是度量事件发生可能性大小的统计特征，但频率是一个试验值，具有随机性，可能取多个不同的值，因此只能近似地反映事件出现的可能性大小；概率是一个理论值，是由事件本身的特征确定的，只能取唯一值，因此它能精确地反映事件出现的可能性大小.

在实际中，事件的概率是很难精确得到的，通常用事件的频率近似代替概率. 例如，我们常用的合格率、及格率、成活率、死亡率、命中率等都是频率，但我们常常用它们来代替概率.

由频率的性质，我们容易得到概率也具有下列性质：

(1) 对于每一个事件 A，有 $P(A)\geqslant 0$；

(2) 对于必然事件 Ω，有 $P(\Omega)=1$；

(3) 对于不可能事件$\varnothing$，有 $P(\varnothing)=0$.

1.2.2　概率的古典定义

实际中，我们不可能对每一件事件都做大量的试验，因此，直接用频率表征事件发生可能性的大小是不现实的. 但对于某些随机事件，可以不通过重复试验，只需要对多一次试验中可能出现的结果进行分析，就可以计算出它的概率.

看下面两个例子：

(1)“抛掷一枚匀质骰子，观察出现的点数”这一事件共有6个基本事件，即 $e_i=i$ ($i=1, 2, 3, 4, 5, 6$). 由于骰子是匀质的正六面体，因此每一个基本事件出现的可能性是相等的，也就是出现的机会都是$\frac{1}{6}$. 如果用 A 表示“出现偶数点”这一事件，那么 A 就包含6个基本事件中的3个基本事件，因此事件 A 发生的概率就是$\frac{3}{6}$，即 $P(A)=\frac{1}{2}$.

(2) 掷一枚均匀的硬币，观察“正面朝上”还是“反面朝上”，可能出现的结果只有两个. 若设 $e_1=\{正面朝上\}$，$e_2=\{反面朝上\}$，则样本空间 $\Omega=\{e_1, e_2\}$. 由于硬币是均匀的，因此这两个基本事件发生的可能性大小也是相等的.

通过以上两个例子我们看到了一种既简便又直观的计算概率的方法. 但是需要注意的是这两个例子都有一个共同的特点，即：

(1) 每次试验只有有限种可能的试验结果，即基本事件的个数是有限个；

(2) 每次试验中各个基本事件发生的可能性是相等的.

上述两个特点可简单概括为**“有限等可能”**. 我们把这类试验称

为等可能试验，它的数学模型称为**等可能概型**，考虑到它在概率论早期发展中的重要地位，又把它叫作**古典概型**. 这是我们经常碰到的也是最简单的一类随机现象的概率模型，具有直观、容易理解的特点，有着广泛的应用. 在计算概率的过程中常会用到初等数学中的排列组合知识.

下面讨论古典概型中事件概率的一般计算公式.

设试验的样本空间为 $\Omega=\{e_1, e_2, \cdots, e_n\}$，由古典概型的等可能性，得

$$P(\{e_1\})=P(\{e_2\})=\cdots=P(\{e_n\}).$$

又由于基本事件两两互斥，所以

$$1=P\{\Omega\}=P\left(\sum_{i=1}^{n}\{e_i\}\right)=P(\{e_1\})+P(\{e_2\})+\cdots+P(\{e_n\}),$$

从而 $P(\{e_i\})=\dfrac{1}{n}$，$i=1, 2, \cdots, n$.

设事件 A 包含 k 个基本事件，即 $A=\{e_{i_1}\}+\{e_{i_2}\}+\cdots+\{e_{i_k}\}$（其中，$i_1, i_2, \cdots, i_k$ 是 $1, 2, \cdots, n$ 中某 k 个不同的数），则有

$$P(A)=\sum_{j=1}^{k}P(\{e_{i_j}\})=\frac{k}{n}=\frac{A\text{包含的基本事件数}}{\Omega\text{中的基本事件总数}}. \tag{1.2.1}$$

例 2 从编号分别为 1，2，3，…，9 的、大小相同的 9 只球中任取 1 球，求取到的球是奇数号的概率.

解 样本空间中基本事件总数是：$n=C_9^1=9$.

设事件 $A=\{$取得奇数号球$\}$，则 A 中基本事件个数：$k=C_5^1=5$. 故

$$P(A)=\frac{5}{9}.$$

例 3 在 200 件产品中，有 194 件合格品，6 件次品. 从中任取 3 件，试计算：

(1) 3 件中恰有两件合格品的概率.

(2) 3 件都是合格品的概率.

解 从 200 件产品中任取 3 件的基本事件总数是 $n=C_{200}^3$.

(1) 设 $A=\{3$ 件中恰有两件合格品$\}$，A 包含的基本事件数：$k=C_{194}^2C_6^1$，则

$$P(A)=\frac{k}{n}=\frac{C_{194}^2C_6^1}{C_{200}^3}\approx 0.0855.$$

(2) 设 $B=\{3$ 件都是合格品$\}$，B 包含的基本事件数：$k=C_{194}^3$，则

$$P(B)=\frac{k}{n}=\frac{C_{194}^3}{C_{200}^3}\approx 0.9122.$$

由上两例看出，用公式计算古典概率的关键，是要正确求出 n 和

k，然而并非每次计算 n 和 k 都能像例 2 那样简单，许多时候是比较费神而富于技巧的，计算中经常要用到两条基本原理——**乘法原理**和**加法原理**，以及由之导出的**排列**、**组合**等公式.

例 4　在 200 件产品中，有 194 件合格品，6 件次品. 从中任取 3 件，试计算：3 件中至少有两件合格品的概率.

解　从 200 件产品中任取 3 件的基本事件总数是：$n=C_{200}^{3}$.

设 $A=\{3$ 件中至少有两件合格品$\}$，A 包括恰有两件合格品或恰有 3 件合格品两种情况，包含的基本事件数：$k=C_{194}^{2}C_{6}^{1}+C_{194}^{3}C_{6}^{0}$. 所以

$$P(A)=\frac{C_{194}^{2}C_{6}^{1}+C_{194}^{3}C_{6}^{0}}{C_{200}^{3}}\approx 0.9977.$$

另外，在古典概型的计算中，一定要注意公式的前提条件，否则很容易出错，请看下例.

例 5　掷两枚骰子，设事件 A 表示"出现的点数之和等于 3"，求事件 A 的概率.

解法 1　掷两枚骰子出现的点数之和的可能数值为 $\{2, 3, 4, 5, 6, 7, 8, 9, 10, 11, 12\}$，共 11 种，即 $n=11$，而事件 A 出现的结果只能是点数之和是 3，即 $k=1$. 故

$$P(A)=\frac{k}{n}=\frac{1}{11}.$$

解法 2　将两枚骰子看作有编号的，则试验中可能出现的结果有：

$$\begin{matrix}(1, 1) & (1, 2) & \cdots & (1, 6)\\ (2, 1) & (2, 2) & \cdots & (2, 6)\\ \vdots & \vdots & & \vdots\\ (6, 1) & (6, 2) & \cdots & (6, 6)\end{matrix}$$

可知基本事件的总数是：$n=6\times 6=36$，而事件 A 只包含两个基本事件：(1, 2) 和 (2, 1)，即 $k=2$. 故

$$P(A)=\frac{k}{n}=\frac{2}{36}=\frac{1}{18}.$$

分析　上面两种解法中，解法 1 显然错误，原因在于使用公式 $P(A)=\frac{k}{n}$时，没有注意到试验结果的等可能性. 例如，解法 1 中，"点数之和为 2"只含一个结果，即 (1, 1)，而"点数之和为 3"则包含了两个结果，即 (1, 2) 和 (2, 1)，所以，在解法 1 中，点数之和的 11 个可能结果并不是等可能的.

由古典概率的定义，我们也可以得到古典概率的性质：

(1) 对任意的事件 A，有 $0\leqslant P(A)\leqslant 1$；

(2) 对于必然事件 Ω，有 $P(\Omega)=1$；

(3) 如果事件 A、B 互斥，则 $P(A+B)=P(A)+P(B)$.

1.2.3 概率的公理化定义

前面介绍的概率的两种定义都有其局限性. 在一般情形下，虽然概率的统计学定义可以反映事件发生可能性的大小，但在实际中，我们不可能对每一个事件都做大量重复的试验，从而得到频率的稳定值. 而概率的古典定义是以等可能概型为基础的，在实际中，一般试验不具备这种等可能性. 作为数学的一个分支，概率论中概率的定义也需要一个完备的理论基础. 于是，我们从对统计定义和古典定义的概率的基本性质的研究中得到启发，以事实为依据，先提出概率的三条公理，然后以此为基础，建立概率的严格定义.

公理1 对任意的事件 A，有 $0\leqslant P(A)\leqslant 1$.

公理2 对于必然事件 Ω，有 $P(\Omega)=1$.

公理3 对于两两互斥的事件 A_1，A_2，…，A_n，…，有
$P(A_1+A_2+\cdots+A_n+\cdots)=P(A_1)+P(A_2)+\cdots+P(A_n)+\cdots$.

从而，给出概率的公理化定义如下.

定义1.3 设 E 是随机试验，Ω 是它的样本空间，对于 E 的每一个事件 A（即 $A\subset\Omega$）赋予一个实数，记为 $P(A)$，称为事件 A 的**概率**，如果集合函数 $P(\cdot)$ 满足下列条件：

(1) **非负性**：对于每一个事件 A，有 $P(A)\geqslant 0$；

(2) **规范性**：对于必然事件 Ω，有 $P(\Omega)=1$；

(3) **可列可加性**：设 A_1，A_2，…，A_n 是两两互不相容的事件，即对于 $A_iA_j=\varnothing$（$i\neq j$；i，$j=1$，2，…，n），有

$$P(A_1+A_2+\cdots+A_n+\cdots)=P(A_1)+P(A_2)+\cdots+P(A_n)+\cdots.$$

由概率的定义知，事件的概率值可以看成以事件为自变量的一个函数值，它们在区间 $[0,1]$ 之中. 由此，我们可以推导出概率的若干性质. 应用这些性质来计算事件概率，往往能起到化难为易的作用.

性质1 $P(\varnothing)=0$.

性质2（有限可加性） 若 A_1，A_2，…，A_n 是两两互不相容的事件，则

$$P(A_1+A_2+\cdots+A_n)=P(A_1)+P(A_2)+\cdots+P(A_n). \quad (1.2.2)$$

性质3（单调性） 如果 $A\subset B$，则有

$$P(B-A)=P(B)-P(A); \quad (1.2.3)$$

$$P(B)\geqslant P(A). \quad (1.2.4)$$

思考题1 证明：$P(B-A)=P(B)-P(AB)$.

性质4 对任一事件 A，有 $P(A)\leqslant 1$.

性质5（逆事件的概率） 对任一事件 A，有 $P(\overline{A})=1-P(A)$.

性质5在概率的计算上很有用，如果直接计算事件 A 的概率不容

易，而计算其对立事件的概率较易时，可以先计算对立事件的概率，再计算 $P(A)$.

例6　将一颗骰子抛掷4次，求 $A=\{$4次抛掷中至少有一次出"6"点$\}$ 的概率.

解　由于将一颗骰子抛掷4次，共有 $6\times6\times6\times6=1296$ 种等可能结果，而导致事件 $\bar{A}=\{$4次抛掷中都未出"6"点$\}$ 的结果数有 $5\times5\times5\times5=625$ 种.

因此 $P(\bar{A})=\frac{625}{1296}\approx0.482$，所以 $P(A)=1-P(\bar{A})\approx0.518$.

性质6（加法公式）　对于任意两个事件 A、B，有

$$P(A+B)=P(A)+P(B)-P(AB). \tag{1.2.5}$$

例如，设 A、B、C 为任意三个事件，则有

$$P(A+B+C)=P(A)+P(B)+P(C)-P(AB)-P(AC)-P(BC)+P(ABC). \tag{1.2.6}$$

例7　设 $P(A)=\frac{1}{3}$，$P(B)=\frac{1}{2}$.

（1）若事件 A 与 B 互不相容，求 $P(A\bar{B})$；

（2）若 $A\subset B$，求 $P(A\bar{B})$；

（3）若 $P(AB)=\frac{1}{8}$，求 $P(A\bar{B})$.

解　因 $P(A)=P(A\Omega)=P(A(B+\bar{B}))=P(AB+A\bar{B})$，且 $AB\cdot A\bar{B}=\varnothing$，故 $P(A)=P(AB)+P(A\bar{B})$.

（1）已知 $AB=\varnothing$，故 $P(A)=P(AB)+P(A\bar{B})=P(A\bar{B})=\frac{1}{3}$.

（2）由 $A\subset B$，得 $P(A)=P(AB)+P(A\bar{B})=P(A)+P(A\bar{B})$，$P(A\bar{B})=0$.

（3）由 $P(AB)=\frac{1}{8}$，得 $P(A\bar{B})=P(A)-P(AB)=\frac{5}{24}$.

例8　厂家声称一批数量为1000件的产品的次品率为5%. 现从该批产品中有放回地抽取了30件，经检验发现有次品5件，问该厂家是否谎报了次品率?

解　假设厂家没有谎报次品率，即认为这批产品的次品率为5%，那么1000件产品中应有次品为50件. 这时有放回地抽取30件，有5件次品的概率为

$$p=C_{30}^{5}(0.05)^{5}(1-0.05)^{25}\approx0.014.$$

人们在长期的实践中总结得到"概率很小的事件在一次试验中几乎是不发生的"（这种经验称之为**实际推断原理**）. 现在概率很小的事件在一次试验中竟然发生了，因此有理由怀疑假设的正确性，从而推断

该厂家谎报了次品率.

概率很小的事件称为**小概率事件**. 但是可以证明，在随机试验中某一事件 A 出现的概率 $\varepsilon>0$ 不论多么小，只要不断地、独立重复试验，则事件 A 迟早会出现的概率为 1.

1.3 条件概率和乘法定理

1.3.1 条件概率

条件概率是概率论中一个重要而实用的概念. 在概率的计算中，常常会遇到这样的情况，求在某一事件 A 已经发生的条件下事件 B 发生的概率. 添加了一个附加条件，事件的概率可能会发生变化. 请看下面的一个例子.

例 1 有 16 件产品，其中有 5 件是甲厂生产的，11 件是乙厂生产的，甲、乙两厂的合格率分别为 $\frac{3}{5}$、$\frac{7}{11}$，现从 16 件产品中任意抽取一件，设事件 B 表示“抽到的是合格品”，求事件 B 的概率.

$$P(B)=\frac{3+7}{16}=0.625.$$

现在我们提出一个新的问题：如果抽到的产品是甲厂生产的，求它是合格品的概率. 若记 $A=\{$抽到的产品是甲厂生产的$\}$，则问题成为：求在事件 A 已发生的条件下事件 B 也发生的概率.

因为甲厂共生产 5 件产品，其中有 3 件合格品，则所求的概率是 $\frac{3}{5}$. 这个概率是在附加了一个新的条件下的概率，称为条件概率.

这个关系具有一般性，即条件概率是两个无条件概率的商. 对于一般古典概型问题，若以 $P(B|A)$ 表示事件 A 已经发生的条件下事件 B 发生的概率，设试验的基本事件总数为 n，A 包含的基本事件数为 m $(m>0)$，AB 包含的基本事件数为 k，则有

$$P(B|A)=\frac{k}{m}=\frac{k/n}{m/n}=\frac{P(AB)}{P(A)}. \tag{1.3.1}$$

一般，将上述关系式作为条件概率的定义.

定义 1.4 设 A、B 是某随机试验中的两个事件，且 $P(A)>0$，称

$$P(B|A)=\frac{P(AB)}{P(A)} \tag{1.3.2}$$

为在事件 A 发生的条件下，事件 B 发生的**条件概率**.

如例 1 中所求的条件概率为 $P(B|A)=\frac{3}{5}$. “抽得合格品”且“抽得的产品是甲厂生产的”概率为 $P(AB)=\frac{3}{16}$. $P(A)=\frac{5}{16}$，从而可

知，$P(B|A)=\frac{3}{5}=\frac{\frac{3}{16}}{\frac{5}{16}}=\frac{P(AB)}{P(A)}$.

容易验证，条件概率 $P(\cdot|A)$ 也满足概率定义中三个公理化的条件，即

（1）**非负性**：对于每一事件 B，有 $P(B|A)\geqslant 0$；

（2）**规范性**：对于必然事件 Ω，有 $P(\Omega|A)=1$；

（3）**可列可加性**：设 B_1，B_2，…，B_n 是两两互不相容的事件，则有

$$P\left(\sum_{i=1}^{n}B_i|A\right)=\sum_{i=1}^{\infty}P(B_i|A).$$

既然条件概率符合上述三个条件，故前面对概率所证明的一些重要结果都适用于条件概率. 例如，对于任意事件 B_1 和 B_2，有

$$P((B_1+B_2)|A)=P(B_1|A)+P(B_2|A)-P(B_1B_2|A).$$

例2　设某样本空间 Ω 含有25个等可能的样本点，事件 A 含有15个样本点，事件 B 含有7个样本点，交事件 AB 含有5个样本点，试求 $P(B|A)$.

解　由条件概率的定义，得

$$P(A)=\frac{15}{25},\ P(B)=\frac{7}{25},\ P(AB)=\frac{5}{25},$$

则在事件 A 发生的条件下，事件 B 发生的条件概率为

$$P(B|A)=\frac{P(AB)}{P(A)}=\frac{5/25}{15/25}=\frac{1}{3}.$$

由条件概率的含义，此结果也可如此考虑：若事件 A 发生，则事件 $\overline{A}$ 不可能发生，因此 $\overline{A}$ 中10个样本点可以不予考虑，此时在 A 的15个样本点中属于 B 的只有5个，所以 $P(B|A)=\frac{5}{15}=\frac{1}{3}$，这意味着，在计算条件概率 $P(B|A)$ 时，样本空间 Ω 缩小为 $\Omega_A=A$.

1.3.2　乘法定理

由条件概率的计算公式（1.3.2），立即可得下述定理.

乘法定理　设 $P(A)>0$，则有

$$P(AB)=P(B|A)P(A). \tag{1.3.3}$$

该公式称为**乘法公式**.

若 $P(B)>0$，类似可定义在事件 B 发生的条件下，事件 A 发生的条件概率，以及相应的乘法公式：

$$P(A|B)=\frac{P(AB)}{P(B)},$$

$$P(AB)=P(A|B)P(B). \tag{1.3.4}$$

上式容易推广到多个事件的积事件的情形，对于三个事件 A、B、C，有

$$P(ABC)=P(A)P(B\mid A)P(C\mid AB).$$

一般地，设 A_1，A_2，…，A_n 为 n 个事件，且 $P(A_1A_2\cdots A_{n-1})>0$，则有

$$P(A_1A_2\cdots A_n)=P(A_1)P(A_2\mid A_1)P(A_3\mid A_1A_2)\cdots P(A_n\mid A_1A_2\cdots A_{n-1}).$$

例3 7个人依次从7张彩票中抽一张，只有一张彩头，求第 i（$i=1,2,\cdots,7$）个人抽到彩头的概率.

解 记 A_i（$i=1,2,\cdots,7$）表示事件“第 i 次抽中彩头”，则

$$P(A_1)=\frac{1}{7},$$

$$P(A_2)=P(\overline{A}_1A_2)=P(\overline{A}_1)P(A_2\mid\overline{A}_1)=\frac{6}{7}\times\frac{1}{6}=\frac{1}{7},$$

$$P(A_3)=P(\overline{A}_1\overline{A}_2A_3)=P(\overline{A}_1)P(\overline{A}_2\mid\overline{A}_1)P(A_3\mid\overline{A}_1\overline{A}_2)$$
$$=\frac{6}{7}\times\frac{5}{6}\times\frac{1}{5}=\frac{1}{7}.$$

类似地，有 $P(A_4)=P(A_5)=P(A_6)=P(A_7)=\frac{1}{7}$.

可见，抽签中奖的概率与先后次序无关，每个人机会均等.

例4 10件产品中有7件正品和3件次品，不放回地抽取3次，每次抽1件，求3次中至少抽到1件正品的概率.

解 设 $A_i=\{$第 i 次抽到的是次品$\}$（$i=1,2,3$），则 $A_1A_2A_3$ 表示“3次都抽到次品”，于是“3次中至少抽到1件正品”可表示为 $\overline{A_1A_2A_3}$.

由于

$$P(\overline{A_1A_2A_3})=1-P(A_1A_2A_3)=1-P(A_1)P(A_2\mid A_1)P(A_3\mid A_1A_2),$$

$$P(A_1)=\frac{3}{10},P(A_2\mid A_1)=\frac{2}{9},P(A_3\mid A_1A_2)=\frac{1}{8},$$

故 $P(\overline{A_1A_2A_3})=1-\frac{3}{10}\times\frac{2}{9}\times\frac{1}{8}=1-\frac{1}{120}\approx0.9917$. 即说明3次中至少抽到1件正品的概率是0.9917.

在积事件概率已知的情况下，也可以根据多给的条件将乘法公式反过来用于求其中某个事件的概率或者条件概率.

例5 某种动物活到20岁的概率为0.8，活到25岁的概率是0.4，问现在年龄为20岁的这种动物能继续活到25岁的概率是多少？

解 设事件 A 表示“该动物活到20岁”，事件 B 表示“该动物活到25岁”，因为“活到25岁”也一定“活到20岁”，所以 $B\subset A$，因此 $AB=B$，由乘法公式可得，

$$P(B\mid A)=\frac{P(AB)}{P(A)}=\frac{P(B)}{P(A)}=\frac{0.4}{0.8}=0.5.$$

1.4　全概率公式和贝叶斯公式

1.4.1　全概率公式

复杂事件或是难于了解的事件往往概率难以直接计算，如果该事件伴随一系列事件的发生而发生，我们常会将这些伴随的系列事件分割成一些简单情况进行计算，然后进行综合，得到此事件全面完整的计算，这种思想的表达就是全概率公式. 先给出样本空间的划分的概念.

定义 1.5　设 Ω 为试验 E 的样本空间，B_1，B_2，…，B_n 为 E 的一组事件. 若满足

(1) $B_iB_j=\varnothing$ $(i\neq j;\ i,\ j=1,\ 2,\ \cdots,\ n)$，

(2) $B_1+B_2+\cdots+B_n=\Omega$，

则称 B_1，B_2，…，B_n 为样本空间 Ω 的一个**划分（完备事件组）**.

注　(1) 若 B_1，B_2，…，B_n 是样本空间的一个划分，那么，对每次试验，事件 B_1，B_2，…，B_n 中必有且仅有一个发生.

(2) 样本空间的划分不是唯一的，这给了我们选取合适分割的自由.

定理 1.1（全概率公式）　设试验 E 的样本空间为 Ω，A 为 E 的试验，B_1，B_2，…，B_n 是 Ω 的一个划分，且 $P(B_i)>0$ $(i=1,\ 2,\ \cdots,\ n)$，则

$$P(A)=\sum_{i=1}^{n}P(AB_i)=\sum_{i=1}^{n}P(B_i)P(A\mid B_i). \qquad (1.4.1)$$

注　(1) 在许多实际问题中，$P(A)$ 不易直接求得，但却容易找到 Ω 的一个划分 B_1，B_2，…，B_n，且 $P(B_i)$ 和 $P(A|B_i)$ 或为已知，或容易求得，则可利用全概率公式求出 $P(A)$，它把事件 A 的概率表示成在 B_1，B_2，…，B_n 发生条件下事件 A 的条件概率的加权和.

(2) 事实上，从上面的推导可以看到，实际计算 $P(A)$ 时，可以不必要求 B_1，B_2，…，B_n 为样本空间 Ω 的一个完备事件组，计算中实际只留下与 A 确实有关系的那些 B_i 就行了.

例 1　某汽车公司下属三个汽车制造厂，全部产品的 40% 由甲厂生产，45% 由乙厂生产，15% 由丙厂生产，而甲、乙、丙三厂生产的不合格品率分别为 1%、2%、3%. 求从该公司产品中随机抽出一件产品为不合格品的概率.

解　设 $B_1=\{$抽到甲厂的产品$\}$，$B_2=\{$抽到乙厂的产品$\}$，$B_3=\{$抽到丙厂的产品$\}$，$A=\{$抽到不合格品$\}$，则 B_1、B_2、B_3 两两互不相容，且 $\Omega=B_1+B_2+B_3\Rightarrow A=A\Omega=A(B_1+B_2+B_3)=AB_1+AB_2+AB_3$，则

$$P(A)=P(AB_1)+P(AB_2)+P(AB_3)$$
$$\Rightarrow P(A)=P(B_1)P(A\mid B_1)+P(B_2)P(A\mid B_2)+P(B_3)P(A\mid B_3).$$

由题设易知

$$P(B_1)=40\%,\ P(B_2)=45\%,\ P(B_3)=15\%,$$
$$P(A\mid B_1)=1\%,\ P(A\mid B_2)=2\%,\ P(A\mid B_3)=3\%.$$

所以

$$P(A)=0.4\times0.01+0.45\times0.02+0.15\times0.03=0.0175.$$

即说明从该公司产品中随机抽出一件产品为不合格品的概率为0.0175.

例2 某工厂有四条流水线生产同一种产品，这四条流水线的产量分别占总产量的15%、20%、30%、35%. 而这四条流水线的不合格品率分别为0.05、0.04、0.03及0.02. 现从出厂产品中任取1件，问恰好抽到不合格品的概率是多少？

解 设$B=\{$任取1件是不合格品$\}$，$A_i=\{$任取1件，恰好取到第i条流水线生产的产品$\}$ $(i=1,2,3,4)$，则

$$\begin{aligned}P(B)&=\sum_{i=1}^{4}P(A_i)P(B\mid A_i)\\&=0.15\times0.05+0.20\times0.04+0.30\times0.03+0.35\times0.02\\&=0.0315.\end{aligned}$$

即说明恰好抽到不合格品的概率是0.0315.

在例2中，假设我们从出厂的产品中任取1件，经检测后发现是不合格品，那么该不合格品最有可能是哪条流水线生产的呢？即$P(A_i\mid B)$ $(i=1,2,3,4)$ 谁最大呢？这是我们关心的另外一个概率，关于$P(A_i\mid B)$ 的计算，涉及下面另一个概率的重要公式.

1.4.2 贝叶斯（Bayes）公式

由条件概率的定义、乘法公式及全概率公式，易得**贝叶斯公式**.

定理1.2 设试验E的样本空间为Ω，B为E中的试验，A_1，A_2，…，A_n是Ω的一个划分，且$P(A_i)>0$ $(i=1,2,\cdots,n)$，则

$$P(A_i\mid B)=\frac{P(A_i)P(B\mid A_i)}{\sum_{j=1}^{n}P(A_j)P(B\mid A_j)}\quad(i=1,2,\cdots,n).\tag{1.4.2}$$

上述公式称为**贝叶斯公式**，其中$P(A_i)$一般被称为**先验概率**，而$P(A_i\mid B)$被称为**后验概率**.

例3 在例2中，其他条件不变，若假设我们从出厂的产品中任取1件，经检测后发现是不合格品，那么该不合格品最有可能是哪条流水线生产的呢？

解　设$B=\{$任取1件是不合格品$\}$，$A_i=\{$任取1件，恰好取到的是第i条流水线所生产的产品$\}$ $(i=1, 2, 3, 4)$. 则由贝叶斯公式$P(A_i|B)=\dfrac{P(A_i)P(B|A_i)}{\sum\limits_{j=1}^{n}P(A_j)P(B|A_j)}$，知

$$P(A_1|B)=\frac{P(A_1)P(B|A_1)}{\sum\limits_{j=1}^{n}P(A_j)P(B|A_j)}=\frac{P(A_1)P(B|A_1)}{P(B)}.$$

而由题设及例2可知$P(A_1)=0.15$，$P(B|A_1)=0.05$，$P(B)=0.0315$. 所以

$$P(A_1|B)=\frac{P(A_1)P(B|A_1)}{P(B)}=\frac{0.15\times0.05}{0.0315}\approx0.24,$$

类似地，有

$$P(A_2|B)=\frac{P(A_2)P(B|A_2)}{P(B)}=\frac{0.20\times0.04}{0.0315}\approx0.25,$$

$$P(A_3|B)=\frac{P(A_3)P(B|A_3)}{P(B)}=\frac{0.30\times0.03}{0.0315}\approx0.29,$$

$$P(A_4|B)=\frac{P(A_4)P(B|A_4)}{P(B)}=\frac{0.35\times0.02}{0.0315}\approx0.22.$$

比较可得$P(A_3|B)>P(A_2|B)>P(A_1|B)>P(A_4|B)$，即说明该不合格品最可能是由第3条流水线生产的.

例4　某工厂里由甲、乙、丙三台机器生产相同规格的轴承，它们的产量各占25%、35%、40%，而且在各自所生产的产品里，次品率分别为5%、4%、2%. 现从该工厂的产品中任取一件，求：(1) 取得的是次品的概率. (2) 若已知取出的是次品，求它是由甲机器生产的概率.

解　用$A_1=\{$任取一件产品是由甲机器生产的$\}$，$A_2=\{$任取一件产品是由乙机器生产的$\}$，$A_3=\{$任取一件产品是由丙机器生产的$\}$，$B=\{$任取一件产品为次品$\}$，则

$$P(A_1)=25\%,\ P(A_2)=35\%,\ P(A_3)=40\%,$$

$$P(B|A_1)=5\%,\ P(B|A_2)=4\%,\ P(B|A_3)=2\%.$$

(1) 取得的是次品的概率为

$$P(B)=\sum_{i=1}^{3}P(A_i)P(B|A_i)=0.0345.$$

(2) 次品是由甲机器生产的概率为

$$P(A_1|B)=\frac{P(A_1)P(B|A_1)}{P(B)}=\frac{25}{69}\approx0.362.$$

1.5 事件的独立性与伯努利概型

1.5.1 事件独立性的定义

设A、B是试验E的两个事件，若$P(A)>0$，由条件概率可以定义$P(B|A)$．一般地，$P(B|A)\neq P(B)$，即说明A的发生对B的发生是有影响的，但在某些特定的条件下，事件B发生与否不受事件A的影响，这时就有$P(B|A)=P(B)$，即$P(AB)=P(A)P(B)$．例如，一个袋中有5个除颜色以外都相同的球，其中3个白球，2个黑球，有放回地从袋中随机抽取两次，每次取1个球，令$A=\{$第一次取得白球$\}$，$B=\{$第二次取得白球$\}$，由于每次抽取是有放回的，所以有

$$P(B|A)=P(B)=\frac{3}{5}.$$

这就是说，事件B发生与事件A发生与否无关，即事件B发生对于事件A是独立的．一般地，我们有如下定义．

定义1.6 设A、B是两个随机事件，如果

$$P(AB)=P(A)P(B), \tag{1.5.1}$$

则称A与B**是相互独立的**，简称A与B独立．

独立的直观含义就是："**事件B发生与否不受事件A的影响**"．这种特性在实际问题中是很多的，譬如在掷两枚硬币的试验中，两枚硬币的试验结果之间是相互独立的，请看下例．

例1 设试验E为"抛甲、乙两枚硬币，观察正、反面出现的情况"，设事件A为"甲币出现正面H"，设事件B为"乙币出现正面H"，试验证A与B是相互独立的．

解 样本空间$\Omega=\{HH, HT, TH, TT\}$中含4个等可能的基本事件，$A=\{HH, HT\}$，$B=\{HH, TH\}$，$P(A)=P(B)=\frac{2}{4}=\frac{1}{2}$，$P(AB)=\frac{1}{4}$，$P(B|A)=P(B)=\frac{1}{2}$，可以看出$P(AB)=P(A)P(B)$，根据定义，$A$与$B$是相互独立的．由实际问题，我们也可以验证这个结论．

1.5.2 事件独立性的性质

定理1.3 如果事件A与B相互独立，而且$P(A)>0$则$P(B|A)=P(B)$，反之也成立．

证 由于事件A与B相互独立，故$P(AB)=P(A)P(B)$，由$P(A)>0$，可得

$$P(B|A)=\frac{P(AB)}{P(A)}=\frac{P(A)P(B)}{P(A)}=P(B).$$

反之，如果 $P(B|A)=P(B)$，则有 $P(AB)=P(A)P(B|A)=P(A)P(B)$，即 A 与 B 相互独立.

定理 1.4　必然事件 Ω、不可能事件 $\varnothing$ 与任意随机事件 A 相互独立.

证　由 $P(\Omega A)=P(A)=1\cdot P(A)=P(\Omega)P(A)$ 可知，必然事件 Ω 与任意随机事件 A 相互独立；

由 $P(\varnothing A)=P(\varnothing)=0\cdot P(A)=P(\varnothing)P(A)$ 可知，不可能事件 $\varnothing$ 与任意随机事件 A 相互独立.

定理 1.5　若随机事件 A 与 B 相互独立，则下列各对事件也相互独立：

$$\overline{A} \text{ 与 } B、A \text{ 与 } \overline{B}、\overline{A} \text{ 与 } \overline{B}.$$

证　为方便起见，只证 $\overline{A}$ 与 B 相互独立即可.

由于 $P(\overline{A}B)=P(B-AB)$，注意到 $AB\subset B$，于是

$$\begin{aligned}P(\overline{A}B)&=P(B)-P(AB)=P(B)-P(A)P(B)\\&=[1-P(A)]P(B)=P(\overline{A})P(B).\end{aligned}$$

所以，事件 $\overline{A}$ 与 B 相互独立. 由此可推出 A 与 $\overline{B}$ 相互独立，再由 $\overline{\overline{A}}=A$，又可推出 $\overline{A}$ 与 $\overline{B}$ 相互独立.

例 2　设事件 A 与 B 满足：$P(A)P(B)\neq 0$，若事件 A 与 B 相互独立，则 $AB\neq\varnothing$；若 $AB=\varnothing$，则事件 A 与 B 不相互独立.

证　由于事件 A 与 B 相互独立，故 $P(AB)=P(A)P(B)\neq 0$，所以 $AB\neq\varnothing$；若 $AB=\varnothing$，则 $P(AB)=P(\varnothing)=0$，但是，由假设 $P(A)P(B)\neq 0$，所以 $P(AB)\neq P(A)P(B)$，这表明，事件 A 与 B 不相互独立.

此例说明：若 $P(A)>0$，$P(B)>0$，则 A、B 互不相容与 A、B 相互独立不能同时成立，或者说 A 与 B 独立不互斥，互斥不独立.

例 3（不独立事件的例子）　袋中有 a 只黑球，b 只白球. 每次从中取出一球，取后不放回. 令 $A=\{$第一次取出白球$\}$，$B=\{$第二次取出白球$\}$，则事件 A 与 B 不相互独立. 事实上，因为

$$P(AB)=\frac{b(b-1)}{(a+b)(a+b-1)},\quad P(\overline{A}B)=\frac{ab}{(a+b)(a+b-1)},$$

所以

$$\begin{aligned}P(B)&=P(AB)+P(\overline{A}B)\\&=\frac{b(b-1)}{(a+b)(a+b-1)}+\frac{ab}{(a+b)(a+b-1)}=\frac{b}{a+b},\end{aligned}$$

又

$$P(A)=\frac{b}{a+b},$$

从而

$$P(AB)=\frac{b(b-1)}{(a+b)(a+b-1)}\neq P(A)P(B)=\frac{b^2}{(a+b)^2}.$$

这表明，事件 A 与 B 不相互独立. 事实上，由于是不放回取球，因此在第二次取球时，袋中球的总数变化了，并且袋中的黑球与白球的比例也发生变化了，这样，在第二次取出白球的概率自然也发生变化. 或者说，第一次的取球结果对第二次取球肯定是有影响的.

1.5.3 多个事件的独立性

首先，研究三个事件的独立性.

定义 1.7 设 A、B、C 是三个随机事件，如果

$$\begin{cases}P(AB)=P(A)P(B),\\P(BC)=P(B)P(C),\\P(AC)=P(A)P(C),\\P(ABC)=P(A)P(B)P(C),\end{cases}$$

则称 A、B、C 是相互独立的随机事件.

注 在三个事件独立性的定义中，四个等式是缺一不可的. 即：由前三个等式的成立不能推出第四个等式的成立；反之，由最后一个等式的成立也推不出前三个等式的成立.

例 4 袋中装有 4 个外形相同的球，其中三个纯色球分别涂红、白、黑色，另一个花球涂红、白、黑三种颜色. 现从袋中任意取出一球，令 $A=\{$取出的球涂有红色$\}$，$B=\{$取出的球涂有白色$\}$，$C=\{$取出的球涂有黑色$\}$. 则

$$P(A)=P(B)=P(C)=\frac{1}{2},\ P(AB)=P(BC)=P(AC)=\frac{1}{4},\ P(ABC)=\frac{1}{4}.$$

由此可见 $P(AB)=P(A)P(B)$，$P(BC)=P(B)P(C)$，$P(AC)=P(A)P(C)$，但是 $P(ABC)=\frac{1}{4}\neq\frac{1}{8}=P(A)P(B)P(C)$.

这表明 A、B、C 这三个事件是两两独立的，但不是相互独立的.

进一步推广，可以定义三个以上事件的独立性.

定义 1.8 设 A_1，A_2，…，A_n 为 n 个随机事件，如果下列等式同时成立，

$$\begin{cases}P(A_iA_j)=P(A_i)P(A_j), & (1\leqslant i<j\leqslant n),\\P(A_iA_jA_k)=P(A_i)P(A_j)P(A_k), & (1\leqslant i<j<k\leqslant n),\\\vdots\\P(A_{i_1}A_{i_2}\cdots A_{i_m})=P(A_{i_1})P(A_{i_2})\cdots P(A_{i_m}), & (1\leqslant i_1<i_2<\cdots<i_m\leqslant n),\\\vdots\\P(A_1A_2\cdots A_n)=P(A_1)P(A_2)\cdots P(A_n),\end{cases}$$

则称 $A_1, A_2, \cdots, A_n$ 这 n 个随机事件相互独立.

思考题1　n 个随机事件相互独立共需多少个等式成立？

在实际问题中，如果要验证这么多的等式，那将是一件难以想象的事情. 对于事件的独立性，我们往往不是根据定义来判断，而是根据实际意义来加以判断的. 具体来说，题目一般把独立性作为条件告诉我们，要求直接应用定义中的公式进行计算.

n 个随机事件相互独立，具有下述性质：

性质1　如果事件 $A_1, A_2, \cdots, A_n$ $(n \geqslant 2)$ 相互独立，则其中任意 k $(2 \leqslant k \leqslant n)$ 个事件也是相互独立的.

性质2　如果事件 $A_1, A_2, \cdots, A_n$ $(n \geqslant 2)$ 相互独立，则将 $A_1, A_2, \cdots, A_n$ 中任意多个事件换成它们的对立事件，所得的 n 个事件仍相互独立.

思考题2　怎样用事件的独立性证明1.2节末提到的问题"概率很小的事件称为**小概率事件**. 但是可以证明，在随机试验中某一事件 A 出现的概率 $\varepsilon > 0$ 不论多么小，只要不断地、独立重复试验，则事件 A 迟早会出现的概率为1."

对一个元件或系统，它能正常工作的概率称为它的**可靠度**. 随着电子技术、社会经济的发展，人们对可靠性的研究也在不断发展，它现在已成为一门新学科——可靠性理论.

例5　系统由多个元件构成，且各元件能否正常工作是相互独立的，每个元件正常工作的概率均为 $r=0.9$，试求下列系统的可靠性：

(1) 串联系统 Ω_1（见图1-2）；(2) 并联系统 Ω_2（见图1-3）；(3) 5个元件组成的桥式系统 Ω_3（见图1-4）.

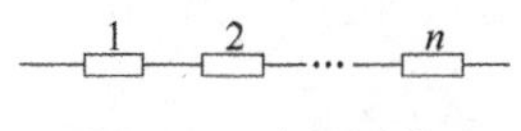

图1-2　串联系统

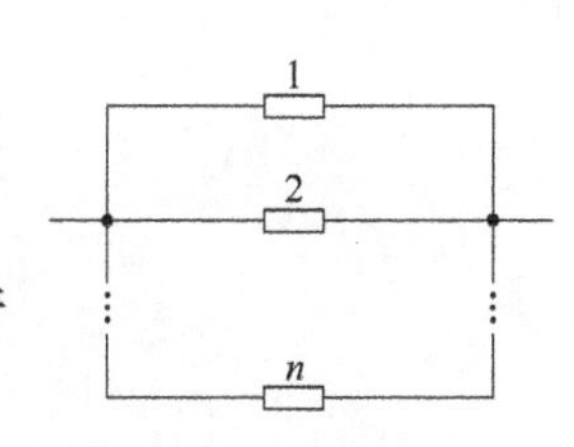

图1-3　并联系统

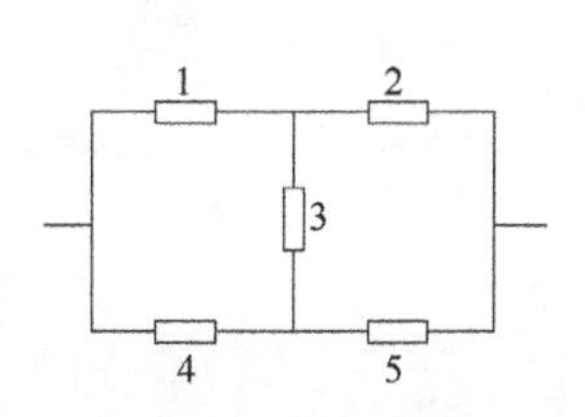

图1-4　桥式系统

解　设 Ω_i ="第 i 个系统正常工作"，A_i ="第 i 个元件正常工作".

(1) 对串联系统而言，"系统正常工作"相当于"所有元件正常工作"，即 $\Omega_1 = A_1A_2\cdots A_n$，所以

$$P(\Omega_1) = P(A_1A_2\cdots A_n) = P(A_1)P(A_2)\cdots P(A_n) = r^n = 0.9^n,$$

可见，串联系统的可靠性是大大降低的.

(2) 对并联系统而言，"系统正常工作"相当于"至少一个元件正常工作"，即 $\Omega_2 = A_1 + A_2 + \cdots + A_n$，所以

$$\begin{aligned} P(\Omega_2) &= P(A_1 + A_2 + \cdots + A_n) = 1 - P(\overline{A_1}\,\overline{A_2}\cdots\overline{A_n}) \\ &= 1 - P(\overline{A_1})P(\overline{A_2})\cdots P(\overline{A_n}) = 1 - (1-r)^n = 1 - 0.1^n. \end{aligned}$$

可见，并联系统的可靠性是可以大大提高的.

(3) 在桥式系统中，第三个元件是关键，先由全概率公式，得

$$P(\Omega_3) = P(A_3)P(\Omega_3 | A_3) + P(\overline{A_3})P(\Omega_3 | \overline{A_3}),$$

因为在"第3个元件正常工作"的条件下，系统成为先并后串系统，故

$$P(\Omega_3|A_3)=P((A_1+A_4)(A_2+A_5))=P(A_1+A_4)P(A_2+A_5)$$
$$=[1-(1-r)^2]^2=0.9801,$$

又因为在“第3个元件不正常工作”的条件下，系统成为先串后并系统，故

$$P(\Omega_3|\overline{A}_3)=P(A_1A_2+A_4A_5)=1-(1-r^2)^2=0.9639,$$

最后我们得

$$P(\Omega_3)=r[1-(1-r)^2]^2+(1-r)[1-(1-r^2)^2]\approx 0.9785.$$

1.5.4 伯努利（Bernoulli）概型

定义 1.9 如果一个试验满足：

(1) 在相同的条件下，重复做 n 次，每次试验的结果为有限个，

(2) n 次试验是相互独立的（即各次试验结果不互相影响），

则称这样的 n 次试验为 n **次独立试验**. 特别地，如果每次试验的可能结果只有两种时，称这样的 n 次独立试验为 n **重伯努利试验**. n 重伯努利试验的概率模型称为 n **重伯努利概型**.

伯努利概型是一种非常重要的概率模型，在理论和实际中都具有重要的意义. 在现实生活中存在大量可以用伯努利概型来表示的概率问题，如在产品抽样检查中，抽到的产品只能是合格品和不合格品两种情况. 有些随机现象，它的结果虽然不止两个，比如当车辆通过交叉路口时，要注意信号灯，可能碰到红灯、黄灯和绿灯三种情况. 但是如果我们所考虑的是车辆能否立即通过的话，则也只有两种可能结果. 这些现象都可以归结为伯努利概型.

对于伯努利概型，我们所关心的是在 n 次重复独立试验中，事件 A 恰好发生 k 次的概率记为 $P_n(k)$. 下面我们通过一个实例来推导计算 $P_n(k)$ 的公式.

例 6 某人对一篮圈独立地进行 $n=3$ 次投篮，每次投中的概率为 p $(0<p<1)$，试求在3次投篮中，恰好有 $k=2$ 次投中的概率.

解 设 $A=\{投中\}$，$\overline{A}=\{未投中\}$. 则 $P(A)=p$，$P(\overline{A})=q(q=1-p)$.

3次投篮中恰有两次投中的可能事件：$AA\overline{A}$，$A\overline{A}A$，$\overline{A}AA$.

上述事件可以这样得到，从3个位置中选两个出来填 A，余下位置填 $\overline{A}$，共有 $C_3^2=3$ 个事件，这三个事件是两两互斥事件，且概率相等，即

$$P(AA\overline{A})=P(A\overline{A}A)=P(\overline{A}AA)=p^2q.$$

故3次投篮恰有两次投中的概率为

$$P_3(2)=P(AA\overline{A}+A\overline{A}A+\overline{A}AA)=P(AA\overline{A})+P(A\overline{A}A)+P(\overline{A}AA)$$
$$=3p^2q=C_3^2p^2q.$$

一般地，有以下定理.

定理 1.6　设在一次试验中事件 A 发生的概率为 p，则在 n 次伯努利试验中事件 A 恰好发生 k 次的概率为

$$P_n(k) = C_n^k p^k (1-p)^{n-k} \quad (k=0, 1, 2, \cdots). \tag{1.5.2}$$

思考题 3　你能仿照例 6，证明上述公式成立吗?

例 7　某工厂生产的一批产品中，已知有 10% 的次品，进行有放回地抽样检查. 如果共取 4 件产品，求其中次品数等于 0，1，2，3，4 的概率.

解　有放回地抽样 4 次，相当于做了 4 次独立重复试验. 由于 $n=4$，$p=0.1$，$q=1-p=0.9$. 因此有

$$P_4(0) = C_4^0 p^0 q^4 = (0.9)^4 = 0.6561,$$
$$P_4(1) = C_4^1 p^1 q^3 = 4 \times 0.1 \times (0.9)^3 = 0.2916,$$
$$P_4(2) = C_4^2 p^2 q^2 = 6 \times (0.1)^2 \times (0.9)^2 = 0.0486,$$
$$P_4(3) = C_4^3 p^3 q^1 = 4 \times (0.1)^3 \times 0.9 = 0.0036,$$
$$P_4(4) = C_4^4 p^4 q^0 = (0.1)^4 = 0.0001.$$

内容小结

1. 知识框架图

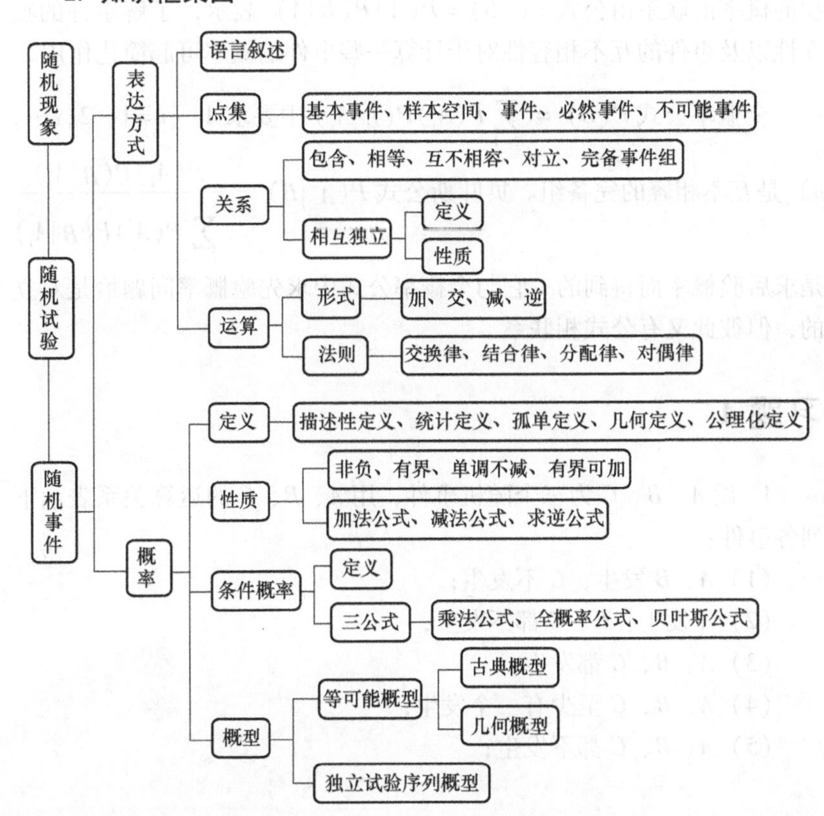

2. 基本要求

（1）本章介绍了随机事件与样本空间的概念，事件的关系与运算；给出了概率的统计定义，概率加法定理，条件概率与概率乘法定理，并介绍了全概率公式与贝叶斯概率公式，研究了事件的独立性问题、伯努利概型．

（2）古典概型是一种随机现象的数学模型，它要求所研究的样本空间是有限的，且各样本点的发生和出现是等可能的．计算古典概率必须要知道样本点的总数和事件 A 所含的样本点数．在所考虑的样本空间中，对任何事件 A 均有 $0 \leqslant P(A) \leqslant 1$．古典概率的求法是灵活多样的，从不同的角度分析，可以构成不同的样本空间，解题的关键是确定什么是所需的样本点．

统计概率是一种随机试验事件的概率，它不一定是古典概型．其特点是以事件出现次数的频率作为概率的近似值．

事件的关系和运算与集合论的相关知识有着密切的联系．如事件的包含关系可以表示为集合的包含关系；事件的和、积相当于集合的并、交，事件的对立相当于集合的互补，学习时需要加以对照．

为了讨论有关系的事件的概率，必须了解概率的加法定理、条件概率与概率乘法定理．在应用加法定理时，首先要搞清楚所涉及的事件是否互斥（三个以上的事件是否两两互斥）．使用概率的乘法公式时，则要首先搞清楚所涉及的事件是否相互独立．条件概率与事件乘积的概率的联系由公式 $P(AB)=P(A)P(B|A)$ 表示，了解事件的独立性以及事件的互不相容性对于计算一些事件的概率可起简化作用．

全概率公式 $P(B)=\sum\limits_{i=1}^{n}P(A_i)P(B|A_i)$ 中要求 A_i（$i=1, 2, \cdots, n$）是互不相容的完备组．贝叶斯公式 $P(A_i|B)=\dfrac{P(A_i)P(B|A_i)}{\sum\limits_{j=1}^{n}P(A_j)P(B|A_j)}$ 是求后验概率而得到的．它与全概率公式中求先验概率问题恰是对立的，但彼此又有公式相联系．

习题 1

1. 设 A、B、C 为三个随机事件，用 A、B、C 的运算关系表示下列各事件：

（1）A、B 发生，C 不发生；

（2）A 发生，B、C 都不发生；

（3）A、B、C 都发生；

（4）A、B、C 至少有一个发生；

（5）A、B、C 都不发生；

（6）A、B、C 不多于一个发生；

（7）A、B、C 不多于两个发生；

（8）A、B、C 至少有两个发生.

2. 设 A、B、C 为三个随机事件：

（1）若 $P(A)=P(B)=P(C)=1/4$，$P(AB)=P(BC)=0$，$P(AC)=\frac{1}{8}$，求 A、B、C 中至少有一个发生的概率.

（2）已知 $P(A)=0.7$，$P(A-B)=0.3$，则 $P(\overline{AB})$ 为多少？

（3）已知 $P(A\mid B)=(B\mid A)=0.5$，$P(A)=1/3$，求 $P(A\cup B)$，事件 A、B 独立吗？

3. 在 1500 个产品中有 400 个次品，1100 个正品．任取 200 个.（1）求恰有 90 个次品的概率；（2）求至少有两个次品的概率.

4. 在 11 张卡片上分别写上单词“probability”中的这 11 个字母，从中任意连续抽取 7 张，求其排列结果为单词“ability”的概率.

5. 已知在 10 只产品中有 2 只次品，在其中取两次，每次任取一只，做不放回抽样. 求下列事件的概率：（1）两只都是正品；（2）两只都是次品；（3）一只是正品，一只是次品；（4）第二次取出的是次品.

6. 一套五卷的选集，随机地放到书架上，求各卷从左向右或从右向左恰成 1，2，3，4，5 的顺序的概率.

7. ［蒲丰（Buffon）投针问题］平面上画有等距离的平行线，平行线间的距离为 a（$a>0$），向平面任意投掷一枚长为 l（$l<a$）的针，试求针与平行线相交的概率.

8. 据以往资料表明，某一三口之家，患某种传染病的概率有以下规律：$P\{$孩子得病$\}=0.6$，$P\{$母亲得病$\mid$孩子得病$\}=0.5$，$P\{$父亲得病$\mid$母亲及孩子得病$\}=0.4$，求母亲及孩子得病但父亲未得病的概率.

9. 一批灯泡共 100 只，次品率为 10%，不放回抽取三次，每次取一只，求第三次才取得合格品的概率.

10. 设 $P(A)>0$，证明：$P(B\mid A)\geqslant 1-\frac{P(\overline{B})}{P(A)}$.

11. n 个人用摸彩的方式来决定谁能得到一张电影票，他们依次摸彩，求：

（1）已知前 $k-1$（$k\leqslant n$）个人都没摸到，第 k 个人摸到的概率；

（2）第 k（$k\leqslant n$）个人摸到的概率.

12. 已知一只母鸡产下 k 个蛋的概率为 $\frac{\lambda^k e^{-\lambda}}{k!}$（$\lambda>0$），而每一个蛋能孵化成小鸡的概率为 p，证明：一只母鸡恰有 r 个下一代（即小鸡）的概率为 $\frac{(\lambda p)^r e^{-\lambda p}}{r!}$.

13. 已知$P(A)=0.7$，$P(B)=0.4$，$P(A\overline{B})=0.5$，求$P(B\mid A\cup\overline{B})$.

14. 从数1，2，3，4中任取一数，记为X，再从1，…，X中任取一数，记为Y，求$P\{Y=2\}$.

15. 某射击小组共有20名射手，其中一级射手4人，二级射手8人，三级射手7人，四级射手一人，一、二、三、四级射手能通过选拔进入决赛的概率分别是0.9、0.7、0.5、0.2，求在一组内任选一名射手，该射手能通过选拔进入决赛的概率.

16. 已知男性中有5%是色盲患者，女性中有0.25%是色盲患者.现从男女人数相等的人群中随机地挑选一人，恰好是色盲患者，问此人是男性的概率是多少?

17. 设甲袋中装有n只白球，m只红球；乙袋中装有N只白球，M只红球．现从甲袋中任意取一只球放入乙袋中，再从乙袋中任意取一只球．问取到白球的概率是多少?

18. 将外形相同的球分装在三个盒子中，每盒10个球．其中，第一个盒子中7个球标有字母A，3个球标有字母B；第二个盒子中有红球和白球各5个；第三个盒子中则有红球8个，白球两个．试验按如下规则进行：先在第一个盒子中任取一球，若取得标有字母A的球，则在第二号盒子中任取一个球；若第一次取得标有字母B的球，则在第三号盒子中任取一个球．如果第二次取出的是红球，则称试验为成功．求试验成功的概率.

19. 一盒乒乓球中有9个新球，3个旧球，第一次比赛时，同时取出了3个，用完后放回去，第二次比赛又同时取出3个，求第二次取到的3个球都是新球的概率.

20. 某工厂有四条流水线生产同一种产品，这四条流水线分别占总产量的15%、20%、30%和35%，而这四条流水线的不合格品率依次为0.05、0.04、0.03和0.02. 现在从出厂产品中任取一件，问恰好抽到不合格品的概率为多少?若该厂规定，生产了不合格品要追究相关流水线的经济责任，现在在出厂产品中任取一件，结果为不合格品，但标志已脱落．问第四条流水线应承担多大责任?

21. 在某工厂里由甲、乙、丙三台机器生产同种规格的螺钉，它们的产量各占25%、35%、40%，而在各自所生产的产品里，不合格品各占5%、4%、2%．现在从产品中任取一只恰是不合格品，问此不合格品是机器甲、乙、丙生产的概率分别等于多少?

22. 有两箱同种类的零件．第一箱装50只，其中10只一等品；第二箱装30只，其中18只一等品．现从两箱中任取一箱，然后从该箱中取零件两次，每次任取一件，做不放回抽样，求：(1) 第一次取到的零件是一等品的概率．(2) 在第一次取到的零件是一等品的条件下，第二次取到的零件也是一等品的概率.

23. 分别掷两枚均匀的硬币，令$A=\{$硬币甲出现正面$\}$，$B=\{$硬币乙出现正面}. 验证事件 A、B 是相互独立的.

24. 三人独立地去破译一份密码，已知每个人能译出的概率分别为 1/5，1/3，1/4. 问三人中至少有一人能将此密码译出的概率是多少?

25. 证明：若三个事件 A、B、C 独立，则 $A\cup B$、AB 及 $A-B$ 都与独立.

26. 做一系列独立的试验，每次试验中成功的概率为 p，求在成功 n 次之前已失败了 m 次的概率.

27. m 枚正品硬币，n 枚次品硬币（次品硬币的两面均印有国徽），在袋中任取一枚，将它投掷 r 次，已知每次都得到国徽. 问这枚硬币是正品硬币的概率为多少?

28. 朋友自远方来访，他乘火车、轮船、汽车、飞机来的概率分别是 0.3、0.2、0.1、0.4. 如果他乘火车、轮船、汽车来的话，迟到的概率分别是 $\frac{1}{4}$、$\frac{1}{3}$、$\frac{1}{12}$，而乘飞机则不会迟到. 结果他迟到了，试问他乘火车来的概率是多少?

29. 设有两门高射炮，每一门击中目标的概率都是 0.6，求：(1) 同时发射一发炮弹而击中飞机的概率是多少? (2) 若有一架敌机入侵领空，欲以 99% 以上的概率击中它，则至少需要多少门高射炮?

第2章

随机变量及其分布

在第1章中，我们在随机试验的样本空间的基础上研究了随机事件及其概率．但是，样本空间是一个一般的集合，不便于用微积分等数学工具来处理．从第2章起，引入随机变量，将样本点数量化，并利用随机变量来研究随机现象，借助微积分来全面、深刻地揭示随机现象的统计规律性．

2.1 随机变量

为了研究随机试验的结果，揭示随机现象的统计规律性，我们先引入随机变量的概念．

在一些问题中，建立数量与基本事件的对应关系，将有助于我们揭示随机现象的统计规律性．我们将随机试验的结果与实数联系起来，将随机试验的结果数量化，先看一个例子．

例 将一枚硬币抛掷两次，观察出现正面（用 H 表示）和反面（用 T 表示）的情况，用 X 表示出现正面的次数．那么，对于样本空间 Ω 中的每一个样本点 ω，都有一个值 X 与之对应，如下所示：

样本点 ω	HH	HT	TH	TT
X 的值	2	1	1	0

．

在上例中，X 是一个变量，它的取值依赖于样本点 ω，因此，X 是定义在样本空间 Ω 上的一个函数．

有许多随机试验，它的结果本身是一个数．例如，掷一颗骰子观察出现的点数，将其试验结果用1，2，3，4，5，6来表示．

定义2.1 设随机试验 E 的样本空间为 Ω，如果对于任意的样本点 $\omega\in\Omega$，有一个实数 $X=X(\omega)$ 与之对应，则称 X 为**随机变量**（random variable）．

在本书中，我们一般用大写的字母 X、Y、Z 等表示随机变量，用小写的字母 x、y、z 等表示实数．

从随机变量的定义，我们可以看到随机变量是定义在样本空间 Ω 上的函数，并且随机变量区别于普通函数有以下两点：

（1）普通函数是定义在实数集合上的，而随机变量是定义在样本空间 Ω 上的（样本空间 Ω 中的元素不一定是实数）．

（2）随机变量的取值随试验的结果（样本点 ω）而定，而随机试验的各个结果的出现有一定的概率，因此，随机变量的取值也有一定的概率．例如，在例题中，$P\{X=2\}=\frac{1}{4}$，$P\{X=0\}=\frac{1}{4}$.

引入随机变量以后，我们就可以用它来描述各种随机现象，并可以应用高等数学的方法来深入广泛地研究随机现象及其统计规律性．

按照随机变量取值的不同情况，随机变量可分成两类：离散型随机变量和非离散型随机变量，在非离散型随机变量中最常见而又重要的是连续型随机变量．下面，我们将分别研究离散型随机变量和连续型随机变量．

2.2 离散型随机变量及其分布律

2.2.1 离散型随机变量及其分布律的概念

若随机变量的所有可能取到的值为有限个或可列无穷多个，则称这种随机变量为**离散型随机变量**．例如，掷一颗骰子观察出现的点数这个随机变量 X，它只可能取1，2，3，4，5，6这六个值，它是一个离散型随机变量．又如射击中直到命中目标为止，需要射击的次数的随机变量 Y，它可能的取值是1，2，3，…，它也是离散型随机变量．

显然，研究离散型随机变量 X 的统计规律，只需要弄清楚 X 的所有可能取的值以及取每一个可能值的概率．

设离散型随机变量 X 的所有可能取值为 x_k（$k=1, 2, \cdots, n$），X 取各个可能值的概率为

$$P\{X=x_k\}=p_k,\ k=1,\ 2,\ \cdots,\ n. \tag{2.2.1}$$

我们称式（2.2.1）为离散型随机变量 X 的**概率分布**或**分布律**．分布律也可以用表格形式表示如下：

X	x_1	x_2	$\cdots$	x_n	$\cdots$
p_k	p_1	p_2	$\cdots$	p_n	$\cdots$

. （2.2.2）

由概率的定义可知，p_k 具有如下两条基本性质：

（1）非负性　$p_k \geqslant 0$，$k=1, 2, \cdots$；

(2) 规范性 $\sum_{k=1}^{\infty} p_k = 1.$

式(2.2.2)直观地表示出了随机变量 X 的所有可能取值以及取每一个可能值的概率情况. X 取各个可能值各有一定的概率，且这些概率加起来是1，可以看作概率1以一定的规律分布在各个可能值上.

例1 某运动员参加跳高项目的选拔赛，规定一旦跳过指定高度就可以入选，但是限制每人最多只能跳6次，若6次均未过竿，则认定其落选. 如果一位参试者在该指定高度的过竿率为0.6，求他在测试中所跳次数的概率分布.

解 设该人在选拔赛中所跳的次数为 X，其可能取的值为1，2，3，4，5，6. 显然 X 是一个离散型随机变量. 以 p 表示每次试跳的过竿率，易知 X 的分布律为

$$P\{X=k\}=(1-p)^{k-1}p(k=1,2,3,4,5),$$
$$P\{X=6\}=(1-p)^5.$$

将 $p=0.6$ 代入得 X 的概率分布为

X	1	2	3	4	5	6
p_k	0.6	0.24	0.096	0.0384	0.01536	0.01024

2.2.2 几种常见的离散型随机变量

1. (0—1) 分布

设随机变量 X 只可能取0和1两个值，其分布律为

$$P\{X=k\}=p^k(1-p)^{1-k},\ k=0,\ 1\ (0<p<1), \tag{2.2.3}$$

则称 X 服从 **(0—1) 分布或两点分布**.

(0—1) 分布的分布律也可写成

X	0	1
p_k	$1-p$	p

2. 二项分布

若 E 是随机试验，其结果只有两种可能：事件 A 和事件 $\bar{A}$，则称 E 为**伯努利试验**. 设 $P(A)=p\ (0<p<1)$，此时 $P(\bar{A})=1-p=q$. 将 E 独立的重复进行 n 次，则称这一串重复的独立试验为 **n 重伯努利试验**. 这里的“重复”指的是在每次试验中事件 A 的概率 $P(A)=p$ 保持不变；“独立”是指每次试验结果发生的概率都不依赖于其他各次试验的结果.

以 X 表示 n 重伯努利试验中事件 A 发生的次数，X 是一个随机变量，其可能取的值为 0，1，2，…，n. 由于各次试验是相互独立的，因此事件 A 在指定的 k（$0 \leqslant k \leqslant n$）次试验中发生，在其他的 $n-k$ 次试验中不发生的概率为 $p^k(1-p)^{n-k}$. 这种指定的方式有 C_n^k 种，它们是两两互不相容的，故在 n 重伯努利试验中事件 A 恰好发生 k 次的概率为 $C_n^k p^k(1-p)^{n-k}$，即

$$P\{X=k\}=C_n^k p^k q^{n-k},\ k=0,\ 1,\ 2,\ \cdots,\ n. \tag{2.2.4}$$

显然，$P\{X=k\}$ 符合分布律的性质：

$$P\{X=k\}=C_n^k p^k q^{n-k} \geqslant 0,\ k=0,\ 1,\ 2,\ \cdots,\ n;$$

$$\sum_{k=0}^{n} P\{X=k\}=\sum_{k=0}^{n} C_n^k p^k q^{n-k}=(p+q)^n=1.$$

由于 $C_n^k p^k q^{n-k}$ 恰好是二项式 $(p+q)^n$ 的展开式中含 p^k 的那一项，因此我们称随机变量 X 服从参数为 n、p 的**二项分布**，记为 $X \sim B(n,\ p)$.

特别地，当 $n=1$ 时，二项分布为

$$P\{X=k\}=p^k q^{1-k},\ k=0,\ 1,$$

这就是（0—1）分布.

例 2　独立射击 5000 次，每次命中率为 0.001，求命中次数不少于 1 次的概率.

解　设 X 表示命中的次数，则 $X \sim B(5000,\ 0.001)$.

$$\begin{aligned} P\{X \geqslant 1\} &= 1-P\{X<1\}=1-P\{X=0\} \\ &= 1-C_{5000}^0(0.001)^0(1-0.001)^{5000} \\ &\approx 0.9934. \end{aligned}$$

此例告诉我们小概率事件在一次试验中虽然不易发生，但重复的次数多了，也就成了大概率事件. 所谓“常在河边走，难免不湿鞋”，日常生活中要注意防微杜渐就是这个道理.

在例 2 中，如何计算 $P\{X \geqslant 2500\}$？如果直接计算，则需要计算

$$\sum_{j=2500}^{5000} C_{5000}^j (0.001)^j (1-0.001)^{5000-j}.$$

要计算上面的式子可不是一件容易的事. 有没有比较好的方法来近似计算上面的结果呢？下面的定理给了我们一种二项分布的近似计算方法.

3. 泊松分布

如果随机变量 X 所有可能的取值为非负整数 0，1，2，…，并且取各个值的概率为

$$P\{X=k\}=\frac{\lambda^k e^{-\lambda}}{k!},\ k=0,\ 1,\ 2,\ \cdots, \tag{2.2.5}$$

其中 $\lambda>0$ 为常数，则称 X 服从参数为 λ 的**泊松分布**，记为 $X \sim P(\lambda)$

或 $X \sim \pi(\lambda)$.

显然 $P\{X=k\}$ 符合分布律的性质：

$$P\{X=k\} \geqslant 0,\ k=0,\ 1,\ 2,\ \cdots,$$

$$\sum_{k=0}^{\infty} P\{X=k\} = \sum_{k=0}^{\infty} \frac{\lambda^k e^{-\lambda}}{k!} = e^{-\lambda} \sum_{k=0}^{\infty} \frac{\lambda^k}{k!} = e^{-\lambda} \cdot e^{\lambda} = 1.$$

具有泊松分布的随机变量在实际应用中很常见，比如在某单位时间内电话用户对电话网的呼叫次数，某车站等待乘车的旅客人数，某地区发生的交通事故的次数，在一段时间间隔内某种放射性物质发出的经过计数器的粒子数，一匹布上的疵点个数等都近似服从泊松分布.

例 3 已知一本书一页中的印刷错误的个数 X 服从参数为 0.2 的泊松分布，求一页上印刷错误不多于 1 个的概率.

解 $X \sim P(0.2)$，由式（2.2.5）可得

$$P\{X \leqslant 1\} = \sum_{k=0}^{1} \frac{0.2^k e^{-0.2}}{k!} \approx 0.8187 + 0.1637 = 0.9824.$$

泊松分布也是概率论中的一种重要分布，它可以作为描述大量试验中稀有事件出现频数的概率分布的数学模型，在一定条件下也可以用来逼近二项分布.

2.2.3 泊松定理

定理 2.1（泊松定理） 设 $\lambda > 0$ 是一个常数，n 是正整数，设 $np_n = \lambda$，则对于任一固定的非负整数 k，有

$$\lim_{n \to \infty} C_n^k p_n^k (1-p_n)^{n-k} = \frac{\lambda^k e^{-\lambda}}{k!}.$$

泊松定理表明，泊松分布是二项分布的极限分布. 当 n 很大，p 很小时，以 n、p 为参数的二项分布就可近似地看成是参数 $\lambda = np$ 的泊松分布. 一般地，当 $n \geqslant 20$，$p \leqslant 0.05$ 时，常用以下近似式

$$C_n^k p^k (1-p)^{n-k} \approx \frac{\lambda^k e^{-\lambda}}{k!}\ (\text{其中 } \lambda = np) \tag{2.2.6}$$

作为二项分布概率的近似计算.

在例 2 中：$\lambda = 5000 \times 0.001 = 5$，有

$$\begin{aligned} P\{X \geqslant 1\} &= 1 - P\{X < 1\} = 1 - P\{X=0\} \\ &= 1 - \frac{5^0 e^{-5}}{0!} \\ &= 1 - e^{-5} \\ &\approx 0.9934. \end{aligned}$$

与用二项分布计算的结果比较，近似值效果较好.

2.3 随机变量的分布函数

2.3.1 分布函数的定义

对于离散型随机变量，分布律可以用来表示其取各个可能值的概率，但在实际中有许多非离散型随机变量，这一类随机变量的取值是不可列的，例如单位面积上稻谷的产量．因而不能像离散型随机变量那样用分布律来描述，我们需要求出它落在某个区间内的概率．为此我们引入分布函数的概念．

定义 2.2 设 X 是一个随机变量，x 是任意实数，函数

$$F(x)=P\{X\leqslant x\},\ -\infty<x<+\infty$$

称为 X 的**分布函数**．

若把 X 看作是数轴上随机取点的坐标，则分布函数 $F(x)$ 在 x 处的函数值就表示 X 落在区间 $(-\infty, x]$ 上的概率．

对于任意的实数 $a<b$，有

$$P\{a<X\leqslant b\}=P\{X\leqslant b\}-P\{X\leqslant a\}=F(b)-F(a).$$

所以只要知道了 X 的分布函数，就可以计算出随机变量 X 落在任一区间 $(a, b]$ 上的概率，从这个意义上讲，分布函数完整地描述了随机变量的统计规律性，或者说，分布函数完整地表示了随机变量的概率分布情况．此外，分布函数 $F(x)$ 是定义在 $(-\infty, +\infty)$ 上的普通函数，便于我们运用高等数学的方法对随机变量做深入的研究．

2.3.2 分布函数的基本性质

(1) $F(x)$ 是一个单调不减函数．

事实上，对于任意实数 $x_1<x_2$，$F(x_2)-F(x_1)=P\{x_1<X\leqslant x_2\}\geqslant 0$.

(2) $0\leqslant F(x)\leqslant 1$，且

$$F(-\infty)=\lim_{x\to-\infty}F(x)=0,$$

$$F(+\infty)=\lim_{x\to+\infty}F(x)=1.$$

上述两式，我们只给出一个直观的解释：若将区间 $(-\infty, x]$ 上的端点 x 沿数轴无限向左移动（即 $x\to-\infty$），则“X 落在 x 左边”这一事件逐渐成为不可能，从而其概率趋于 0，即 $F(-\infty)=\lim\limits_{x\to-\infty}F(x)=0$；若将区间 $(-\infty, x]$ 上的端点 x 沿数轴无限向右移动（即 $x\to+\infty$），则“X 落在 x 左边”这一事件逐渐成为必然的，从而其概率趋于 1，即 $F(+\infty)=\lim\limits_{x\to+\infty}F(x)=1$.

(3) $F(x)$ 是右连续的，即 $F(x+0)=F(x)$.

可以证明，具有上述三条性质的实函数，必是某个随机变量的分

布函数.

例1 设随机变量 X 的分布律为

X	-1	0	2
p_k	0.1	0.6	0.3

,

求 X 的分布函数 $F(x)$，并求概率 $P\left\{X\leqslant -\frac{1}{2}\right\}$，$P\left\{-\frac{2}{3}<X\leqslant\frac{3}{2}\right\}$，$P\{0\leqslant X\leqslant 2\}$.

解 X 只在 -1，0，2 这三点处概率不为 0，根据分布函数的定义知，$F(x)$ 的值是 $X\leqslant x$ 的累积概率值，由概率的可加性，得

$$F(x)=\begin{cases}0, & x<-1,\\ P\{X=-1\}, & -1\leqslant x<0,\\ P\{X=-1\}+P\{X=0\}, & 0\leqslant x<2,\\ 1, & x\geqslant 2,\end{cases}$$

即
$$F(x)=\begin{cases}0, & x<-1,\\ 0.1, & -1\leqslant x<0,\\ 0.7, & 0\leqslant x<2,\\ 1, & x\geqslant 2.\end{cases}$$

则
$$P\left\{X\leqslant -\frac{1}{2}\right\}=F\left(-\frac{1}{2}\right)=0.1,$$

$$P\left\{-\frac{2}{3}<X\leqslant\frac{3}{2}\right\}=F\left(\frac{3}{2}\right)-F\left(-\frac{2}{3}\right)=0.7-0.1=0.6,$$

$$\begin{aligned}P\{0\leqslant X\leqslant 2\}&=P\{0<X\leqslant 2\}+P\{X=0\}\\&=F(2)-F(0)+P\{X=0\}=1-0.7+0.6=0.9.\end{aligned}$$

例2 一个靶子是半径为 r 的圆盘，设击中靶上任一同心圆盘上的点的概率与该圆盘的面积成正比，并设射击都能中靶，以 X 表示弹着点与圆心的距离，试求随机变量 X 的分布函数.

解 若 $x<0$，则 $\{X\leqslant x\}$ 是不可能事件，于是

$$F(x)=P\{X\leqslant x\}=0.$$

当 $0\leqslant x\leqslant r$ 时，由题意，$P\{0\leqslant X\leqslant x\}=k\pi x^2$，$k$ 是某一常数，为了确定常数 k 的值，取 $x=r$，由 $P\{0\leqslant X\leqslant r\}=k\pi r^2=1$，则 $k=\frac{1}{\pi r^2}$，即

$$P\{0\leqslant X\leqslant x\}=\frac{x^2}{r^2},$$

此时

$$F(x)=P\{X\leqslant x\}=P\{X<0\}+P\{0\leqslant X\leqslant x\}=\frac{x^2}{r^2}.$$

当 $x>r$ 时，$\{X\leqslant x\}$ 是必然事件，于是

$$F(x)=P\{X\leqslant x\}=1.$$

综上所述，得 X 的分布函数为

$$F(x)=\begin{cases}0, & x<0,\\ \dfrac{x^2}{r^2}, & 0\leqslant x\leqslant r,\\ 1, & x>r.\end{cases}$$

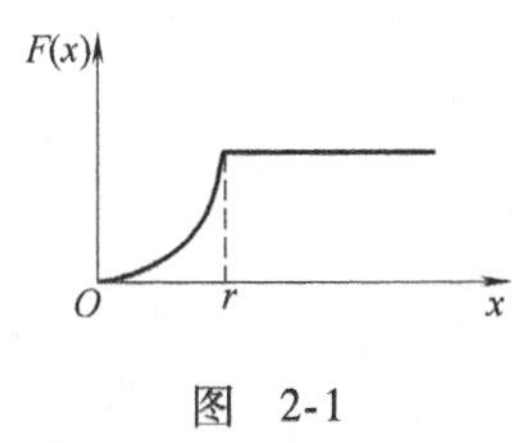

图 2-1

其图形为一条连续曲线（见图 2-1）.

2.4 连续型随机变量

2.4.1 连续型随机变量及其概率密度函数

定义 2.3 若对于随机变量 X 的分布函数 $F(x)$，存在非负可积函数 $f(x)$，使得对任意实数 x 都有

$$F(x)=\int_{-\infty}^{x}f(t)\,\mathrm{d}t, \tag{2.4.1}$$

则称 X 为**连续型随机变量**，非负函数 $f(x)$ 为 X 的**概率密度函数**，简称**概率密度**或**密度函数**.

连续型随机变量的分布函数是连续函数，另外，若改变密度函数 $f(x)$ 在个别点上的函数值，不会影响分布函数 $F(x)$ 的取值.

由定义 2.3 可知，连续型随机变量的密度函数 $f(x)$ 具有如下基本性质：

（1）非负性：$f(x)\geqslant 0$；

（2）规范性：$\int_{-\infty}^{+\infty}f(x)\,\mathrm{d}x=1$.

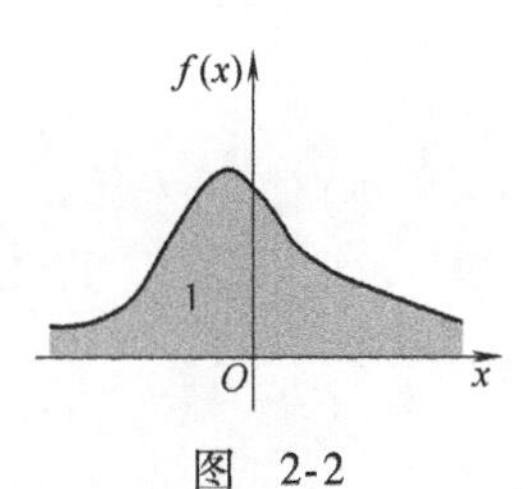

图 2-2

可以证明，满足这两条性质的函数 $f(x)$ 可以是某个随机变量的概率密度函数. 此外，密度函数还具有如下性质：

（3）对于任意实数 x_1，x_2（$x_1\leqslant x_2$），有

$$P\{x_1<X\leqslant x_2\}=F(x_2)-F(x_1)=\int_{x_1}^{x_2}f(x)\,\mathrm{d}x;$$

（4）若 $f(x)$ 在点 x 处连续，则 $F'(x)=f(x)$.

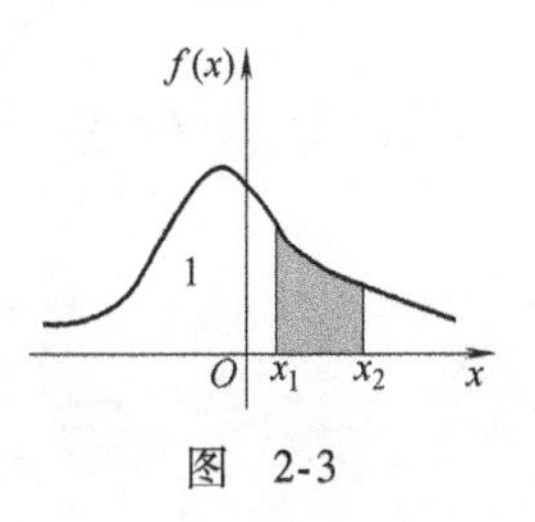

图 2-3

由性质（2）可知，介于曲线 $y=f(x)$ 与 x 轴之间的面积等于 1（见图 2-2）. 由性质（3）知随机变量 X 落在区间 $(x_1, x_2]$ 上的概率 $P\{x_1<X\leqslant x_2\}$ 等于区间 $(x_1, x_2]$ 上曲线 $y=f(x)$ 下方的曲边梯形的面积（图 2-3）；由性质（4），在 $f(x)$ 的连续点 x 处，有

$$f(x)=F'(x)=\lim_{\Delta x\to 0^+}\frac{F(x+\Delta x)-F(x)}{\Delta x}$$

$$=\lim_{\Delta x\to 0^+}\frac{P(x<X\leqslant x+\Delta x)}{\Delta x}. \tag{2.4.2}$$

由式（2.4.2）可见，连续型随机变量的概率密度函数与物理学中线密度的定义类似，故称$f(x)$为密度函数．若不计高阶无穷小，由式（2.4.2），有

$$P\{x<X\leqslant x+\Delta x\}\approx f(x)\Delta x. \tag{2.4.3}$$

它表示X落在小区间$(x, x+\Delta x)$里的概率近似地等于$f(x)\Delta x$.

例1　设随机变量X具有概率密度

$$f(x)=\begin{cases}A\cos x, & |x|\leqslant\dfrac{\pi}{2},\\ 0, & |x|>\dfrac{\pi}{2}.\end{cases}$$

（1）确定常数A；（2）求$P\left\{0<X\leqslant\dfrac{\pi}{4}\right\}$；（3）求$X$的分布函数.

解　（1）由$\int_{-\infty}^{+\infty}f(x)\mathrm{d}x=1$，得

$$\int_{-\frac{\pi}{2}}^{\frac{\pi}{2}}A\cos x\mathrm{d}x=1,$$

解得$A=\dfrac{1}{2}$，于是X的概率密度为

$$f(x)=\begin{cases}\dfrac{1}{2}\cos x, & |x|\leqslant\dfrac{\pi}{2},\\ 0, & |x|>\dfrac{\pi}{2}.\end{cases}$$

（2）$P\left\{0<X\leqslant\dfrac{\pi}{4}\right\}=\int_0^{\frac{\pi}{4}}f(x)\mathrm{d}x=\int_0^{\frac{\pi}{4}}\dfrac{1}{2}\cos x\mathrm{d}x=\dfrac{\sqrt{2}}{4}$.

（3）X的分布函数为

$$F(x)=\begin{cases}0, & x<-\dfrac{\pi}{2},\\ \int_{-\frac{\pi}{2}}^{x}\dfrac{1}{2}\cos t\mathrm{d}t, & -\dfrac{\pi}{2}\leqslant x<\dfrac{\pi}{2},\\ 1, & x\geqslant\dfrac{\pi}{2},\end{cases}$$

即

$$F(x)=\begin{cases}0, & x<-\dfrac{\pi}{2},\\ \dfrac{1}{2}(1+\sin x), & -\dfrac{\pi}{2}\leqslant x<\dfrac{\pi}{2},\\ 1, & x\geqslant\dfrac{\pi}{2}.\end{cases}$$

对于连续型随机变量 X，需要指出的是，它取任一指定的实数值 x_0 的概率都为 0，即 $P\{X=x_0\}=0$. 事实上，设 $\Delta x>0$，则 $\{X=x_0\}\subset\{x_0-\Delta x<X\leqslant x_0\}$，有

$$0\leqslant P\{X=x_0\}\leqslant P\{x_0-\Delta x<X\leqslant x_0\}=F(x_0)-F(x_0-\Delta x).$$

由于 X 是连续型随机变量，其分布函数 $F(x)$ 是连续函数，

$$F(x_0)-F(x_0-\Delta x)\to 0\ (\Delta x\to 0),$$

故 $P\{X=x_0\}=0$.

由此可见，用离散型随机变量的分布律来描述连续型随机变量的概率分布不但做不到，而且也毫无意义. 此外，上述结果表明，概率为 0 的事件不一定是不可能事件；同样，概率为 1 的事件也并不意味着它是必然事件.

对于连续型随机变量 X，下列等式成立：

$$P\{a<X\leqslant b\}=P\{a\leqslant X\leqslant b\}=P\{a<X<b\}=P\{a\leqslant X<b\},$$

都等于 $F(b)-F(a)$，因此，在计算连续型随机变量 X 落在某区间的概率时，不需要考虑是否包含端点值.

2.4.2　几种重要的连续型随机变量

1. 均匀分布

如果连续型随机变量 X 的概率密度为

$$f(x)=\begin{cases}\dfrac{1}{b-a}, & a<x<b,\\ 0, & \text{其他},\end{cases}\tag{2.4.4}$$

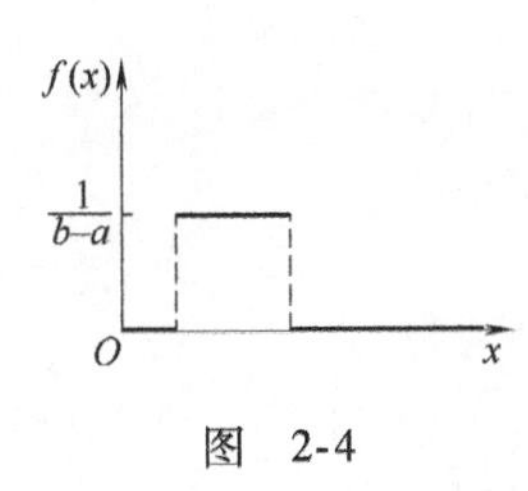

图 2-4

则称 X 在区间 $(a,\ b)$ 上服从**均匀分布**，记为 $X\sim U(a,\ b)$.

显然，$f(x)\geqslant 0$，且 $\int_{-\infty}^{+\infty}f(x)\mathrm{d}x=1$.

X 的分布函数为

$$F(x)=\begin{cases}0, & x<a,\\ \dfrac{x-a}{b-a}, & a\leqslant x<b,\\ 1, & x\geqslant b.\end{cases}\tag{2.4.5}$$

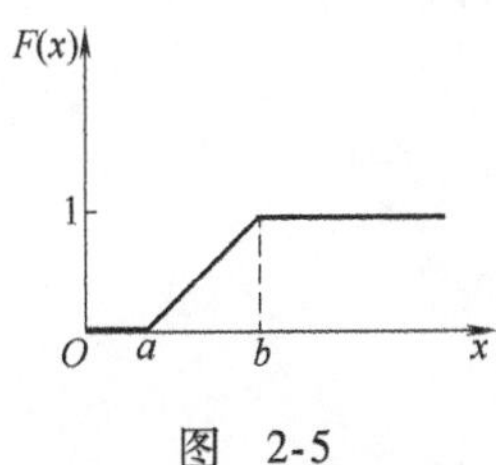

图 2-5

$f(x)$ 及 $F(x)$ 的图形分别如图 2-4、图 2-5 所示.

对于区间 $(c,\ c+l)\subset[a,\ b]$，有

$$P\{c < X \leqslant c + l\} = \int_c^{c+l} \frac{1}{b-a}\mathrm{d}x = \frac{l}{b-a}.$$

这表明，X 取值于区间 $[a,\ b]$ 中任一子区间的概率与该子区间的长度成正比，而与区间的具体位置无关．也就是说，它落在区间 $(a,\ b)$ 中任意长度相等的子区间内的概率是相同的．

例 2 在一个公交车站上，4 路公交车每 10min 有一辆到达，乘客在 10min 内任一时刻到达公交车站是等可能的，求一乘客等待时间超过 8min 的概率．

解 用 X 表示乘客的等待时间，由题意知 $X\sim U(0,\ 10)$，其概率密度为

$$f(x)=\begin{cases}\dfrac{1}{10}, & 0<x<10,\\ 0, & 其他.\end{cases}$$

则所求的概率为

$$P\{X > 8\} = \int_8^{+\infty} f(x)\,\mathrm{d}x = \int_8^{10} \frac{1}{10}\mathrm{d}x = 0.2.$$

2. 指数分布

如果连续型随机变量 X 的概率密度为

$$f(x)=\begin{cases}\dfrac{1}{\theta}\mathrm{e}^{-\frac{x}{\theta}}, & x\geqslant 0,\\ 0, & x<0.\end{cases} \tag{2.4.6}$$

其中 $\theta>0$ 为常数，则称 X 服从参数为 θ 的**指数分布**．

显然，$f(x)\geqslant 0$，且 $\int_{-\infty}^{+\infty} f(x)\,\mathrm{d}x = 1.$

X 的分布函数为

$$F(x)=\begin{cases}1-\mathrm{e}^{-\frac{x}{\theta}}, & x\geqslant 0,\\ 0, & x<0.\end{cases} \tag{2.4.7}$$

指数分布有重要的应用．实际生活中很多问题都可以用指数分布来描述．例如，各种电子元器件的寿命、顾客在商店排队等待的时间以及接受服务的时间等．在可靠性理论和随机服务系统理论中，指数分布也有着广泛的应用．

指数分布有一个非常重要的性质．我们来计算下面的条件概率：

$$P\{X>s+t \mid X>t\} = \frac{P\{X>s+t, X>t\}}{P\{X>t\}}.$$

由于 $\{X>s+t\}\subset\{X>t\}$，所以 $\{X>s+t\}\cap\{X>t\}=\{X>s+t\}$．因此

$$P\{X>s+t \mid X>t\}=\frac{P\{X>s+t\}}{P\{X>t\}}=\frac{1-P\{X\leqslant s+t\}}{1-P\{X\leqslant t\}}$$

$$=\frac{\mathrm{e}^{-(s+t)/\theta}}{\mathrm{e}^{-t/\theta}}=\mathrm{e}^{-s/\theta}$$

$$=P\{X>s\}. \tag{2.4.8}$$

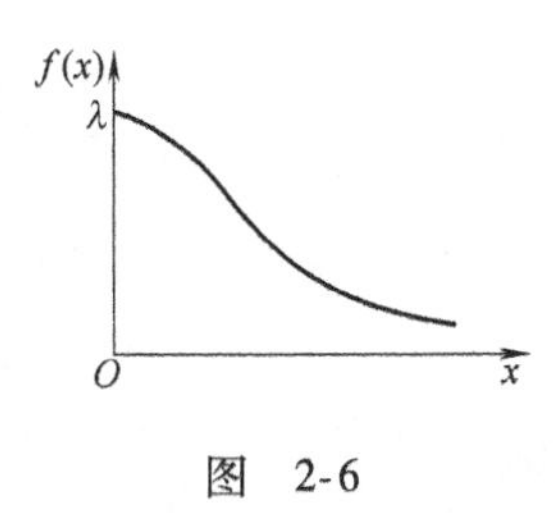

图　2-6

计算的结果表明，条件概率与 t 无关．这个性质称为无后效性（见图2-6），也称无记忆性．指数分布的这一性质在可靠性以及排队论中有着很好的应用．

3. 正态分布

如果随机变量 X 的概率密度函数为

$$f(x)=\frac{1}{\sqrt{2\pi}\sigma}\mathrm{e}^{-\frac{(x-\mu)^2}{2\sigma^2}}, \quad -\infty<x<+\infty, \tag{2.4.9}$$

其中 μ 和 σ（$\sigma>0$）为常数，则称 X 服从参数为 μ、σ 的**正态分布**或**高斯分布**，记为 $X\sim N(\mu, \sigma^2)$.

显然 $f(x)\geqslant 0$，下面证明 $\int_{-\infty}^{+\infty}f(x)\mathrm{d}x=1$.

令 $(x-\mu)/\sigma=t$，得

$$\int_{-\infty}^{+\infty}\frac{1}{\sqrt{2\pi}\sigma}\mathrm{e}^{-\frac{(x-\mu)^2}{2\sigma^2}}\mathrm{d}x=\frac{1}{\sqrt{2\pi}}\int_{-\infty}^{+\infty}\mathrm{e}^{-\frac{t^2}{2}}\mathrm{d}t,$$

由反常积分 $\int_0^{+\infty}\mathrm{e}^{-x^2}\mathrm{d}x=\frac{\sqrt{\pi}}{2}$，得 $\int_{-\infty}^{+\infty}\mathrm{e}^{-\frac{t^2}{2}}\mathrm{d}t=\sqrt{2\pi}$，于是

$$\int_{-\infty}^{+\infty}\frac{1}{\sqrt{2\pi}\sigma}\mathrm{e}^{-\frac{(x-\mu)^2}{2\sigma^2}}\mathrm{d}x=1.$$

正态分布的概率密度函数 $f(x)$ 的图形具有如下特点：

（1）曲线 $y=f(x)$ 关于 $x=\mu$ 对称．

（2）在区间 $(-\infty, \mu)$ 上 $f(x)$ 单调增加，在区间 $(\mu, +\infty)$ 上 $f(x)$ 单调减少，$x=\mu$ 时取得最大值

$$f(\mu)=\frac{1}{\sqrt{2\pi}\sigma}.$$

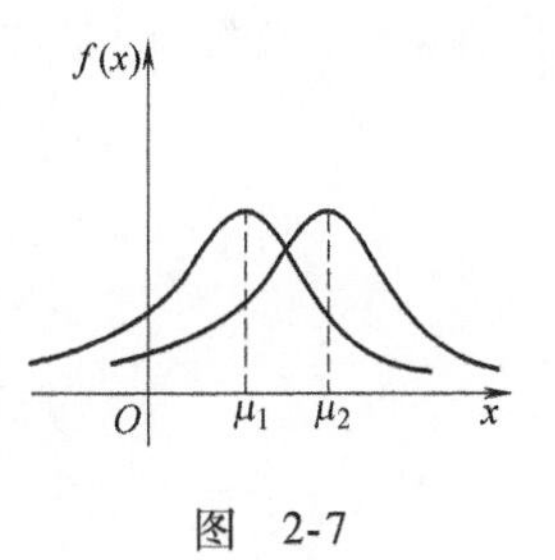

图　2-7

（3）曲线在 $x=\mu\pm\sigma$ 处有拐点，以 Ox 轴为渐近线．

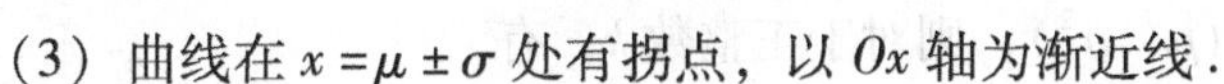

另外，当 σ 固定，改变 μ 的值时，$y=f(x)$ 的图形沿 Ox 轴平移而不改变形状（见图2-7），故 μ 称为位置参数（我们将会在第3章指出 μ 是 X 的平均值）；若 μ 固定，改变 σ 的值，则 $y=f(x)$ 的图形的形状会随着 σ 的增大而变得平坦，故 σ 称为形状参数（见图2-8）．

图　2-8

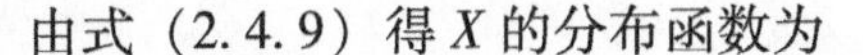

由式（2.4.9）得 X 的分布函数为

$$F(x)=\frac{1}{\sqrt{2\pi}\sigma}\int_{-\infty}^{x}\mathrm{e}^{-\frac{(t-\mu)^2}{2\sigma^2}}\mathrm{d}t. \tag{2.4.10}$$

特别地，当参数 $\mu=0$，$\sigma=1$ 时，称随机变量 X 服从标准正态分布．记为 $X\sim N(0,\ 1)$，其密度函数和分布函数分别记为 $\varphi(x)$ 和 $\Phi(x)$，即

$$\varphi(x)=\frac{1}{\sqrt{2\pi}}\mathrm{e}^{-\frac{x^2}{2}},\quad -\infty<x<+\infty, \tag{2.4.11}$$

$$\Phi(x)=\frac{1}{\sqrt{2\pi}}\int_{-\infty}^{x}\mathrm{e}^{-\frac{t^2}{2}}\mathrm{d}t. \tag{2.4.12}$$

显然，$\varphi(x)$ 是偶函数，即 $\varphi(-x)=\varphi(x)$．

另外，易知

$$\Phi(-x)=1-\Phi(x). \tag{2.4.13}$$

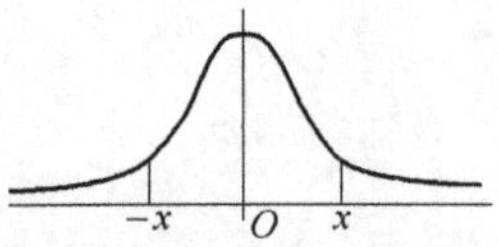

图 2-9

式（2.4.13）的几何意义如图 2-9 所示，而 $\Phi(x)$ 的函数值也已编制成表可供查用，标准正态分布表见本书附表 2.

附表 2 中只有 $x>0$ 时 $\Phi(x)$ 的值，当 $x<0$ 时，可以先查得 $\Phi(-x)$ 的函数值，再由式（2.4.13）求得 $\Phi(x)$．

例如，已知 $X\sim N(0,\ 1)$，则 $P\{-\infty<X\leqslant -3\}=\Phi(-3)=1-\Phi(3)$，查附表 2，$\Phi(3)=0.9987$，故

$$P\{-\infty<X\leqslant -3\}=1-0.9987=0.0013.$$

若 $X\sim N(\mu,\ \sigma^2)$，我们只需通过一个线性变换，就可以将它化成标准正态分布．

引理 2.1 若 $X\sim N(\mu,\ \sigma^2)$，则 $Y=(X-\mu)/\sigma\sim N(0,1)$．

例如，设 $X\sim N(1,\ 4)$，求 $P\{0<x\leqslant 1.2\}$．

$$\begin{aligned}P\{0<x\leqslant 1.2\}&=F(1.2)-F(0)\\&=\Phi\left(\frac{1.2-1}{2}\right)-\Phi\left(\frac{0-1}{2}\right)\\&=\Phi(0.1)-\Phi(-0.5)=\Phi(0.1)-[1-\Phi(0.5)]\\&=0.5398-(1-0.6915)=0.2313.\end{aligned}$$

设 $X\sim N(\mu,\ \sigma^2)$，则对于正整数 k，有

$$\begin{aligned}P\{|X-\mu|<k\sigma\}&=P\{\mu-k\sigma<X<\mu+k\sigma\}\\&=\Phi\left(\frac{\mu+k\sigma-\mu}{\sigma}\right)-\Phi\left(\frac{\mu-k\sigma-\mu}{\sigma}\right)\\&=\Phi(k)-\Phi(-k)=2\Phi(k)-1.\end{aligned}$$

故

$$P\{|X-\mu|<\sigma\}=2\Phi(1)-1=0.6826,$$

$$P\{|X-\mu|<2\sigma\}=2\Phi(2)-1=0.9544,$$

$$P\{|X-\mu|<3\sigma\}=2\Phi(3)-1=0.9974.$$

可以看出，虽然正态变量在（$-\infty$，$+\infty$）上取值，但以 99.7% 的概率落在区间（$\mu-3\sigma$，$\mu+3\sigma$）内，这就是所谓的“3σ”法则.

例 3　对某地区抽样结果表明，考生的外语成绩（百分制）近似服从正态分布，平均成绩为 72 分，96 分以上的占考生总数的 2.3%. 试求这次外语考试的及格率.

解　设考生的英语成绩为 X，则 $X\sim N(72,\ \sigma^2)$，有

$$P\{X\geqslant 96\}=P\left\{\frac{X-72}{\sigma}\geqslant\frac{24}{\sigma}\right\}=1-\Phi\left(\frac{24}{\sigma}\right).$$

由题知 $P\{X\geqslant 96\}=0.023$，于是 $1-\Phi\left(\frac{24}{\sigma}\right)=0.023$，即 $\Phi\left(\frac{24}{\sigma}\right)=0.977$，查附表 2 得 $\frac{24}{\sigma}=2$，即 $\sigma=12$. 有

$$P\{X\geqslant 60\}=P\left\{\frac{X-72}{12}\geqslant\frac{60-72}{12}\right\}$$

$$=1-\Phi(-1)=\Phi(1)=0.8413.$$

故及格率为 84.13%.

在自然现象和社会现象中，有许多随机变量都是服从或近似服从正态分布的. 例如，群体的某些生理指标（如身高、体重等），产品的很多质量指标（如尺寸、强度等），测量误差，农作物的产量，炮弹的弹着点偏离目标的位置坐标等都可认为服从正态分布. 此外，正态分布具有良好的分析性质，有许多分布可以用正态分布来近似，还有一些分布可以由正态分布导出，在概率论及数理统计的理论研究中，正态随机变量起着特别重要的作用. 因此正态分布是概率论中最重要的分布之一.

为了以后便于应用，我们引入标准正态随机变量的上 α 分位点的概念.

设 $X\sim N(0,\ 1)$，给定 α（$0<\alpha<1$），若 z_α 满足

$$P\{X>z_\alpha\}=\alpha \tag{2.4.14}$$

则称 z_α 为标准正态分布的**上 α 分位点**（见图 2-10）.

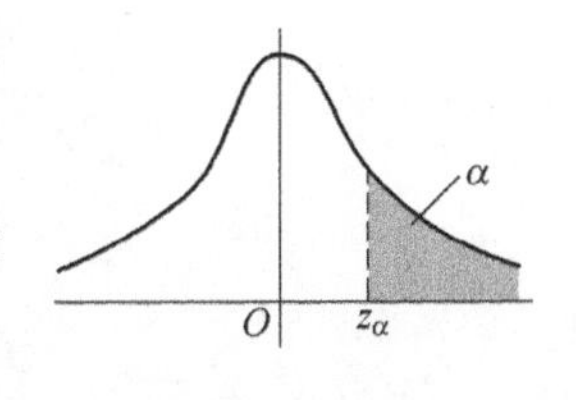

图　2-10

由式（2.4.14）知，$\Phi(z_\alpha)=1-\alpha$. 另外，由 $\varphi(x)$ 图形的对称性知 $z_{1-\alpha}=-z_\alpha$.

下面列出一些常用的 z_α 的值.

α	0.001	0.005	0.01	0.025	0.05	0.1
z_α	3.090	2.576	2.326	1.960	1.645	1.282

2.5 随机变量的函数的分布

在实际中，我们常对某些随机变量的函数更感兴趣．例如，在一些试验中，所关心的随机变量往往不能由直接测量得到，而它却是某个能直接测量的随机变量的函数．比如我们能测量圆轴截面的直径 d，而关心的却是截面积 $A=\frac{1}{4}\pi d^2$．这里，随机变量 A 是随机变量 d 的函数．在这一节中，我们将讨论如何由已知的随机变量 X 的分布去求得它的函数 $Y=g(X)$ 的概率分布．

2.5.1 离散型随机变量函数的分布

设离散型随机变量 X 的分布律为 $P\{X=x_k\}=p_k$ $(k=1, 2, 3, \cdots)$．$y=g(x)$ 是已知的连续函数，则 $Y=g(X)$ 也是离散型随机变量．如果 $y_i=g(x_i)$ $(i=1, 2, \cdots)$ 的值互不相同，则 Y 的分布律为

$$P\{Y=y_k\}=P\{X=x_k\}=p_k,\ k=1, 2, 3, \cdots.$$

若 $y_i=g(x_i)$ $(i=1, 2, \cdots)$ 中有相等的值，应将那些相等的值合并，应用概率的可加性将概率相加，即

$$P\{Y=y_k\}=\sum_{g(x_j)=y_k} P\{X=x_j\},k=1,2,3,\cdots.$$

例 1 设随机变量 X 的分布律为

X	-1	0	1	2
p_k	0.1	0.2	0.3	0.4

，

求 $Y=3X+2$ 和 $Z=(X-1)^2$ 的分布律．

解 计算 Y 和 Z 可能的取值：

X	-1	0	1	2
p_k	0.1	0.2	0.3	0.4
$Y=3X+2$	-1	2	5	8
$Z=(X-1)^2$	4	1	0	1

．

Y 的值互不相同，则 Y 的分布律为

Y	-1	2	5	8
p_k	0.1	0.2	0.3	0.4

,

Z 取值 1 时有 X 取 0 和 2 两种情况，将其合并，得 Z 的分布律为

Z	0	1	4
p_k	0.3	0.6	0.1

.

2.5.2 连续型随机变量函数的分布

例 2　已知 $X \sim N(\mu, \sigma^2)$，求 $Y=\dfrac{X-\mu}{\sigma}$ 的概率密度函数.

解　设 Y 的密度函数为 $f_Y(y)$，X、Y 的分布函数分别为 $F_X(x)$、$F_Y(y)$，则

$$F_Y(y)=P\{Y\leqslant y\}=P\left(\frac{X-\mu}{\sigma}\leqslant y\right)$$
$$=P\{X\leqslant \sigma y+\mu\}=F_X(\sigma y+\mu).$$

因为 $X \sim N(\mu, \sigma^2)$，所以

$$F_Y(y)=F_X(\sigma y+\mu)=\int_{-\infty}^{\sigma y+\mu}\frac{1}{\sqrt{2\pi}\sigma}\mathrm{e}^{-\frac{(x-\mu)^2}{2\sigma^2}}\mathrm{d}x,$$

两边对 y 求导，得

$$f_Y(y)=F'_Y(y)=\left[\int_{-\infty}^{\sigma y+\mu}\frac{1}{\sqrt{2\pi}\sigma}\mathrm{e}^{-\frac{(x-\mu)^2}{2\sigma^2}}\mathrm{d}x\right]'$$
$$=\frac{1}{\sqrt{2\pi}\sigma}\mathrm{e}^{\frac{(\sigma y+\mu-\mu)^2}{2\sigma^2}}\cdot\sigma=\frac{1}{\sqrt{2\pi}}\mathrm{e}^{-\frac{y^2}{2}},$$

即所求 Y 的概率密度函数为

$$f_Y(y)=\frac{1}{\sqrt{2\pi}}\mathrm{e}^{-\frac{y^2}{2}}(-\infty<y<+\infty).$$

例 3　设随机变量 X 的概率密度为 $f_X(x)$，求 $Y=aX+b$ $(a\neq 0)$ 的概率密度 $f_Y(y)$.

解　将 X 和 Y 的分布函数分别记为 $F_X(x)$ 和 $F_Y(y)$，下面先求 $F_Y(y)$.

$$F_Y(y)=P\{Y\leqslant y\}=P\{aX+b\leqslant y\}$$
$$=\begin{cases}P\left\{X\leqslant\dfrac{y-b}{a}\right\}=F_X\left(\dfrac{y-b}{a}\right), & a>0,\\ P\left\{X\geqslant\dfrac{y-b}{a}\right\}=1-F_X\left(\dfrac{y-b}{a}\right), & a<0.\end{cases}$$

将 $F_Y(y)$ 关于 y 求导数，得 Y 的概率密度

$$f_Y(y)=\begin{cases}\dfrac{1}{a}f_X\left(\dfrac{y-b}{a}\right), & a>0,\\ -\dfrac{1}{a}f_X\left(\dfrac{y-b}{a}\right), & a<0.\end{cases}$$

可以统一起来写成

$$f_Y(y)=\frac{1}{|a|}f_X\left(\frac{y-b}{a}\right). \tag{2.5.1}$$

将上述结果应用到正态随机变量上，可以证明：若 $X\sim N(\mu,\ \sigma^2)$，则 $Y=aX+b$（$a\neq0$）也是正态随机变量，且 $Y\sim N(a\mu+b,\ (a\sigma)^2)$. 特别地，取 $a=\dfrac{1}{\sigma}$，$b=-\dfrac{\mu}{\sigma}$，得

$$Y=\frac{X-\mu}{\sigma}\sim N(0,1).$$

例 4　设随机变量 $X\sim N(0,\ 1)$，求 $Y=X^2$ 的概率密度.

解　X 的概率密度为

$$\varphi(x)=\frac{1}{\sqrt{2\pi}}\mathrm{e}^{-\frac{x^2}{2}},\ -\infty<x<+\infty.$$

设 Y 的分布函数为 $F_Y(y)$，则

$$F_Y(y)=P\{Y\leqslant y\}=P\{X^2\leqslant y\},$$

显然，由于 $X^2\geqslant0$，故当 $y\leqslant0$ 时，$F_Y(y)=0$.

当 $y>0$ 时，有

$$\begin{aligned}F_Y(y)&=P\{X^2\leqslant y\}=P\{-\sqrt{y}\leqslant X\leqslant\sqrt{y}\}\\&=\int_{-\sqrt{y}}^{\sqrt{y}}\varphi(x)\,\mathrm{d}x=\frac{1}{\sqrt{2\pi}}\int_{-\sqrt{y}}^{\sqrt{y}}\mathrm{e}^{-\frac{x^2}{2}}\mathrm{d}x\\&=\frac{2}{\sqrt{2\pi}}\int_0^{\sqrt{y}}\mathrm{e}^{-\frac{x^2}{2}}\mathrm{d}x.\end{aligned}$$

于是 $Y=X^2$ 的概率密度为

$$f_Y(y)=F_Y'(y)=\begin{cases}\dfrac{2}{\sqrt{2\pi}}\mathrm{e}^{-\frac{y}{2}}\cdot\dfrac{1}{2\sqrt{y}}=\dfrac{1}{\sqrt{2\pi}}y^{-\frac{1}{2}}\mathrm{e}^{-\frac{y}{2}}, & y>0,\\ 0, & y\leqslant0.\end{cases}$$

在上述三例中解法的关键一步是在“$Y\leqslant y$”中，即在“$g(X)\leqslant y$”中解出 X，从而得到一个与“$g(X)\leqslant y$”等价的 X 的不等式，并

以后者代替“$g(X)\leqslant y$”。如例3中将$\{aX+b\leqslant y\}$化成$\left\{X\leqslant\frac{y-b}{a}\right\}$（$a>0$）或$\left\{X\geqslant\frac{y-b}{a}\right\}$（$a<0$），例4中将$\{X^2\leqslant y\}$化成$\{-\sqrt{y}\leqslant X\leqslant\sqrt{y}\}$（$y>0$），从而建立$F_X(x)$和$F_Y(y)$之间的关系，然后通过求导得出$Y$的概率密度．这种方法称为**分布函数法**，一般来说，我们都可以用这样的方法求连续型随机变量的函数的分布函数或概率密度．

下面，我们对$Y=g(X)$［其中$g(\cdot)$是严格单调函数］的情况，写出一般的结论．

定理2.2 设连续型随机变量X具有概率密度$f_X(x)$，$-\infty<x<+\infty$，函数$g(x)$处处可导，且恒有$g'(x)>0$［或恒有$g'(x)<0$］，则$Y=g(X)$是一个连续型随机变量，且概率密度为

$$f_Y(y)=\begin{cases}f_X[h(y)]\,|h'(y)|, & \alpha<y<\beta,\\ 0, & \text{其他}.\end{cases} \tag{2.5.2}$$

其中，$h(y)$是$g(x)$的反函数；$\alpha=\min\{g(-\infty),\ g(+\infty)\}$；$\beta=\max\{g(-\infty),\ g(+\infty)\}$．

例5 设随机变量X具有概率密度$f_X(x)$，$-\infty<x<+\infty$，求$Y=\mathrm{e}^X$的概率密度$f_Y(y)$．

解 $y=\mathrm{e}^x$的的导数恒大于0，在$(0,\ +\infty)$内其反函数存在且可导：

$$x=h(y)=\ln y,\ h'(y)=\frac{1}{y},$$

由式（2.5.2），得$Y=\mathrm{e}^X$的概率密度为

$$f_Y(y)=\begin{cases}\dfrac{1}{y}\cdot f_X(\ln y), & y>0,\\ 0, & y\leqslant 0.\end{cases}$$

例6 设$X\sim U\left(-\frac{\pi}{2},\ \frac{\pi}{2}\right)$，求$Y=\tan X$的概率密度．

解 设X的概率密度为$f_X(x)$，则

$$f_X(x)=\begin{cases}\dfrac{1}{\pi}, & -\dfrac{\pi}{2}<x<\dfrac{\pi}{2},\\ 0, & \text{其他}.\end{cases}$$

$y=g(x)=\tan x$，在区间$\left(-\frac{\pi}{2},\ \frac{\pi}{2}\right)$内$g'(x)=\sec^2x>0$，其反函数

$$x=h(y)=\arctan y,\ h'(y)=\frac{1}{1+y^2},$$

$$\alpha = \min\left\{g\left(-\frac{\pi}{2}\right), g\left(\frac{\pi}{2}\right)\right\} = -\infty,\ \beta = \max\left\{g\left(-\frac{\pi}{2}\right), g\left(\frac{\pi}{2}\right)\right\} = +\infty.$$

由式（2.5.2），得 $Y=\tan X$ 的概率密度为

$$f_Y(y) = \frac{1}{\pi(1+y^2)},\ -\infty < y < +\infty.$$

2.6 二维随机变量

前面我们讨论了用一个随机变量来描述随机试验的结果的情况，但在实际问题中，许多随机试验的结果需要同时用两个或两个以上的随机变量来描述．比如，炮弹的弹着点的位置需要用它的横坐标与纵坐标来确定，而横坐标和纵坐标则是定义在同一个样本空间上的两个随机变量；再如，要考察某地区的儿童的发育情况，需要同时考察身高与体重这两个指标，而身高与体重也是定义在同一个样本空间上的两个随机变量．为此，我们引入多维随机变量的概念，并讨论多维随机变量的统计规律．

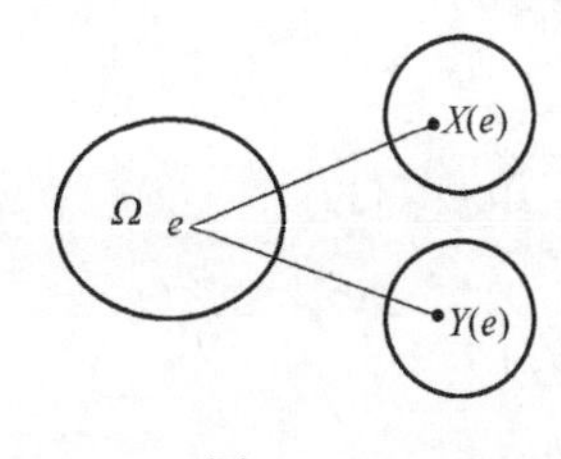

图 2-11

后几节主要以二维随机变量为例，研究多维随机变量及其概率分布．

设 E 是一个随机试验，样本空间是 $\Omega=\{e\}$，设 $X=X(e)$ 和 $Y=Y(e)$ 是定义在其样本空间 Ω 上的随机变量，由它们构成的向量 (X, Y)，称为定义在样本空间 Ω 上的**二维随机向量**或**二维随机变量**（见图2-11）．

与一维情形类似，我们引入“分布函数”来研究二维随机变量．

2.6.1 二维随机变量的分布函数

定义 2.4 设 (X, Y) 是二维随机变量，对于任意的实数 x、y，二元函数

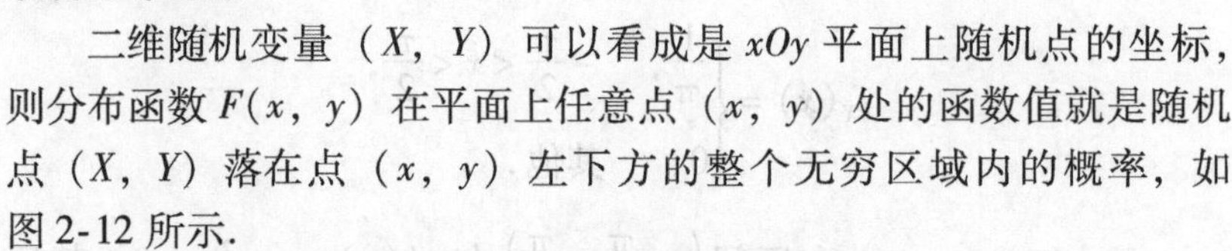

$$F(x,y) = P\{(X\leqslant x)\cap(Y\leqslant y)\} \xlongequal{\text{记作}} P\{X\leqslant x, Y\leqslant y\} \tag{2.6.1}$$

称为二维随机变量 (X, Y) 的**分布函数**，或称为随机变量 X 和 Y 的**联合分布函数**．

二维随机变量 (X, Y) 可以看成是 xOy 平面上随机点的坐标，则分布函数 $F(x, y)$ 在平面上任意点 (x, y) 处的函数值就是随机点 (X, Y) 落在点 (x, y) 左下方的整个无穷区域内的概率，如图2-12所示．

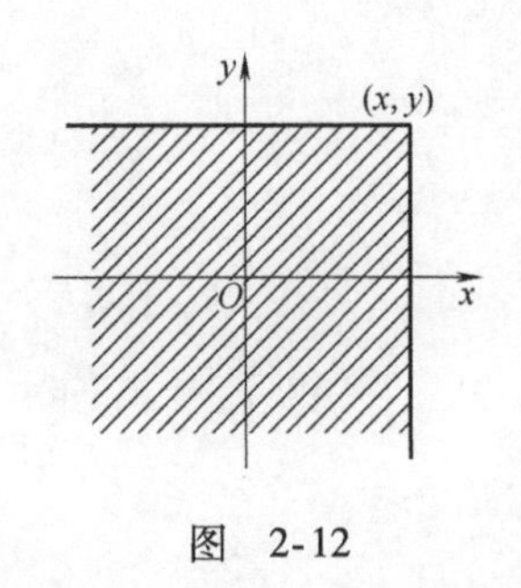

图 2-12

联合分布函数 $F(x, y)$ 具有下列基本性质：

(1) $F(x, y)$ 是变量 x、y 的单调不减函数．即对于任意固定的 y，当 $x_1<x_2$ 时，$F(x_1, y)\leqslant F(x_2, y)$；对于任意固定的 x，当 $y_1<y_2$ 时，$F(x, y_1)\leqslant F(x, y_2)$．

(2) $0 \leqslant F(x, y) \leqslant 1$;

对任意固定的 y，$F(-\infty, y)=0$;

对任意固定的 x，$F(x, -\infty)=0$，且有

$$F(-\infty,-\infty)=0,$$

$$F(+\infty,+\infty)=1.$$

(3) $F(x, y)$ 关于 x 或 y 都是右连续的，即

$$F(x+0,y)=F(x,y),\ F(x,y+0)=F(x,y).$$

(4) 对任意 (x_1, y_1)，(x_2, y_2)，$x_1<x_2$，$y_1<y_2$，有

$$F(x_2,y_2)-F(x_2,y_1)+F(x_1,y_1)-F(x_1,y_2) \geqslant 0. \quad (2.6.2)$$

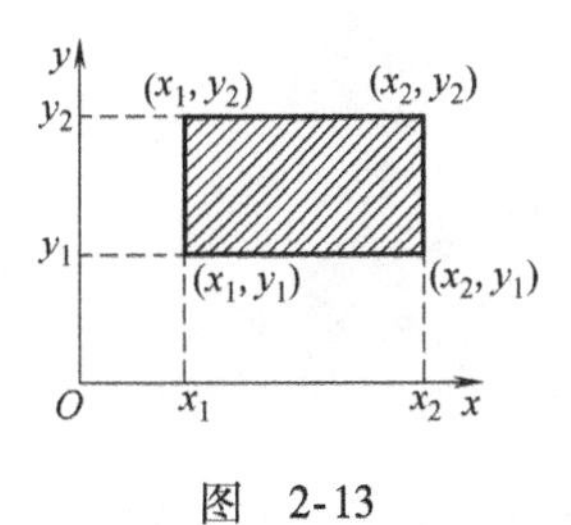

图 2-13

借助图 2-13 易得点 (X, Y) 落在矩形区域 $[x_1<X \leqslant x_2,\ y_1<Y \leqslant y_2]$ 内的概率为

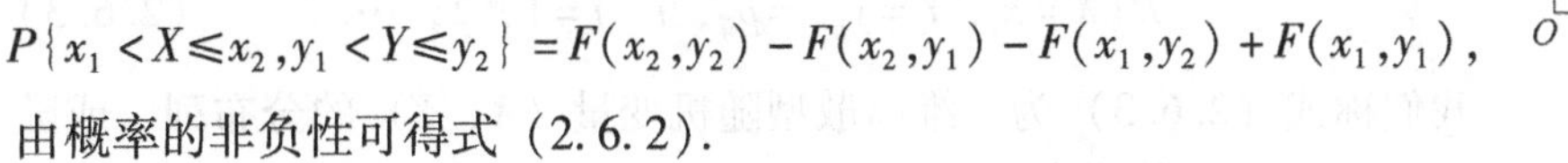

$$P\{x_1<X \leqslant x_2, y_1<Y \leqslant y_2\}=F(x_2,y_2)-F(x_2,y_1)-F(x_1,y_2)+F(x_1,y_1),$$

由概率的非负性可得式 (2.6.2).

思考题：$P\{X>a,\ Y>b\}$ 是否等于 $1-F(a, b)$？

例 1　设随机变量 (X, Y) 的联合分布函数为

$$F(x,y)=A\left(B+\arctan \frac{x}{2}\right)\left(C+\arctan \frac{y}{2}\right) \quad (-\infty<x<+\infty,-\infty<y<+\infty).$$

试求常数 A、B、C.

解　由分布函数的性质，有

$$F(+\infty,+\infty)=\lim_{\substack{x \to +\infty \\ y \to +\infty}} A\left(B+\arctan \frac{x}{2}\right)\left(C+\arctan \frac{y}{2}\right)$$

$$=A\left(B+\frac{\pi}{2}\right)\left(C+\frac{\pi}{2}\right)=1.$$

对任意固定的 y，有

$$F(-\infty,y)=\lim_{x \to -\infty} A\left(B+\arctan \frac{x}{2}\right)\left(C+\arctan \frac{y}{2}\right)$$

$$=A\left(B-\frac{\pi}{2}\right)\left(C+\arctan \frac{y}{2}\right)=0,$$

得

$$A\left(B-\frac{\pi}{2}\right)=0,$$

类似地，由 $F(x, -\infty)=0$，得

$$A\left(C-\frac{\pi}{2}\right)=0.$$

由此解得 $A=\frac{1}{\pi^2}$，$B=C=\frac{\pi}{2}$.

与一维随机变量的情形类似，我们这里也来讨论离散型和连续型这两种二维随机变量.

2.6.2 二维离散型随机变量

定义 2.5 若二维随机变量 (X, Y) 的所有可能取值是有限对或可列无限多对，则称 (X, Y) 为**二维离散型随机变量**.

显然，若 (X, Y) 是二维离散型随机变量，则其分量 X 和 Y 都是一维离散型随机变量.

若二维离散型随机变量 (X, Y) 的所有可能的取值为 (x_i, y_j)，$i, j=1, 2, \cdots$，记

$$P\{X=x_i, Y=y_j\}=p_{ij}, \ i, j=1, 2, \cdots. \tag{2.6.3}$$

我们称式 (2.6.3) 为二维离散型随机变量 (X, Y) 的**分布列**，或随机变量 X 和 Y 的**联合分布列**.

显然，由概率的定义知 p_{ij} $(i, j=1, 2, \cdots)$ 满足下列性质：

(1) 非负性，$p_{ij}\geqslant 0$ $(i, j=1, 2, \cdots)$；

(2) 规范性，$\sum\limits_{i=1}^{\infty}\sum\limits_{j=1}^{\infty}p_{ij}=1$.

我们可以用表格表示 X 和 Y 的联合分布列：

X \ Y	y_1	y_2	$\cdots$	y_j	$\cdots$
x_1	p_{11}	p_{12}	$\cdots$	p_{1j}	$\cdots$
x_2	p_{21}	p_{22}	$\cdots$	p_{2j}	$\cdots$
$\vdots$	$\vdots$	$\vdots$		$\vdots$	$\cdots$
x_i	p_{i1}	p_{i2}	$\cdots$	p_{ij}	$\cdots$
$\vdots$	$\vdots$	$\vdots$		$\vdots$	$\cdots$

例 2 随机变量 X 在 1，2，3，4 这四个整数中等可能地取一个值，随机变量 Y 在 $1\sim X$ 中等可能地取一个值. 试求 (X, Y) 的分布列.

解 由题知 $P\{Y=j|X=i\}P\{X=i\}$ 的取值情况是：$i=1, 2, 3, 4$；j 取不大于 i 的正整数. 且

$$P\{X=i,Y=j\}=P\{Y=j|X=i\}P\{X=i\}=\frac{1}{i}\cdot\frac{1}{4}$$

$$(i=1, 2, 3, 4; \ j\leqslant i).$$

于是（X，Y）的分布列为

Y \ X	1	2	3	4
1	1/4	1/8	1/12	1/16
2	0	1/8	1/12	1/16
3	0	0	1/12	1/16
4	0	0	0	1/16

由（X，Y）的联合分布列的定义知二维离散型随机变量的分布函数为

$$F(x,y) = P\{X \leqslant x, Y \leqslant y\} = \sum_{x_i \leqslant x} \sum_{y_j \leqslant y} p_{ij}. \tag{2.6.4}$$

其中，和式表示对所有满足 $x_i \leqslant x$，$y_j \leqslant y$ 的 i 与 j 求和.

2.6.3　二维连续型随机变量

定义 2.6　设二维随机变量（X，Y）的分布函数为 $F(x, y)$，若存在非负函数 $f(x, y)$ 使得对于任意实数 x 和 y，有

$$F(x,y) = \int_{-\infty}^{y} \int_{-\infty}^{x} f(u,v)\mathrm{d}u\mathrm{d}v, \tag{2.6.5}$$

则称（X，Y）为**连续型的二维随机变量**，称函数 $f(x, y)$ 为二维随机变量（X，Y）的**概率密度**，或称为随机变量 X 和 Y 的**联合概率密度**.

按上述定义，概率密度 $f(x, y)$ 具有以下性质：

(1) 非负性，$f(x, y) \geqslant 0$；

(2) 规范性，$\int_{-\infty}^{+\infty} \int_{-\infty}^{+\infty} f(x,y)\mathrm{d}x\mathrm{d}y = 1$；

(3) 设 D 是 xOy 平面上的区域，则点（X，Y）落在区域 D 内的概率为

$$P\{(X,Y) \in D\} = \iint_D f(x,y)\mathrm{d}x\mathrm{d}y. \tag{2.6.6}$$

(4) 若 $f(x, y)$ 在点（x，y）连续，则有

$$\frac{\partial^2 F(x,y)}{\partial x \partial y} = f(x,y). \tag{2.6.7}$$

性质（3）的几何意义是，随机点（X，Y）落在 xOy 平面上区域 D 内的概率等于以 D 为底、曲面 $z = f(x, y)$ 为顶面的曲顶柱体的体积.

例3 设二维随机变量 (X, Y) 具有概率密度

$$f(x,y)=\begin{cases}2\mathrm{e}^{-(2x+y)}, & x>0,y>0,\\ 0, & \text{其他}.\end{cases}$$

求：(1) $F(x, y)$；(2) $P\{Y\leqslant X\}$.

解 (1) $F(x,y)=\int_{-\infty}^{y}\int_{-\infty}^{x}f(x,y)\mathrm{d}x\mathrm{d}y$

$$=\begin{cases}\int_0^y\int_0^x 2\mathrm{e}^{-(2x+y)}\mathrm{d}x\mathrm{d}y, & x>0,y>0,\\ 0, & \text{其他},\end{cases}$$

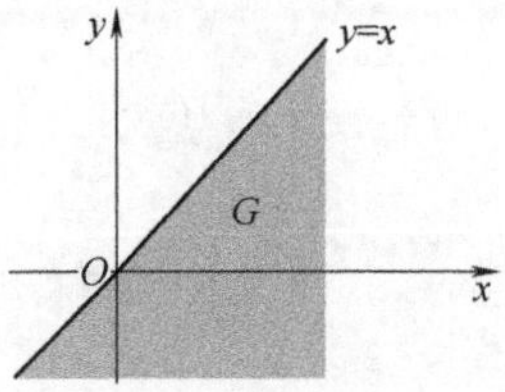

即有
$$F(x,y)=\begin{cases}(1-\mathrm{e}^{-2x})(1-\mathrm{e}^{-y}), & x>0,y>0,\\ 0, & \text{其他}.\end{cases}$$

(2) 将 (X, Y) 看作是平面上随机点的坐标. 即有

$$\{Y\leqslant X\}=\{(X,Y)\in G\},$$

其中 G 为 xOy 平面上直线 $y=x$ 下方的部分，如图2-14所示. 于是

图 2-14

$$P\{Y\leqslant X\}=P\{(X,Y)\in G\}=\iint_G f(x,y)\mathrm{d}x\mathrm{d}y$$

$$=\int_0^{\infty}\int_y^{\infty}2\mathrm{e}^{-(2x+y)}\mathrm{d}x\mathrm{d}y=\frac{1}{3}.$$

例4 设二维随机变量 (X, Y) 的概率密度为

$$f(x,y)=\begin{cases}kxy, & 0\leqslant x\leqslant y,0\leqslant y\leqslant 1,\\ 0, & \text{其他}.\end{cases}$$

其中，k 为常数. (1) 求常数 k；(2) 求 $P\{X+Y\geqslant 1\}$.

解 如图2-15所示，记 $D=\{(x,y)\mid 0\leqslant x\leqslant y,\ 0\leqslant y\leqslant 1\}$.

(1) $\int_{-\infty}^{+\infty}\int_{-\infty}^{+\infty}f(x,y)\mathrm{d}x\mathrm{d}y=1$，即

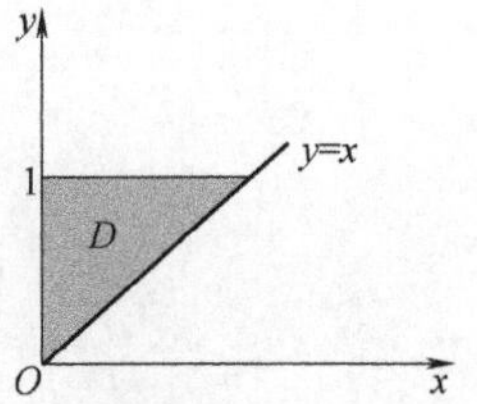

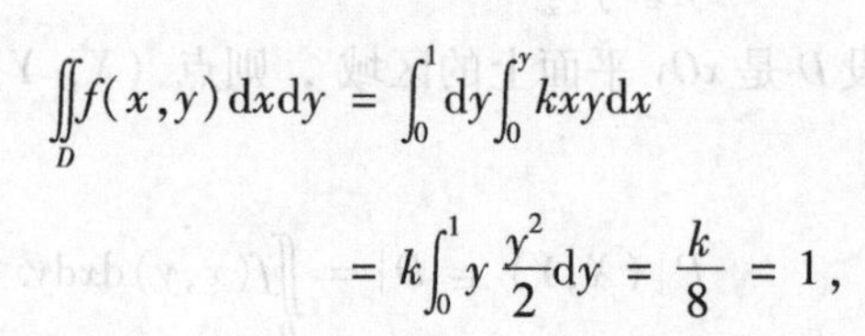

$$\iint_D f(x,y)\mathrm{d}x\mathrm{d}y=\int_0^1\mathrm{d}y\int_0^y kxy\mathrm{d}x$$

$$=k\int_0^1 y\frac{y^2}{2}\mathrm{d}y=\frac{k}{8}=1,$$

图 2-15

从而 $k=8$.

(2) 如图2-16所示，记 $G=\{(x,y)\mid 1-y\leqslant x\leqslant y,0.5\leqslant y\leqslant 1\}$.

$$P\{X+Y\geqslant 1\}=\iint_{X+Y\geqslant 1}f(x,y)\mathrm{d}x\mathrm{d}y$$

$$=\iint_G 8xy\mathrm{d}x\mathrm{d}y=\int_{0.5}^1\mathrm{d}y\int_{1-y}^y 8xy\mathrm{d}x=\frac{5}{6}.$$

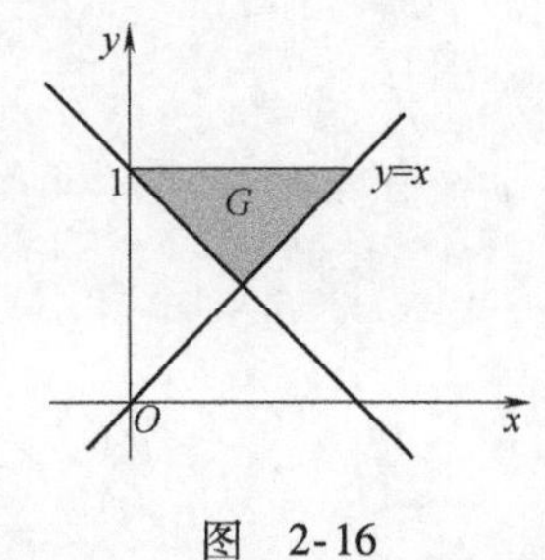

图 2-16

思考题：求上题中分布函数 $F(x, y)$.

2.6.4 两个常见的二维连续型随机变量

1. 二维均匀分布

设 G 是平面上的有界区域，面积为 A，若随机变量（X, Y）的联合概率密度为

$$f(x,y)=\begin{cases}1/A, & (x,y)\in G,\\ 0, & \text{其他}.\end{cases} \tag{2.6.8}$$

则称（X, Y）服从区域 G 上的**均匀分布**.

2. 二维正态分布

设二维随机变量（X, Y）的概率密度函数为

$$f(x,y)=\frac{1}{2\pi\sigma_1\sigma_2\sqrt{1-\rho^2}}$$

$$\exp\left\{\frac{-1}{2(1-\rho^2)}\left[\frac{(x-\mu_1)^2}{\sigma_1^2}-2\rho\frac{(x-\mu_1)(y-\mu_2)}{\sigma_1\sigma_2}+\frac{(y-\mu_2)^2}{\sigma_2^2}\right]\right\}$$

$$(-\infty<x<+\infty,\ -\infty<y<+\infty) \tag{2.6.9}$$

其中 $\mu_1,\mu_2,\sigma_1,\sigma_2,\rho$ 为常数，且 $\sigma_1>0,\sigma_2>0,|\rho|<1,(x,y)\in\mathbf{R}^2$，则称$(X,Y)$服从参数为 $\mu_1,\mu_2,\sigma_1,\sigma_2,\rho$ 的**二维正态分布**. 记为

$$(X,Y)\sim N(\mu_1,\mu_2,\sigma_1^2,\sigma_2^2,\rho).$$

2.7 边缘分布

2.7.1 二维随机变量的边缘分布函数

对于二维随机变量（X, Y），它的两个分量 X 和 Y 都是随机变量，也有各自的概率分布，X 和 Y 的概率分布分别称为二维随机变量（X, Y）关于 X 和关于 Y 的**边缘概率分布**，简称边缘分布．本节讨论如何由联合分布来确定边缘分布的问题.

设 $F(x, y)$ 是二维随机变量（X, Y）的联合分布函数，记 $F_X(x)$ 和 $F_Y(y)$ 分别为关于 X 和关于 Y 的边缘分布函数，则

$$F_X(x)=P\{X\leqslant x\}=P\{X\leqslant x,Y<+\infty\},$$

即

$$F_X(x)=F(x,+\infty). \tag{2.7.1}$$

同理，有

$$F_Y(y)=F(+\infty,y). \tag{2.7.2}$$

如2.6节例1中X的边缘分布函数为

$$F_X(x)=F(x,+\infty)=\frac{1}{2}+\frac{1}{\pi}\arctan\frac{x}{2},\ -\infty<x<+\infty.$$

2.7.2 二维离散型随机变量的边缘分布列

设二维离散型随机变量（X, Y）的分布列为$P\{X=x_i, Y=y_j\}=p_{ij}$, i, $j=1, 2, \cdots$, 由式（2.6.4）、式（2.7.1）可得

$$F_X(x)=\sum_{x_i\leqslant x}\sum_{j=1}^{\infty}p_{ij},$$

而$F_X(x)=\sum\limits_{x_i\leqslant x}P\{X=x_i\}$，由此得$X$的分布列为

$$P\{X=x_i\}=\sum_{j=1}^{\infty}p_{ij},\ i=1,2,\cdots.$$

同理可得Y的分布列为

$$P\{Y=y_j\}=\sum_{i=1}^{\infty}p_{ij},\ j=1,2,\cdots.$$

记

$$p_{i\cdot}=\sum_{j=1}^{\infty}p_{ij}=P\{X=x_i\},\ i=1,2,\cdots, \tag{2.7.3}$$

$$p_{\cdot j}=\sum_{i=1}^{\infty}p_{ij}=P\{Y=y_j\},\ j=1,2,\cdots, \tag{2.7.4}$$

分别称式（2.7.3）和式（2.7.4）为（X, Y）关于X和关于Y的边缘分布列.

例1 设（X, Y）的联合分布列如下，求X、Y的边缘分布列.

X \ Y	-1	0	2
0	$\frac{2}{20}$	$\frac{1}{20}$	$\frac{2}{20}$
1	$\frac{2}{20}$	$\frac{1}{20}$	$\frac{2}{20}$
2	$\frac{4}{20}$	$\frac{2}{20}$	$\frac{4}{20}$

解 易求得X、Y的边缘分布列分别为

X	0	1	2
p	$\frac{1}{4}$	$\frac{1}{4}$	$\frac{1}{2}$

Y	-1	0	2
p	$\frac{2}{5}$	$\frac{1}{5}$	$\frac{2}{5}$

例 2　设袋中装有 3 个球，分别标有号码 1，2，3，从中随机取 1 个球，不放回袋中，再随机取 1 个球，用 X、Y 分别表示第 1 次和第 2 次所取得的球的号码，求 X 和 Y 的联合分布列以及边缘分布列.

解　(X, Y) 的可能取值为数组 (1, 2)，(1, 3)，(2, 1)，(2, 3)，(3, 1)，(3, 2)，根据乘法公式，得

$$p_{ij} = P\{X = x_i, Y = y_j\} = P\{X = x_i\} P\{Y = y_j \mid X = x_i\}.$$

具体计算结果如下表：

X \ Y	1	2	3	$p_{i\cdot}$
1	0	$\frac{1}{6}$	$\frac{1}{6}$	$\frac{1}{3}$
2	$\frac{1}{6}$	0	$\frac{1}{6}$	$\frac{1}{3}$
3	$\frac{1}{6}$	$\frac{1}{6}$	0	$\frac{1}{3}$
$p_{\cdot j}$	$\frac{1}{3}$	$\frac{1}{3}$	$\frac{1}{3}$	1

根据上表得 X 和 Y 的边缘分布列如下

X	1	2	3
$p_{i\cdot}$	$\frac{1}{3}$	$\frac{1}{3}$	$\frac{1}{3}$

，

Y	1	2	3
$p_{\cdot j}$	$\frac{1}{3}$	$\frac{1}{3}$	$\frac{1}{3}$

2.7.3 边缘密度函数

对于二维连续型随机变量（X，Y），设它的概率密度为$f(x,y)$，由于

$$F_X(x)=F(x,+\infty)=\int_{-\infty}^{x}\left[\int_{-\infty}^{+\infty}f(x,y)\mathrm{d}y\right]\mathrm{d}x.$$

与一维连续型随机变量X的分布函数

$$F_X(x)=\int_{-\infty}^{x}f_X(x)\mathrm{d}x$$

比较，得X的概率密度为

$$f_X(x)=\int_{-\infty}^{+\infty}f(x,y)\mathrm{d}y.$$

同理，Y的概率密度为

$$f_Y(y)=\int_{-\infty}^{+\infty}f(x,y)\mathrm{d}x.$$

定义 2.7 分别称

$$f_X(x)=\int_{-\infty}^{+\infty}f(x,y)\mathrm{d}y,\ f_Y(y)=\int_{-\infty}^{+\infty}f(x,y)\mathrm{d}x$$

为（X，Y）关于X和关于Y的**边缘概率密度函数**.

例 3 设随机变量（X，Y）的联合密度函数为

$$f(x,y)=\begin{cases}Cx^2y, & x^2\leqslant y\leqslant 1,\\ 0, & \text{其他}.\end{cases}$$

试求:（1）常数C；（2）边缘密度函数.

解（1）由$\int_{-\infty}^{+\infty}\int_{-\infty}^{+\infty}f(x,y)\mathrm{d}x\mathrm{d}y=1$，得

$$\int_{-1}^{1}\mathrm{d}x\int_{x^2}^{1}Cx^2y\mathrm{d}y=C\int_{-1}^{1}x^2\left(\frac{1}{2}-\frac{x^4}{2}\right)\mathrm{d}x=\frac{4}{21}C=1,$$

从而$C=\frac{21}{4}$.

（2）当$x\in[-1,1]$时，有

$$f_X(x)=\int_{-\infty}^{+\infty}f(x,y)\mathrm{d}y=\int_{x^2}^{1}\frac{21}{4}x^2y\mathrm{d}y=\frac{21}{8}x^2(1-x^4),$$

故X的边缘密度函数为

$$f_X(x)=\begin{cases}\dfrac{21}{8}x^2(1-x^4), & -1\leqslant x\leqslant 1,\\ 0, & \text{其他}.\end{cases}$$

当 $y\in[0,1]$ 时，有 $f_Y(y)=\int_{-\infty}^{+\infty}f(x,y)\mathrm{d}x=\int_{-\sqrt{y}}^{\sqrt{y}}\frac{21}{4}yx^2\mathrm{d}x=\frac{7}{2}y^{\frac{5}{2}}$，故

$$f_Y(y)=\begin{cases}\dfrac{7}{2}y^{\frac{5}{2}}, & 0\leqslant y\leqslant 1,\\ 0, & \text{其他}.\end{cases}$$

例 4　求二维正态分布的边缘概率密度.

解　二维正态分布的概率密度函数为

$$f(x,y)=\frac{1}{2\pi\sigma_1\sigma_2\sqrt{1-\rho^2}}$$

$$\exp\left\{-\frac{1}{2(1-\rho^2)}\left[\frac{(x-\mu_1)^2}{\sigma_1^2}-2\rho\frac{(x-\mu_1)(y-\mu_2)}{\sigma_1\sigma_2}+\frac{(y-\mu_2)^2}{\sigma_2^2}\right]\right\}$$

$$(-\infty<x<+\infty,-\infty<y<+\infty),$$

由边缘密度公式得到 $f_X(x)=\int_{-\infty}^{+\infty}f(x,y)\mathrm{d}y$.

由于 $\frac{(y-\mu_2)^2}{\sigma_2^2}-2\rho\frac{(x-\mu_1)(y-\mu_2)}{\sigma_1\sigma_2}=\left(\frac{y-\mu_2}{\sigma_2}-\rho\frac{x-\mu_1}{\sigma_1}\right)^2-\rho^2\frac{(x-\mu_1)^2}{\sigma_1^2}$

于是

$$f_X(x)=\frac{1}{2\pi\sigma_1\sigma_2\sqrt{1-\rho^2}}\mathrm{e}^{-\frac{(x-\mu_1)^2}{2\sigma_1^2}}\int_{-\infty}^{+\infty}\mathrm{e}^{-\frac{1}{2(1-\rho^2)}\left(\frac{y-\mu_2}{\sigma_2}-\rho\frac{x-\mu_1}{\sigma_1}\right)^2}\mathrm{d}y$$

令 $t=\frac{1}{\sqrt{1-\rho^2}}\left(\frac{y-\mu_2}{\sigma_2}-\rho\frac{x-\mu_1}{\sigma_1}\right)$，则有

$$f_X(x)=\frac{1}{2\pi\sigma_1}\mathrm{e}^{-\frac{(x-\mu_1)^2}{2\sigma_1^2}}\int_{-\infty}^{+\infty}\mathrm{e}^{-\frac{t^2}{2}}\mathrm{d}y,$$

即
$$f_X(x)=\frac{1}{\sqrt{2\pi}\sigma_1}\mathrm{e}^{-\frac{(x-\mu_1)^2}{2\sigma_1^2}},\quad -\infty<x<+\infty.$$

同理
$$f_Y(y)=\frac{1}{\sqrt{2\pi}\sigma_2}\mathrm{e}^{-\frac{(y-\mu_2)^2}{2\sigma_2^2}},\quad -\infty<y<+\infty.$$

由上可见，二维正态分布的两个边缘分布都是一维正态分布．$(X, Y) \sim N(\mu_1, \mu_2, \sigma_1^2, \sigma_2^2, \rho)$ 则 $X \sim N(\mu_1, \sigma_1^2)$，$Y \sim N(\mu_2, \sigma_2^2)$，边缘分布与参数 ρ 无关，也就是说，当 $\rho_1 \neq \rho_2$ 时，$N(a_1, a_2, \sigma_1^2, \sigma_2^2, \rho_1)$ 与 $N(a_1, a_2, \sigma_1^2, \sigma_2^2, \rho_2)$ 对应不同的二维正态分布，但它们都有相同的边缘分布．这也说明，边缘分布不能唯一确定联合分布．

思考题　若 (X, Y) 的两个边缘分布均为正态分布，则 (X, Y) 一定是二维正态分布吗？［考虑联合密度函数为 $f(x, y) = \frac{1+xy}{2\pi}\exp\left\{-\frac{1}{2}(x^2+y^2)\right\}$的二维随机变量 (X, Y)］.

例 5　设二维随机变量 (X, Y) 的联合概率密度为

$$f(x,y)=\begin{cases} e^{-y}, & 0<x<y, \\ 0, & \text{其他}. \end{cases}$$

求 X 的边缘概率密度 $f_X(x)$.

解　当 $x>0$ 时，

$$f_X(x)=\int_{-\infty}^{+\infty} f(x,y)\,dy=\int_x^{+\infty} e^{-y}dy = e^{-x}.$$

当 $x \leqslant 0$ 时，$f_X(x)=\int_{-\infty}^{+\infty} f(x,y)\,dy=0$，故

$$f_X(x)=\begin{cases} e^{-x}, & x>0, \\ 0, & x \leqslant 0. \end{cases}$$

2.8　相互独立的随机变量

在第 1 章我们学习了事件的独立性，事件的独立性给概率的运算带来了方便．本节将由事件的独立性引入随机变量独立性的概念.

与两个事件相互独立的概念类似，两个随机变量相互独立的定义如下：

定义 2.8　设 $F(x, y)$ 以及 $F_X(x)$ 和 $F_Y(y)$ 分别是二维随机变量 (X, Y) 的分布函数和边缘分布函数．若对任意实数 x 和 y，有

$$P\{X \leqslant x, Y \leqslant y\} = P\{X \leqslant x\} \cdot P\{Y \leqslant y\}, \tag{2.8.1}$$

即

$$F(x,y)=F_X(x) \cdot F_Y(y), \tag{2.8.2}$$

则称随机变量 X 与 Y 是**相互独立**的.

随机变量的独立性是概率论中的一个重要概念，在大多数情形下，概率论和数理统计是以独立随机变量作为其主要研究对象的．对

于离散型和连续型随机变量，我们分别有下列的结论.

设（X, Y）是二维连续型随机变量，$f(x, y)$ 以及 $f_X(x)$ 和 $f_Y(y)$ 分别为（X, Y）的联合概率密度函数和边缘概率密度，则 X 与 Y 相互独立的充要条件（2.8.2）等价于式

$$f(x,y)=f_X(x)\cdot f_Y(y). \qquad (2.8.3)$$

在平面上几乎处处成立. ［这里的“几乎处处”可理解为平面上使式（2.8.3）不成立的点的集合只能形成面积为零的区域.］

设（X, Y）是二维离散型随机变量，其联合分布列为

$$P\{X=x_i,Y=y_j\}=p_{ij} \quad (i, j=1, 2, \cdots),$$

则 X 与 Y 相互独立的充要条件是对（X, Y）所有可能的取值（x_i, y_j）有

$$P\{X=x_i,Y=y_j\}=P\{X=x_i\}\cdot P\{Y=y_j\}, \qquad (2.8.4)$$

即 $P_{ij}=P_{i\cdot}\cdot P_{\cdot j}$ 对于任意 i、j 都成立.

例1 已知（X, Y）的联合概率密度为

（1）$f(x,y)=\begin{cases}4xy, & 0<x<1,0<y<1,\\ 0, & \text{其他};\end{cases}$

（2）$f(x,y)=\begin{cases}8xy, & 0<x<y,0<y<1,\\ 0, & \text{其他}.\end{cases}$

讨论 X 与 Y 是否相互独立?

解 （1）由联合密度求得 X 与 Y 的边缘密度函数为

$$f_X(x)=\begin{cases}2x, & 0<x<1,\\ 0, & \text{其他},\end{cases}$$

$$f_Y(y)=\begin{cases}2y, & 0<y<1,\\ 0, & \text{其他}.\end{cases}$$

显然有 $f(x, y)=f_X(x)\cdot f_Y(y)$，故 X 与 Y 是相互独立的.

（2）由联合密度求得 X 与 Y 的边缘密度函数为

$$f_X(x)=\begin{cases}4x(1-x^2), & 0<x<1,\\ 0, & \text{其他}.\end{cases}$$

$$f_Y(y)=\begin{cases}4y^3, & 0<y<1,\\ 0, & \text{其他}.\end{cases}$$

显然 $f(x, y)\neq f_X(x)\cdot f_Y(y)$，故 X 与 Y 不是相互独立的.

例2 设二维离散型随机变量（X, Y）的联合分布列如下表，问要使 X 与 Y 相互独立，则 a、b 应取何值?

$Y \backslash X$	1	2	3
0	1/6	1/9	1/18
1	1/3	a	b

解 $P\{Y=0\}=\dfrac{1}{6}+\dfrac{1}{9}+\dfrac{1}{18}=\dfrac{1}{3}$，

$$P\{Y=1\}=1-P\{Y=0\}=\frac{2}{3},$$

$$P\{X=2\}=\frac{P\{X=2,Y=0\}}{P\{Y=0\}}=\frac{1/9}{1/3}=\frac{1}{3},$$

$$P\{X=3\}=\frac{P\{X=3,Y=0\}}{P\{Y=0\}}=\frac{1/18}{1/3}=\frac{1}{6},$$

$$a=P\{X=2,Y=1\}=P\{X=2\}\cdot P\{Y=1\}=\frac{1}{3}\cdot\frac{2}{3}=\frac{2}{9},$$

$$b=P\{X=3,Y=1\}=P\{X=3\}\cdot P\{Y=1\}=\frac{1}{6}\cdot\frac{2}{3}=\frac{1}{9}.$$

思考题 若两随机变量相互独立，且又有相同的分布，那么这两个随机变量是否相等?

例3 求证：若（X，Y）$\sim N(\mu_1, \mu_2, \sigma_1^2, \sigma_2^2, \rho)$，则$X$与$Y$相互独立的充要条件是参数$\rho=0$.

证 （X，Y）的联合密度和边缘密度分别为

$$f(x,y)=\frac{1}{2\pi\sigma_1\sigma_2\sqrt{1-\rho^2}}$$

$$\exp\left\{-\frac{1}{2(1-\rho^2)}\left[\frac{(x-\mu_1)^2}{\sigma_1^2}-\frac{2\rho(x-\mu_1)(y-\mu_2)}{\sigma_1\sigma_2}+\frac{(x-\mu_2)^2}{\sigma_2^2}\right]\right\},$$

$$f_X(x)=\frac{1}{\sqrt{2\pi}\sigma_1}\mathrm{e}^{-\frac{(x-\mu_1)^2}{2\sigma_1^2}},$$

$$f_Y(y)=\frac{1}{\sqrt{2\pi}\sigma_2}\mathrm{e}^{-\frac{(y-\mu_2)^2}{2\sigma_2^2}},$$

则$f_X(x)\cdot f_Y(y)=\dfrac{1}{2\pi\sigma_1\sigma_2}\exp\left[-\dfrac{(x-\mu_1)^2}{2\sigma_1^2}-\dfrac{(x-\mu_2)^2}{2\sigma_2^2}\right]$.

因此，当$\rho=0$时，对所有的x和y有$f(x, y)=f_X(x)\cdot f_Y(y)$成立，即$X$与$Y$相互独立.

反之，若 X 与 Y 相互独立，则有 $f(x, y)=f_X(x)\cdot f_Y(y)$，对 $(x, y)\in \mathbf{R}^2$ 成立. 令 $x=\mu_1$，$y=\mu_2$，由 $\frac{1}{2\pi\sigma_1\sigma_2\sqrt{1-\rho^2}}=\frac{1}{2\pi\sigma_1\sigma_2}$，得 $\rho^2=0$，即 $\rho=0$.

在实际问题中，如果一个随机变量的取值对另一个随机变量的取值不产生影响或影响很小，我们一般认为这两个随机变量是相互独立的.

下面给出有关判断独立的几个重要命题：

(1) 设 X 与 Y 是相互独立的随机变量，$u(x)$ 与 $v(y)$ 为连续函数，则 $U=u(X)$ 与 $V=v(Y)$ 也相互独立.

(2) 若 $(X_1, X_2, \cdots, X_m)$ 和 $(Y_1, Y_2, \cdots, Y_n)$ 相互独立，则

① X_i 与 Y_j 相互独立，$i=1, 2, \cdots, m$；$j=1, 2, \cdots, n$；

② 若 h、g 是连续函数，则 $h(Y_1, Y_2, \cdots, Y_n)$ 和 $g(X_1, X_2, \cdots, X_m)$ 相互独立.

2.9　二维随机变量的函数的分布

前面讨论过一维随机变量函数的分布，本节我们讨论两个随机变量函数的分布. 下面分别就离散型和连续型二维随机变量的函数来讨论.

2.9.1　离散型随机变量的情形

当 (X, Y) 为离散型随机变量，分布列为

$$P\{X=x_i, Y=y_j\}=p_{ij},\ i, j=1, 2, \cdots$$

时，函数 $Z=g(X, Y)$ 也是离散的，分布列可由 (X, Y) 的分布列求得：

$$g(x_{i_k}, y_{j_k})=z_k,\ k=1, 2, \cdots,$$

$$P(Z=z_k)=\sum_{g(x_{i_k}, y_{j_k})=z_k} P(X=x_{i_k}, Y=y_{j_k}),\ k=1, 2, \cdots.$$

例 1　若 (X, Y) 的分布列为

Y \ X	−1	0	1
0	0.3	0.2	0
1	0	0.4	0.1

求 $Z_1=2X-Y$ 和 $Z_2=XY$ 的分布列.

解 计算 Z_1 和 Z_2 的分布列的过程列表表示为

(X, Y)	$(-1, 0)$	$(0, 0)$	$(0, 1)$	$(1, 1)$
$Z_1=2X-Y$	-2	0	-1	1
$Z_2=XY$	0	0	0	1
π	0.3	0.2	0.4	0.1

因此，所求的分布列依次是

Z_1	-2	-1	0	1
π	0.3	0.4	0.2	0.1

,

Z_2	0	1
π	0.9	0.1

.

例 2 求证泊松分布具有可加性：设 $X\sim\pi(\lambda_1)$，$Y\sim\pi(\lambda_2)$，且 X 与 Y 相互独立，则 $X+Y\sim\pi(\lambda_1+\lambda_2)$.

证 $X\sim\pi(\lambda_1)$，$Y\sim\pi(\lambda_2)$，则 $Z=X+Y$ 的可能取值为 0，1，2，…，

$$P\{Z=k\}=\sum_{i=0}^{k}P\{X=i,Y=k-i\}=\sum_{i=0}^{k}P\{X=i\}\cdot P\{Y=k-i\}$$

$$=\sum_{i=0}^{k}\frac{\lambda_1^i e^{-\lambda_1}}{i!}\cdot\frac{\lambda_2^{k-i}e^{-\lambda_2}}{(k-i)!}=\frac{e^{-\lambda_1-\lambda_2}}{k!}\sum_{i=0}^{k}\frac{k!}{i!(k-i)!}\lambda_1^i\lambda_2^{k-i}$$

$$=\frac{(\lambda_1+\lambda_2)^k e^{-\lambda_1-\lambda_2}}{k!},k=1,2,\cdots.$$

即 $X+Y\sim\pi(\lambda_1+\lambda_2)$.

2.9.2 连续型随机变量的情形

对于二维连续型随机变量 (X, Y)，概率密度为 $f(x, y)$，可以先求 $Z=g(X, Y)$ 的分布函数：

$$F_Z(z)=P\{Z\leqslant z\}=\iint_{g(x,y)\leqslant z}f(x,y)\mathrm{d}\sigma,$$

再将上述二重积分化为变上限的定积分 $\int_{-\infty}^{z}f_Z(t)\mathrm{d}t$，对 z 求导，就得到 Z 的概率密度 $f_Z(z)$.

下面我们仅考虑和函数 $Z=X+Y$ 的情形.

设二维连续型随机变量 (X, Y) 的概率密度为 $f(x, y)$，则 Z 的分布函数

$$
\begin{aligned}
F_Z(z) &= P\{Z \leqslant z\} = P\{X+Y \leqslant z\} \\
&= \iint\limits_{D_Z: x+y \leqslant z} f(x,y)\,\mathrm{d}x\mathrm{d}y \\
&= \int_{-\infty}^{+\infty}\left[\int_{-\infty}^{z-y} f(x,y)\,\mathrm{d}x\right]\mathrm{d}y,
\end{aligned}
$$

对固定的 z 和 y，先做变换 $x=u-y$.

由连续型随机变量概率密度函数的定义（见图2-17）可得

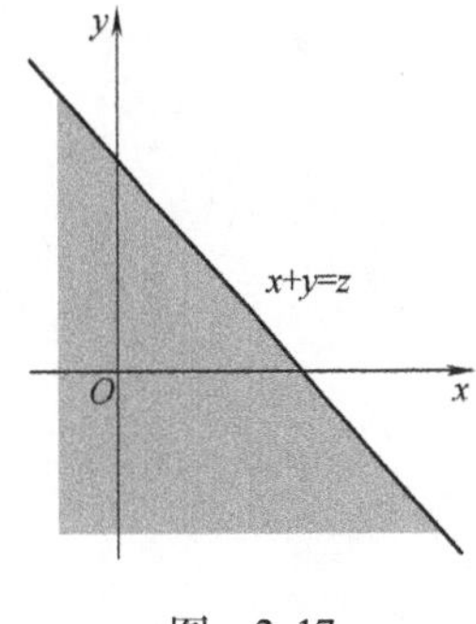

图　2-17

$$
\begin{aligned}
F_Z(z) &= \int_{-\infty}^{+\infty}\left[\int_{-\infty}^{z} f(u-y,y)\,\mathrm{d}u\right]\mathrm{d}y \\
&= \int_{-\infty}^{z}\left[\int_{-\infty}^{+\infty} f(u-y,y)\,\mathrm{d}y\right]\mathrm{d}u,
\end{aligned}
$$

由概率密度的定义，即得 Z 的概率密度为

$$
f_Z(z) = \int_{-\infty}^{+\infty} f(z-y,y)\,\mathrm{d}y, \tag{2.9.1}
$$

由 X 与 Y 的对称性，$f_Z(z)$ 又可以写成

$$
f_Z(z) = \int_{-\infty}^{+\infty} f(x,z-x)\,\mathrm{d}x. \tag{2.9.2}
$$

特别地，当 X 与 Y 相互独立时，设（X，Y）关于 X 与 Y 的边缘概率密度分别为 $f_X(x)$ 与 $f_Y(y)$ 则式（2.9.1）和式（2.9.2）分别化为

$$
f_Z(z) = \int_{-\infty}^{+\infty} f_X(z-y)\cdot f_Y(y)\,\mathrm{d}y, \tag{2.9.3}
$$

$$
f_Z(z) = \int_{-\infty}^{+\infty} f_X(x)\cdot f_Y(z-x)\,\mathrm{d}x. \tag{2.9.4}
$$

这两个公式称为**卷积公式**，记为 $f_X * f_Y$，即

$$
f_X * f_Y = \int_{-\infty}^{+\infty} f_X(z-y)\cdot f_Y(y)\,\mathrm{d}y = \int_{-\infty}^{+\infty} f_X(x)\cdot f_Y(z-x)\,\mathrm{d}x.
$$

例3　设 X 与 Y 是两个相互独立的随机变量，它们都服从 $N(0,\ 1)$ 分布，其概率密度为

$$
f_X(x) = \frac{1}{\sqrt{2\pi}}\mathrm{e}^{-x^2/2},\ -\infty < x < +\infty,
$$

$$
f_Y(y) = \frac{1}{\sqrt{2\pi}}\mathrm{e}^{-y^2/2},\ -\infty < y < +\infty.
$$

求 $Z=X+Y$ 的分布密度.

解 由卷积公式（2.9.4），有

$$f_Z(z)=\int_{-\infty}^{+\infty} f_X(x)\cdot f_Y(z-x)\,\mathrm{d}x$$

$$=\frac{1}{2\pi}\int_{-\infty}^{+\infty}\mathrm{e}^{-\frac{x^2}{2}}\cdot\mathrm{e}^{-\frac{(z-x)^2}{2}}\mathrm{d}x$$

$$=\frac{1}{2\pi}\mathrm{e}^{-\frac{z^2}{4}}\int_{-\infty}^{+\infty}\mathrm{e}^{-\left(x-\frac{z}{2}\right)^2}\mathrm{d}x,$$

令 $t=x-\dfrac{z}{2}$，得

$$f_Z(z)=\frac{1}{2\pi}\mathrm{e}^{-\frac{z^2}{4}}\int_{-\infty}^{+\infty}\mathrm{e}^{-t^2}\mathrm{d}t=\frac{1}{2\pi}\mathrm{e}^{-\frac{z^2}{4}}\sqrt{\pi}=\frac{1}{2\sqrt{\pi}}\mathrm{e}^{-\frac{z^2}{4}},$$

即 Z 服从 $N(0,2)$ 分布．

一般地，设 X 与 Y 相互独立，且 $X\sim N(\mu_1,\sigma_1^2)$，$Y\sim N(\mu_2,\sigma_2^2)$，则

$$Z=X+Y\sim N(\mu_1+\mu_2,\sigma_1^2+\sigma_2^2).$$

这个结论可以推广到 n 个独立的正态随机变量：若 X_1，X_2，…，X_n 相互独立，且 $X_i\sim N(\mu_i,\sigma_i^2)$，$i=1,2,\cdots,n$，则

$$\sum_{i=1}^{n}X_i\sim N\left(\sum_{i=1}^{n}\mu_i,\sum_{i=1}^{n}\sigma_i^2\right).$$

另外，可以证明有限个相互独立的正态随机变量的线性组合仍然服从正态分布．即若 X_1，X_2，…，X_n 相互独立，且 $X_i\sim N(\mu_i,\sigma_i^2)$，$i=1,2,\cdots,n$，则

$$\sum_{i=1}^{n}c_iX_i\sim N\left(\sum_{i=1}^{n}c_i\mu_i,\sum_{i=1}^{n}c_i^2\sigma_i^2\right).$$

例 4 已知 (X,Y) 的联合概率密度为

$$f(x,y)=\begin{cases}3x, & 0<x<1,0<y<x,\\ 0, & \text{其他}.\end{cases}$$

$Z=X+Y$，求 Z 的概率密度 $f_Z(z)$．

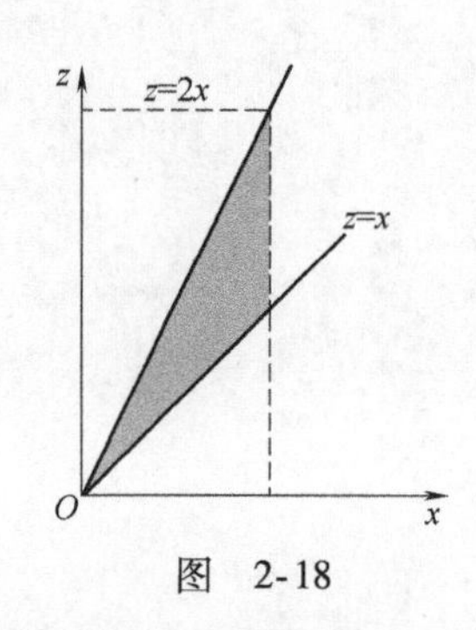

图 2-18

解 由式（2.9.2），$f_Z(z)=\int_{-\infty}^{+\infty}f(x,z-x)\,\mathrm{d}x$，如图 2-18 所示，有

$$f(x,z-x)=\begin{cases}3x, & 0<x<1,x<z<2x,\\ 0, & \text{其他}.\end{cases}$$

当 $z<0$ 或 $z>2$ 时，$f_Z(z)=0$；

当 $0 \leqslant z < 1$ 时，$f_Z(z) = \int_{z/2}^{z} 3x\mathrm{d}x = \frac{9}{8}z^2$.

当 $1 \leqslant z < 2$ 时，$f_Z(z) = \int_{z/2}^{1} 3x\mathrm{d}x = \frac{3}{2}\left(1 - \frac{z^2}{4}\right)$.

故

$$f_Z(z) = \begin{cases} \frac{9}{8}z^2, & 0 \leqslant z < 1, \\ \frac{3}{2}\left(1 - \frac{z^2}{4}\right), & 1 \leqslant z < 2, \\ 0, & \text{其他}. \end{cases}$$

内容小结

用随机变量描述随机事件是概率论中最重要的方法，本章就此详细介绍了随机变量及其分布 .

1. 知识框架图

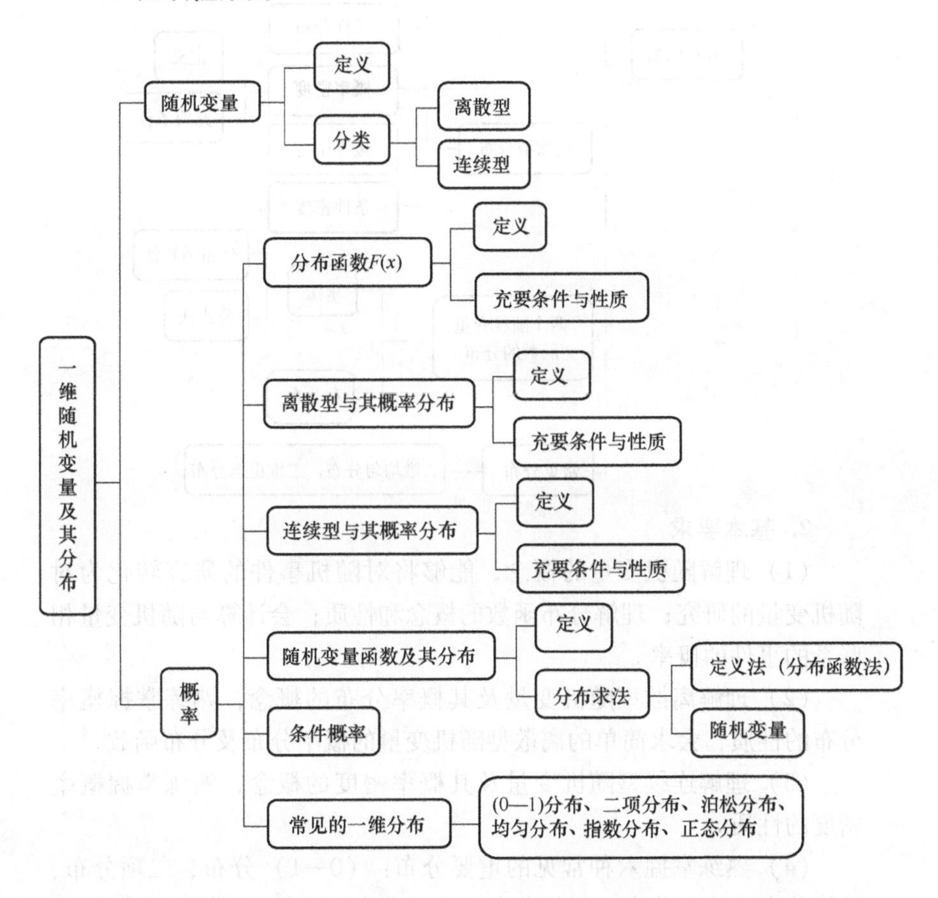

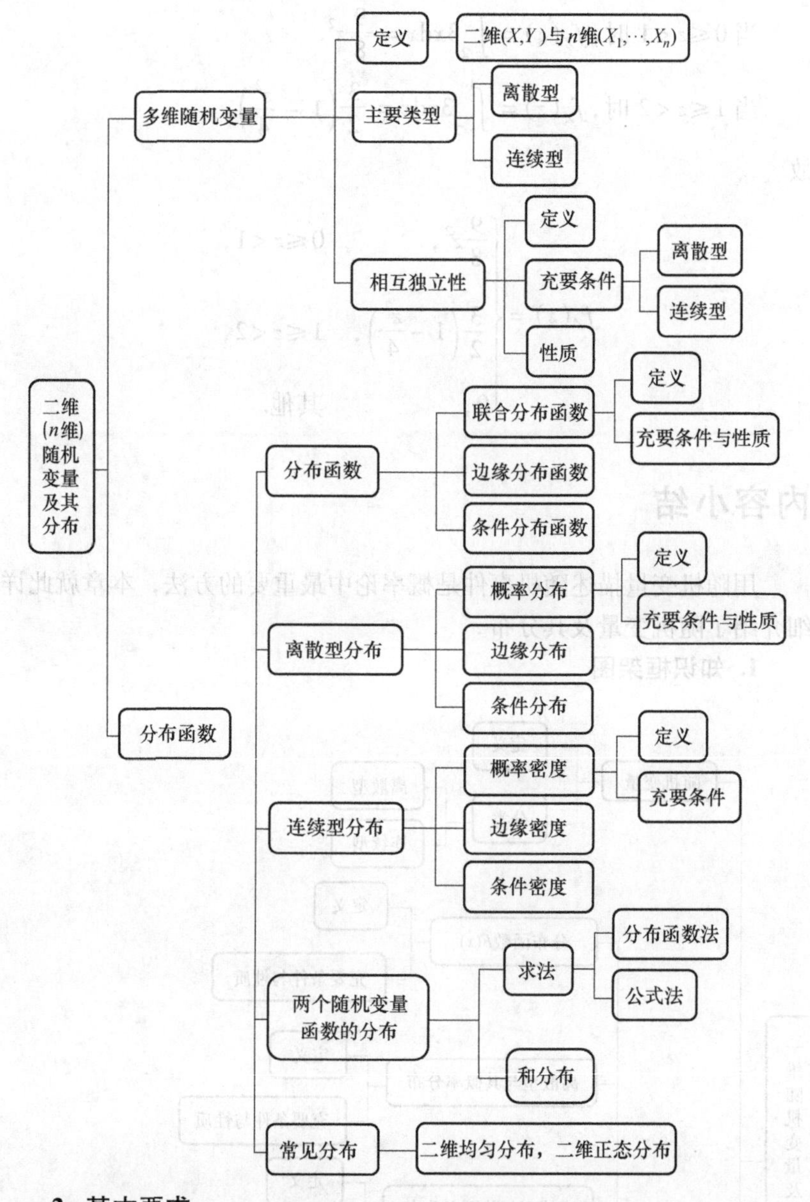

2. 基本要求

(1) 理解随机变量的概念，能够将对随机事件的研究转化为对随机变量的研究；理解分布函数的概念和性质；会计算与随机变量相联系的事件的概率 .

(2) 理解离散型随机变量及其概率分布的概念，熟练掌握概率分布的性质，会求简单的离散型随机变量的概率分布及分布函数 .

(3) 理解连续型随机变量及其概率密度的概念，熟练掌握概率密度的性质 .

(4) 熟练掌握六种常见的重要分布：(0—1) 分布、二项分布、泊松分布、均匀分布、指数分布、正态分布；理解二项分布与泊松分布间的关系，会用泊松分布与标准正态分布表验算有关二项分布、泊松分布、正态分布随机变量的概率．

（5）理解随机变量函数的概念，掌握离散型随机变量函数的概率分布求法，熟练掌握连续型随机变量函数的概率密度求解的原理和方法．

（6）了解多维随机变量的概念，理解二维随机变量分布函数的概念．

（7）理解二维随机变量分布律的概念，理解二维连续型随机变量的概率密度及性质．

（8）理解二维离散型随机变量的边缘分布律，理解二维连续型随机变量的边缘概率密度．了解二维随机变量的条件分布．

（9）理解随机变量的独立性的概念．

（10）会求两个独立随机变量简单函数的分布（和、极大、极小），了解有限个正态分布的线性组合仍是正态分布的结果．

习题 2

1. 一袋中装有 5 只球，编号为 1，2，3，4，5. 在袋中同时取 3 只，用 X 和 Y 分别表示取出 3 只球中的最大号码与最小号码，分别写出 X 与 Y 的分布律．

2. 设随机变量 X 的分布律为 $P\{X=k\}=\dfrac{a}{2^k}$ $(k=1,\ 2,\ \cdots)$，求：

（1）常数 a；（2）$P\{X>3\}$．

3. 一篮球运动员的投篮命中率为 45%，以 X 表示他首次投中时累计已投篮的次数，写出 X 的分布律．

4. 一门大炮对目标进行轰击，假定此目标必须被击中 r 次才能被摧毁．若每次击中目标的概率为 p $(0<p<1)$，且各次轰击相互独立，一次次地轰击直到摧毁目标为止．求所需轰击次数 X 的分布律.

5. 直线上有一质点，每经过一个单位时间，它分别以概率 p 及 $1-p$ 向右或左移动一格，若该质点在时刻 0 从原点出发，而且每次移动都是相互独立的，试求在 n 次移动中向右移动次数 X 的概率分布．

6. 已知某流水线生产的产品中优等品率为 90%，现从一大批产品中任取 10 件，求：

（1）恰有 8 件优等品的概率；

（2）优等品不超过 8 件的概率．

7. 甲乙两人投篮命中率分别为 0.6、0.7，现在各投三次，求：

（1）两人投中次数相等的概率；

（2）甲比乙投中次数多的概率．

8. 独立射击5000次，每次的命中率为0.001，求

（1）最可能命中次数及相应的概率；

（2）命中次数不少于1次的概率．

9. 设X服从泊松分布，且已知$P\{X=1\}=P\{X=2\}$，求$P\{X=4\}$.

10. 一电话总机每分钟收到呼叫的次数服从参数为4的泊松分布，求：

（1）某一分钟恰有8次呼叫的概率；

（2）某一分超过3次呼叫的概率．

11. 设一只昆虫所生虫卵数为随机变量X，已知$X\sim\pi(\lambda)$，且每个虫卵发育成幼虫的概率为p. 设各个虫卵是否能发育成幼虫是相互独立的．求一只昆虫所生的虫卵发育成幼虫数Y的概率分布．

12. 保险公司在一天内承保了5000份相同年龄、为期一年的寿险保单，每人一份．在合同有效期内若投保人死亡，则公司需赔付3万元．设在1年内该年龄段的死亡率为0.0015，且各投保人是否死亡相互独立．求该公司对于这批投保人的赔付总额不超过30万元的概率.

13. 设同类型设备90台，每台工作相互独立，每台设备发生故障的概率都是0.01. 在通常情况下，一台设备发生故障可由一个人独立维修，每人同时也只能维修一台设备．问至少要配备多少维修工人，才能保证当设备发生故障时不能及时维修的概率小于0.01?

14. 某厂产品不合格率为0.03，现将产品装箱，若要以不小于90%的概率保证每箱中至少有100件合格品，则每箱至少应装多少件产品?

15. 设汽车在开往甲地途中需经过4盏信号灯，每盏信号灯独立地以概率p允许汽车通过．令X表示首次停下时已通过的信号灯盏数，求X的分布律与$p=0.4$时的分布函数．

16. 下列函数中，可以作为随机变量分布函数的是（　　）.

A. $F(x)=\dfrac{1}{1+x^2}$　　　　B. $F(x)=\dfrac{3}{4}+\dfrac{1}{2\pi}\arctan x$

C. $F(x)=\begin{cases}0, & x\leqslant 0,\\ \dfrac{x}{1+x}, & x>0\end{cases}$　　　　D. $F(x)=1+\dfrac{2}{\pi}\arctan x$

17. 设连续型随机变量X的分布函数为

$$F(x)=\begin{cases}a+b\mathrm{e}^{-\frac{x^2}{2}}, & x>0,\\ 0, & x\leqslant 0.\end{cases}$$

求：（1）系数a、b；

（2）X落在区间（1，2）内的概率；

（3）X的概率密度函数．

18. 为使 $f(x)=\dfrac{1}{ax^2+bx+c}$ 成为某随机变量 X 在 $(-\infty, +\infty)$ 上的概率密度函数，系数 a、b、c 必须且只需满足何条件?

19. 已知某型号电子管的使用寿命 X 为连续型随机变量，其概率密度为

$$f(x)=\begin{cases}\dfrac{c}{x^2}, & x>1000,\\ 0, & \text{其他}.\end{cases}$$

(1) 求常数 c;

(2) 计算 $P\{X\leqslant 1700 \mid 1500<X<2000\}$;

(3) 已知一设备装有3个这样的电子管，每个电子管能否正常工作是相互独立的，求在使用的最初1500h内只有一个损坏的概率.

20. 秒表最小刻度值为0.01s. 若计时时取最近的刻度值，求使用该表计时产生的随机误差 X 的概率密度，并计算误差的绝对值不超过0.004s的概率.

21. 设 R 在区间 $(1, 6)$ 上服从均匀分布，求方程 $x^2+Rx+1=0$ 有实根的概率.

22. 假定一大型设备在任意长为 t 的时间内发生故障的次数 $N(t)\sim\pi(\lambda t)$，求:

(1) 相继两次故障的时间间隔 T 的概率分布;

(2) 设备已正常运行8h的情况下，再正常运行10h的概率.

23. 某顾客不希望在银行窗口等待服务的时间过长，如果等待10min都没有得到服务他就会离开. 如果他一个月去银行办理业务5次，以 X 表示一个月内他未等到服务而离开窗口的次数. 若顾客等待时间 T（单位: min）服从指数分布，概率密度为

$$f(x)=\begin{cases}0.2\mathrm{e}^{-0.2x}, & x>0,\\ 0, & \text{其他}.\end{cases}$$

写出 X 的分布律，并求 $P\{X\geqslant 1\}$.

24. 设 $X\sim N(-1, 16)$，求:

(1) $P\{X<2.44\}$; (2) $P\{X>-1.5\}$; (3) $P\{|X|<4\}$;

(4) $P\{-5<X<2\}$; (5) $P\{|X-1|>1\}$.

25. 已知 $X\sim N(2, \sigma^2)$，且 $P\{2<X<4\}=0.3$，求 $P\{X<0\}$.

26. 设测量的误差 $X\sim N(7.5, 100)$（单位: m）. 问要进行多少次独立测量，才能使至少有一次误差的绝对值不超过10m的概率大于0.9?

27. 某工厂生产的一种元件的寿命 $X\sim N(160, \sigma^2)$（单位: h）. 若要求 $P\{120<X\geqslant 200\}\geqslant 0.8$，则 σ 最大允许为多少?

28. 设随机变量 X 的分布律为

X	-1	0	1	2
p_k	$1/8$	$1/8$	$1/4$	$1/2$

求 $Y=2X-1$ 和 $Z=X^2$ 的分布律.

29. 已知 X 的分布律为

$$P\left\{X=k\frac{\pi}{2}\right\}=pq^k,\ k=0,\ 1,\ 2,\ \cdots.$$

其中 $p+q=1$，$0<p<1$，求 $Y=\sin X$ 的分布律.

30. 已知 X 的概率密度为 $f(x)=\begin{cases}2\mathrm{e}^{-2x}, & x>0,\\ 0, & 其他,\end{cases}$ $Y=-3X+2$，求 $f_Y(y)$.

31. 已知 X 的概率密度为 $f_X(x)=\dfrac{1}{\pi(1+x^2)}$，$-\infty<x<+\infty$，$Y=1-\sqrt[3]{X}$，求 $f_Y(y)$.

32. 设随机变量 X 的概率密度为

$$f_X(x)=\begin{cases}\dfrac{1}{3\sqrt[3]{x^2}}, & x\in[1,8],\\ 0, & 其他,\end{cases}$$

$F(x)$ 是 X 的分布函数，求随机变量 $Y=F(X)$ 的分布函数.

33. 设 X 的概率密度函数为 $f(x)=\begin{cases}\dfrac{2x}{\pi^2}, & 0<x<\pi,\\ 0, & 其他.\end{cases}$ 求 $Y=\sin X$ 的概率密度函数.

34. 已知某自动生产线加工出的产品次品率为0.01，检验人员每天检验8次，每次从已生产的产品中任取10件进行检验，如果发现其中有次品就去调整设备. 试求一天中至少要调整一次设备的概率. ($0.99^{80}\approx0.4475$)

35. 袋中装有三只红球和两只白球，从中任取两只，若以 X 表示取到的红球数，Y 表示取到的白球数，求 $(X,\ Y)$ 的联合分布列.

36. 袋中装有 m_1 只红球、m_2 只白球和 $n-m_1-m_2$ 只黑球，从中任取两只，(1) 从中任取 k 只球；(2) 从中任取 k 次，每次取1只，看过颜色后放回. 若以 X 表示取到的红球数，Y 表示取到的白球数，试分别求 $(X,\ Y)$ 的联合分布列.

37. 设 $F(x,\ y)=\begin{cases}0, & x+y<1,\\ 1, & x+y\geqslant 1.\end{cases}$ 讨论 $F(x,\ y)$ 能否成为二维随机变量的分布函数?

38. 设 $(X,\ Y)$ 的概率密度为

$$f(x,y)=\begin{cases}k(6-x-y), & 0<x<2,2<y<4,\\ 0, & 其他.\end{cases}$$

求：（1）常数 k；（2）$P\{X<1, Y<3\}$；（3）$P\{X<1.5\}$；（4）$P\{X+Y\leqslant 4\}$.

39. 设（X, Y）的概率密度为

$$f(x,y)=\begin{cases}kx^2y, & x^2\leqslant y\leqslant 1,\\ 0, & \text{其他}.\end{cases}$$

求：(1) 常数 k; (2) 边缘概率密度.

40. 设随机变量（X, Y）具有分布函数

$$F(x,y)=\begin{cases}1-\mathrm{e}^{-x}-\mathrm{e}^{-y}+\mathrm{e}^{-x-y}, & x>0,y>0,\\ 0, & \text{其他}.\end{cases}$$

求边缘分布函数.

41. 设（X, Y）在 $G=\{(x,y)\mid 0\leqslant y\leqslant x, 0\leqslant x\leqslant 1\}$ 上服从均匀分布，求：

（1）（X, Y）的联合概率密度 $f(x, y)$；

（2）$P\{Y>X^2\}$；

（3）（X, Y）在平面上的落点到 y 轴距离小于 0.3 的概率.

42. 设（X, Y）的概率密度为

$$f(x,y)=\begin{cases}\mathrm{e}^{-y}, & 0<x<y,\\ 0, & \text{其他}.\end{cases}$$

求边缘概率密度.

43. 设（X, Y）的概率密度分别为

$$(1)\ f(x, y)=\begin{cases}6\mathrm{e}^{-2x-3y}, & x>0,\ y>0,\\ 0, & \text{其他};\end{cases}$$

$$(2)\ f(x, y)=\begin{cases}\dfrac{1}{2}(x+y)\mathrm{e}^{-(x+y)}, & x>0,y>0,\\ 0, & \text{其他}.\end{cases}$$

判断 X 和 Y 是否相互独立.

44. 设二维离散型随机变量（X, Y）的联合分布列及边缘分布列的部分数值如下：

X \ Y	0	1	2	$p_{i\cdot}$
1	a	1/8	b	
2	1/8	c		
$p_{\cdot j}$	1/6			

如果 X 与 Y 相互独立，试求 a、b、c 的值.

45. 设 X 与 Y 是相互独立的两个随机变量，且 X 在（0, 1）上服从均匀分布，Y 的概率密度为

$$f_Y(y)=\begin{cases}\dfrac{1}{2}e^{-\frac{y}{2}}, & y>0,\\ 0, & 其他.\end{cases}$$

（1）求（X，Y）的联合概率密度；

（2）设 $t^2+2Xt+Y=0$，求 t 有实根的概率.

46. 证明二项分布具有可加性：设 $X\sim B(m,\ p)$，$Y\sim B(n,\ p)$ 且 X 与 Y 相互独立，则 $X+Y\sim B(m+n,\ p)$.

47. 设二维离散型随机变量（X，Y）的联合分布列为

Y \ X	-1	1	2
-1	1/4	1/6	1/8
0	1/4	1/8	1/12

求 $X+Y$，$X-Y$，XY，$\dfrac{X}{Y}$的分布列.

48. 已知（X，Y）的联合概率密度为

$$f(x,y)=\begin{cases}1, & 0<x<1,0<y<1,\\ 0, & 其他.\end{cases}$$

求 $Z=X+Y$ 的概率密度.

49. 在一简单电路中，两电阻 R_1 和 R_2 串联，设 R_1 与 R_2 相互独立，它们的概率密度均为

$$f(x)=\begin{cases}\dfrac{10-x}{50}, & 0\leqslant x\leqslant 10,\\ 0, & 其他.\end{cases}$$

求总电阻 $R=R_1+R_2$ 的概率密度.

第3章 随机变量的数字特征

上一章讨论了随机变量的分布函数，我们知道分布函数是对随机变量概率性质的完整刻画，它能够完整地描述随机变量的统计特性．但在一些实际问题中，去确定随机变量的分布有时是不太容易的；有时也不需要去全面考察随机变量的变化情况，而只需要知道关于随机变量的一些综合指标就可以了，这些与随机变量有关的综合指标可以从不同角度描述随机变量的分布特征，因而并不需要求出它的分布函数．在概率论中，称这些指标为随机变量的数字特征．

例如，在比较各城市居民的生活水平时，人们并不需要知道城市中每个人的年收入是多少，只要知道城市居民人均年收入就行了；再如检查一批学生成绩时，既需要注意学生的平均成绩，又需要注意学生成绩与平均成绩的偏离程度，平均成绩较高、偏离程度较小，教学质量就较好．从这些例子可以看出，与随机变量有关的某些数值，虽然不能完整地描述随机变量，但能描述随机变量在某些方面的重要特征．这种由随机变量的分布所确定的、能刻画随机变量某一方面的特征的常数统称为数字特征，它在理论和实践应用中都具有重要的意义．

本章将讨论一些常用的随机变量的数字特征，包括刻画取值平均位置的数学期望，刻画离散程度的方差，描述两个随机变量之间联系的协方差和相关系数等．

3.1 数学期望

先看一个例子，考察某一次期末考试的成绩，统计学生成绩中出现的每一个分数 x_i（$i=1$，…，n）以及每一个分数出现的人数 k_i（$i=1$，…，n），则很容易算出这次考试的平均分

$$\bar{x} = \frac{1}{N}\sum_{i=1}^{n} k_i x_i = \sum_{i=1}^{n} \frac{k_i}{N} x_i = \sum_{i=1}^{n} f_i x_i,$$

其中，$N=\sum_{i=1}^{n}k_i$ 为总人数；$f_i=\frac{k_i}{N}$为考试成绩分数为 x_i 的学生的频率．我们在下章将会介绍，当 N 很大时，f_i 在一定意义下接近于 p_i．就是说，在试验次数很大时，如果以随机变量 X 表示考生的成绩，则 X 的观察值的算术平均在一定意义下接近于 $\sum_{k=1}^{\infty}x_kp_k$，我们称 $\sum_{k=1}^{\infty}x_kp_k$ 为随机变量 X 的数学期望或均值．一般地，有如下定义．

定义 3.1 设 X 为离散型随机变量，其分布律为

$$P\{X=x_k\}=p_k \quad (k=1,2,\cdots,n),$$

如果级数

$$\sum_{k=1}^{\infty}x_kp_k=x_1p_1+x_2p_2+\cdots+x_kp_k+\cdots$$

绝对收敛，则此级数 $\sum_{k=1}^{\infty}x_kp_k$ 为随机变量 X 的数学期望（或均值），记为 $E(X)$，在不产生混淆的情况下，也可记作 $E(X)$，即

$$E(X)=\sum_{k=1}^{\infty}x_kp_k. \tag{3.1.1}$$

注 因为 X 为随机变量，其取值顺序并无特别约定．要求级数 $\sum_{k=1}^{\infty}x_kp_k$ 绝对收敛，是为了保证级数的和与级数各项次序无关．当随机变量 X 只取有限值时，X 的数学期望 $E(X)$ 一定存在；当随机变量 X 取无限值时，X 的数学期望 $E(X)$ 可能不存在．

例 1 某厂生产的产品中，15% 是一等品，55% 是二等品，25% 是三等品，5% 是次品．如果每件一、二、三等品分别获利 5、4、3 元，一件次品亏损 2 元．试问该厂可以期望每件产品获利多少元？

解 设 X 表示每件产品的利润，显然它是一个离散型随机变量，其分布律为

X	-2	3	4	5
p_i	0.05	0.25	0.55	0.15

故

$$E(X)=(-2)\times0.05+3\times0.25+4\times0.55+5\times0.15=3.6\ (\text{元}),$$

即每生产一件产品平均获利 3.6 元．

例 2 甲、乙两数控机床在生产同一标准件时所产生的次品数分别用 X、Y 表示，根据长期的统计资料可知，它们的分布列如下：

X	0	1	2	3
p	0.5	0.2	0.2	0.1

，

Y	0	1	2	3
p	0.4	0.3	0.2	0.1

，

问哪一台机床生产的标准件的质量好些?

解　因为$E(X)=0\times0.5+1\times0.2+2\times0.2+3\times0.1=0.9$,

$$E(Y)=0\times0.4+1\times0.3+2\times0.2+3\times0.1=1.0,$$

所以 $E(X)<E(Y)$, 即说明甲机床生产的标准件的质量好些.

而对于连续型随机变量X, 它的取值范围可以看作为 $(-\infty, +\infty)$, 把 $(-\infty, +\infty)$ 划分为无数小区间, X 在小区间 $(x, x+\mathrm{d}x)$ 中取值的概率近似为$f(x)\mathrm{d}x$, 其中$f(x)$ 是 X 的概率密度. 推广离散型随机变量的定义, 用积分代替和式, 可以给出连续型随机变量的数学期望定义如下.

定义 3.2　如果连续型随机变量 X 的概率密度为$f(x)$, 且积分 $\int_{-\infty}^{+\infty}xf(x)\mathrm{d}x$ 绝对收敛, 则称积分 $\int_{-\infty}^{+\infty}xf(x)\mathrm{d}x$ 的值为随机变量 X 的数学期望, 记为 $E(X)$, 即

$$E(X)=\int_{-\infty}^{+\infty}xf(x)\mathrm{d}x. \tag{3.1.2}$$

例 3　已知随机变量 X 的概率密度为

$$f(x)=\begin{cases}\dfrac{1}{\mathrm{e}-1}\mathrm{e}^{1-x}, & 0\leqslant x\leqslant1,\\ 0, & \text{其他}.\end{cases}$$

求 X 的期望 $E(X)$.

解　$$E(X)=\int_{-\infty}^{+\infty}xf(x)\mathrm{d}x=\frac{\mathrm{e}}{\mathrm{e}-1}\int_0^1x\mathrm{e}^{-x}\mathrm{d}x$$

$$=-\frac{\mathrm{e}}{\mathrm{e}-1}\left(x\mathrm{e}^{-x}\Big|_0^1-\int_0^1\mathrm{e}^{-x}\mathrm{d}x\right)=\frac{\mathrm{e}-2}{\mathrm{e}-1}.$$

值得注意的是, 数学期望 $E(X)$ 完全由随机变量 X 的概率分布所决定. 若 X 服从某一分布, 也称 $E(X)$ 是这一分布的数学期望.

例 4　设 $X\sim B(n, p)$, 求 $E(X)$.

解　因为 $X\sim B(n, p)$, 所以 X 的分布律为

$$P\{X=k\}=\mathrm{C}_n^kp^kq^{n-k}, q=1-p, k=0,1,2,\cdots,n;$$

$$E(X)=\sum_{k=0}^{n}k\mathrm{C}_n^kp^kq^{n-k}=np\sum_{k=1}^{n}\mathrm{C}_{n-1}^{k-1}p^{k-1}q^{n-k}=np\,(p+q)^{n-1}=np.$$

注　当 $n=1$ 时, 也就是 X 服从参数为 p 的**两点分布**, 即

$$p\{X=1\}=p, p\{X=0\}=1-p,\quad 0<p<1,$$

其数学期望 $E(X)=p$.

例 5　设 $X\sim P(\lambda)$, 其中 $(\lambda>0)$, 求 $E(X)$.

解　X 的分布律为

$$P\{X=k\}=\frac{\mathrm{e}^{-\lambda}}{k!}\cdot\lambda^k\quad(k=0,1,\cdots;\lambda>0),$$

$$E(X)=\sum_{k=0}^{\infty}k\cdot\frac{\mathrm{e}^{-\lambda}\lambda^k}{k!}=\lambda\mathrm{e}^{-\lambda}\sum_{k=0}^{\infty}\frac{\lambda^{k-1}}{(k-1)!}=\lambda\mathrm{e}^{-\lambda}\cdot\mathrm{e}^{\lambda}=\lambda.$$

例6 按规定，某车站每天8：00～9：00、9：00～10：00都恰有一辆客车到站，但到站的时刻是随机的，且两者到站的时间相互独立，其规律为

到站时刻	8：10 9：10	8：30 9：30	8：50 9：50
概率	$\frac{1}{6}$	$\frac{3}{6}$	$\frac{2}{6}$

一乘客8：20到车站，求他候车时间的数学期望.

解 设乘客的候车时间为X（单位：min），X的分布律为

X	10	30	50	70	90
p_k	$\frac{3}{6}$	$\frac{2}{6}$	$\frac{1}{6}\times\frac{1}{6}$	$\frac{1}{6}\times\frac{3}{6}$	$\frac{1}{6}\times\frac{2}{6}$

在上表中，

$$P\{X=70\}=P(AB)=P(A)P(B)=\frac{1}{6}\times\frac{3}{6},$$

其中，A为事件“第一班车在8：10到站”，B为事件“第二班车在9：30到站”. 候车时间的数学期望为

$$E(X)=10\times\frac{3}{6}+30\times\frac{2}{6}+50\times\frac{1}{36}+70\times\frac{3}{36}+90\times\frac{2}{36}=27.22\ (\text{min}).$$

例7 设$X\sim U(a,\ b)$，求$E(X)$.

解 X的概率密度为

$$f(x)=\begin{cases}\dfrac{1}{b-a}, & a<x<b,\\ 0, & 其他.\end{cases}$$

X的数学期望为

$$E(X)=\int_{-\infty}^{+\infty}xf(x)\,\mathrm{d}x=\int_a^b\frac{x}{b-a}\mathrm{d}x=\frac{a+b}{2},$$

即数学期望位于区间（a，b）的中点.

例8 设X服从参数为θ（$\theta>0$）的**指数分布**，概率密度为

$$f(x)=\begin{cases}\dfrac{1}{\theta}\mathrm{e}^{-\frac{1}{\theta}x}, & x>0,\\ 0, & x\leqslant 0.\end{cases}$$

求$E(X)$.

解 X的数学期望为

$$E(X)=\int_{-\infty}^{+\infty}xf(x)\,\mathrm{d}x=\int_0^{+\infty}x\frac{1}{\theta}\mathrm{e}^{-\frac{1}{\theta}x}\mathrm{d}x=\theta.$$

3.2 随机变量函数的数学期望

3.2.1 随机变量函数的数学期望的概念

我们经常需要求随机变量的函数的数学期望．例如，已知分子运动速率 X 的分布，求分子的平均动能，即求 $Y=\frac{1}{2}mX^2$（m 为分子质量）的期望；又如，已知某商品上半年的需求量 X 和下半年的需求量 Y，求该商品全年的平均需求量，即求函数 $Z=X+Y$ 的期望．

随机变量的函数仍是随机变量，如果我们能够确定随机变量函数的分布，那么就可以利用刚才的定义求出相应的数学期望．然而，一般来说求随机变量函数的分布并不容易．这时，可以通过下面的定理来求随机变量函数的数学期望．

定理 3.1　设 Y 是随机变量 X 的函数：$Y=g(X)$（g 是连续函数），

（1）如果 X 是离散型随机变量，它的分布律为

$$P\{X=x_k\}=p_k \quad (k=1,2,\cdots),$$

若 $\sum_{k=1}^{\infty} g(x_k)p_k$ 绝对收敛，则有

$$E(Y)=E(g(X))=\sum_{k=1}^{\infty} g(x_k)p_k. \tag{3.2.1}$$

（2）如果 X 是连续型随机变量，它的概率密度为 $f(x)$，若 $\int_{-\infty}^{+\infty} g(x)f(x)\mathrm{d}x$ 绝对收敛，则有

$$E(Y)=E(g(X))=\int_{-\infty}^{+\infty} g(x)f(x)\mathrm{d}x. \tag{3.2.2}$$

上述定理还可以推广到两个或两个以上随机变量的函数的情况．

设 Z 是随机变量 X 与 Y 的函数 $Z=g(X,\ Y)$，二维随机变量 $(X,\ Y)$ 的联合概率密度为 $f(x,\ y)$，则有（右式积分必须绝对收敛）

$$E(Z)=E(g(X,Y))=\int_{-\infty}^{+\infty}\int_{-\infty}^{+\infty} g(x,y)f(x,y)\mathrm{d}x\mathrm{d}y. \tag{3.2.3}$$

若 $(X,\ Y)$ 为离散型随机变量时，其分布律为

$$P\{X=x_i,Y=y_j\}=p_{ij} \quad (i,j=1,2,\cdots),$$

则有（右式级数必须绝对收敛）

$$E(Z)=E(g(X,Y))=\sum_{i=1}^{\infty}\sum_{j=1}^{\infty} g(x_i,y_j)p_{ij}. \tag{3.2.4}$$

例1 设随机变量的分布律为

X	-2	0	1	2
p	0.3	0.1	0.4	0.2

求 $E(2X+3)$ 和 $E(X^2-1)$.

解 由式 (3.2.1) 可知

$$E(2X+3)=[2\times(-2)+3]\times 0.3+(2\times 0+3)\times 0.1+(2\times 1+3)\times 0.4+(2\times 2+3)\times 0.2=3.4,$$

$$E(X^2-1)=[(-2)^2-1]\times 0.3+(0^2-1)\times 0.1+(1^2-1)\times 0.4+(2^2-1)\times 0.2=1.4.$$

例2 已知随机变量 X 的概率密度函数为

$$f(x)=\begin{cases}\dfrac{1}{\pi}, & -\dfrac{\pi}{2}<x<\dfrac{\pi}{2},\\ 0, & \text{其他}.\end{cases}$$

求随机变量 $Y=\sin X$ 的数学期望 $E(Y)$.

解 由式 (3.2.2) 可知

$$E(Y)=E(\sin X)=\int_{-\infty}^{+\infty}\sin x\cdot f(x)\mathrm{d}x$$

$$=\int_{-\frac{\pi}{2}}^{\frac{\pi}{2}}\sin x\cdot\frac{1}{\pi}\mathrm{d}x=-\frac{1}{\pi}\cos x\Big|_{-\frac{\pi}{2}}^{\frac{\pi}{2}}=0.$$

例3 设随机变量 X、Y 相互独立，概率密度函数分别为

$$f_X(x)=\begin{cases}4\mathrm{e}^{-4x}, & x>0,\\ 0, & x\leqslant 0,\end{cases}\quad f_Y(y)=\begin{cases}2\mathrm{e}^{-2y}, & y>0,\\ 0, & y\leqslant 0.\end{cases}$$

求 $E(XY)$.

解 $(X,\ Y)$ 的联合概率密度为

$$f(x,y)=f_X(x)f_Y(y)=\begin{cases}8\mathrm{e}^{-(4x+2y)}, & x>0,y>0,\\ 0, & \text{其他},\end{cases}$$

所以由式 (3.2.3) 可得

$$E(XY)=\int_0^{+\infty}\int_0^{+\infty}8xy\mathrm{e}^{-(4x+2y)}\mathrm{d}x\mathrm{d}y$$

$$=8\left(\int_0^{+\infty}x\mathrm{e}^{-4x}\mathrm{d}x\right)\left(\int_0^{+\infty}y\mathrm{e}^{-2y}\mathrm{d}y\right)=\frac{1}{8}.$$

例4 设随机变量 X 服从几何分布

$$p_k=p\{X=k\}=(1-p)^{k-1}p\quad(0<p<1;k=1,2,\cdots),$$

求 $E(X)$ 和 $E(X^2)$,

解 记 $q=1-p$，则 $|q|<1$，此时根据式 (3.1.1)，得

$$E(X)=\sum_{k=1}^{+\infty}kq^{k-1}p=p\left(\sum_{k=1}^{+\infty}q^k\right)'=p\left(\frac{q}{1-q}\right)'=\frac{1}{p},$$

$$E(X^2)=\sum_{k=1}^{+\infty}[k(k+1)-k]q^{k-1}p=p\left(\sum_{k=1}^{+\infty}q^{k+1}\right)''-\frac{1}{p}$$

$$=p\left(\frac{q^2}{1-q}\right)''-\frac{1}{p}=\frac{2}{p^2}-\frac{1}{p}.$$

思考题 1　若 $X\sim N(0,1)$，求 $E(X)$ 和 $E(X^2)$.

例 5　某公司计划开发一种新产品上市，并试图确定该产品的产量．他们估计出售一件产品可获利 m 元，而积压一件产品将会导致 n 元的亏损．再者，他们预测销售量 Y（单位：件）服从指数分布，其概率密度为

$$f_Y(y)=\begin{cases}\dfrac{1}{\theta}e^{-\frac{y}{\theta}}, & y>0,\ \theta>0,\\ 0, & y\leqslant 0,\ \theta>0.\end{cases}$$

若要使获得利润的数学期望最大，应生产多少件产品（m、n、θ 均为已知）?

解　设生产 x 件，则获利 Q 是 x 的函数

$$Q=Q(x)=\begin{cases}mY-n(x-y), & Y<x,\\ mx, & Y\geqslant x.\end{cases}$$

Q 是随机变量，它是 Y 的函数，其数学期望为

$$E(Q)=\int_0^{+\infty}Qf_Y(y)\mathrm{d}y=\int_0^x[mY-n(x-y)]\frac{1}{\theta}e^{-\frac{y}{\theta}}\mathrm{d}y+\int_x^{+\infty}mx\frac{1}{\theta}e^{-\frac{y}{\theta}}\mathrm{d}y$$

$$=(m+n)\theta-(m+n)\theta e^{-\frac{x}{\theta}}-nx.$$

令
$$\frac{\mathrm{d}}{\mathrm{d}x}E(Q)=(m+n)e^{-\frac{x}{\theta}}-n=0,$$

得
$$x=-\theta\ln\left(\frac{n}{m+n}\right),$$

且
$$\frac{\mathrm{d}^2}{\mathrm{d}x^2}E(Q)=-\frac{m+n}{\theta}e^{-\frac{x}{\theta}}<0,$$

故知当 $x=-\theta\ln\left(\dfrac{n}{m+n}\right)$ 时，$E(Q)$ 取极大值，且可知这也是最大值．

例如，若 $f_Y(y)=\begin{cases}\dfrac{1}{10000}e^{-\frac{y}{10000}}, & y>0,\\ 0, & y\leqslant 0,\end{cases}$ 且有 $m=500$ 元，$n=2000$ 元，则

$$x=-10000\ln\left(\frac{2000}{500+2000}\right)=2231.4.$$

取 $x=2231$ 件，能获得最大利润．

3.2.2　数学期望的性质

下面给出数学期望的几个重要性质，其中假定期望都是存在的．本书只给出连续情形时的证明，至于离散情形，证明是类似的，留给

读者课下练习.

性质1 C是常数，则有$E(C)=C$.

性质2 设X是一个随机变量，C是常数，则有$E(CX)=CE(X)$.

性质3 设X、Y是两个随机变量，则有

$$E(X+Y)=E(X)+E(Y).$$

推论 $E(X_1+X_2+\cdots+X_n)=E(X_1)+E(X_2)+\cdots+E(X_n)$.

线性性质

$$E(k_1X_1+k_2X_2+\cdots+k_nX_n)=k_1E(X_1)+k_2E(X_2)+\cdots+k_nE(X_n).$$

性质4 设X、Y是相互独立的随机变量，则有

$$E(XY)=E(X)\cdot E(Y).$$

推论 设X_1，X_2，…，X_n相互独立，则

$$E(X_1X_2\cdots X_n)=E(X_1)E(X_2)\cdots E(X_n).$$

证 性质1、2由读者自己证明，我们来证明性质3和性质4.

设二维随机变量（X，Y）的概率密度为$f(x,y)$，其边缘概率密度为$f_X(x)$ 和$f_Y(y)$，由式（3.2.3），得

$$\begin{aligned}E(X+Y)&=\int_{-\infty}^{+\infty}\int_{-\infty}^{+\infty}(x+y)f(x,y)\,\mathrm{d}x\mathrm{d}y\\&=\int_{-\infty}^{+\infty}\int_{-\infty}^{+\infty}xf(x,y)\,\mathrm{d}x\mathrm{d}y+\int_{-\infty}^{+\infty}\int_{-\infty}^{+\infty}yf(x,y)\,\mathrm{d}x\mathrm{d}y\\&=E(X)+E(Y),\end{aligned}$$

性质3得证.

又若X和Y相互独立，则有

$$\begin{aligned}E(XY)&=\int_{-\infty}^{+\infty}\int_{-\infty}^{+\infty}xyf(x,y)\,\mathrm{d}x\mathrm{d}y\\&=\int_{-\infty}^{+\infty}\int_{-\infty}^{+\infty}xyf_X(x)f_Y(y)\,\mathrm{d}x\mathrm{d}y\\&=\left[\int_{-\infty}^{+\infty}xf_X(x)\,\mathrm{d}x\right]\left[\int_{-\infty}^{+\infty}yf_Y(y)\,\mathrm{d}y\right]=E(X)\cdot E(Y),\end{aligned}$$

性质4得证.

思考题2 如何利用这些性质更加简洁地解出例3呢?

例6 一辆载有20位旅客的民航送客车自机场开出，旅客有10个车站可以下车，如到达一个车站无旅客下车就不停车，以X表示停车的次数，求$E(X)$（设每位旅客在各个车站下车是等可能的，并设每位旅客是否下车相互独立）

解 引入随机变量

$$X_i=\begin{cases}0,\\1,\end{cases}\quad(i=1,2,\cdots,10)$$

其中，“0”表示“在第i站没有人下车”；“1”表示“在第i站有人下车”，易知

$$X=X_1+X_2+\cdots+X_{10}.$$

根据题意，任一旅客在第 i 站不下车的概率为$\frac{9}{10}$，因此 20 位旅客都不在第 i 站下车的概率为$\left(\frac{9}{10}\right)^{20}$，在第 i 站有人下车的概率为 $1-\left(\frac{9}{10}\right)^{20}$，也就是

$$P\{X_i=0\}=\left(\frac{9}{10}\right)^{20},\quad P\{X_i=1\}=1-\left(\frac{9}{10}\right)^{20},\ i=1,\ 2,\ \cdots,\ 10.$$

由此
$$E(X_i)=1-\left(\frac{9}{10}\right)^{20},\ i=1,\ 2,\ \cdots,\ 10.$$

进而
$$E(X)=E(X_1+X_2+\cdots+X_{10})=E(X_1)+E(X_2)+\cdots+E(X_{10})$$
$$=10\left[1-\left(\frac{9}{10}\right)^{20}\right]=8.784\ (次).$$

注　本题若是直接去求 X 的分布，然后再求 X 的数学期望将会十分烦琐，换个角度，将 X 分解成数个随机变量之和 $X=\sum\limits_{i=1}^{10}X_i$，再利用数学期望的性质，通过 $E(X_i)$ 计算出 $E(X)$. 这种处理方法具有一定的普遍意义，我们称之为**随机变量的分解法**. 通过分解方法能将复杂的问题化为较简单的问题，是处理概率论问题中常采用的方法，且关键步骤是引入合适的 X_i，使 $X=\sum\limits_{i=1}^{n}X_i$.

例 7　将 n 只球随机地放入 M 个盒子中，设每个球落入各个盒子是等可能的，求有球的盒子数 X 的期望.

解　引入随机变量

$$X_i=\begin{cases}0, & 若第\ i\ 个盒子中无球,\\ 1, & 若第\ i\ 个盒子中有球.\end{cases}\quad (i=1,\ 2,\ \cdots,\ M)$$

每个随机变量 X_i 都服从两点分布. 由于每个球落入每个盒子是等可能的，均为$\frac{1}{M}$，则对第 i 个盒子，一个球不落入这个盒子内的概率为 $1-\frac{1}{M}$，n 个球都不落入这个盒子内的概率为$\left(1-\frac{1}{M}\right)^n$，即

$$P\{X_i=0\}=\left(1-\frac{1}{M}\right)^n,\ i=1,\ 2,\ \cdots,\ M,$$

从而
$$P\{X_i=1\}=1-\left(1-\frac{1}{M}\right)^n,\ i=1,\ 2,\ \cdots,\ M,$$

$$E(X_i)=1-\left(1-\frac{1}{M}\right)^n,\ i=1,\ 2,\ \cdots,\ M,$$

所以
$$E(X)=E\left(\sum_{i=1}^{M}X_i\right)=\sum_{i=1}^{M}E(X_i)=M\left[1-\left(1-\frac{1}{M}\right)^n\right].$$

这个例子有着丰富的现实背景，例如，把 M 个“盒子”看成 M 台“银行的自动取款机”，n 个“球”看成 n 个“取款人”. 假定每

个人到哪个取款机取款是随机的，那么 $E(X)$ 就是处于服务状态的取款机的平均个数（当然，有的取款机前可能有好几个人排队等待取款）.

3.3 方差

3.3.1 方差的定义

数学期望是随机变量最重要的数字特征之一．可是在很多问题中，除了需要知道随机变量的数学期望外，还需要知道随机变量与其数学期望之间的偏离情况．如前面所介绍的，要检验教学质量时，我们既要知道同学们的平均成绩，即均值，还要知道每个学生成绩与平均成绩的偏离情况．平均成绩高，偏离程度小，说明同学们普遍掌握得较好．如果成绩的偏离程度大，尽管一些同学考得成绩很好，但同时也有一部分同学考得不好，这样整个班级的教学质量并不高．

那么，如何度量一个随机变量与其数学期望之间的偏离程度呢？可能首先想到的是偏离值 $X-E(X)$，但其有正有负，相加过程中可能互相抵消．为了使得每一个偏离值（无论正负）都被考虑到，可以采用 $|X-E(X)|$ 的均值 $E(|X-E(X)|)$ 来度量随机变量与其数学期望间的偏离程度．但是因为对绝对值运算不太方便进行分析处理．所以，通常用 $E\{[X-E(X)]^2\}$ 来度量随机变量 X 与其数学期望 $E(X)$ 间的偏离程度，这就是我们现在要研究的方差．

定义 3.3 设 X 是一个随机变量，若 $E\{[X-E(X)]^2\}$ 存在，则称 $E\{[X-E(X)]^2\}$ 为 X 的**方差**，记为 $D(X)$ 或 $\mathrm{Var}(X)$，即

$$D(X)=\mathrm{Var}(X)=E\{[X-E(X)]^2\},\qquad(3.3.1)$$

并称 $\sqrt{D(X)}$ 为**标准差或均方差**，记为 $\sigma(X)$.

按定义，随机变量 X 的方差表达了 X 的取值与其数学期望的偏离程度．如果 $D(X)$ 较小则意味着 X 的取值比较集中在 $E(X)$ 附近；反之，若 $D(X)$ 较大则意味着 X 的取值比较分散．因此，$D(X)$ 是刻画 X 取值分散程度的量，它是衡量 X 取值分散程度的一个尺度．

注意到，方差 $D(X)$ 实际上是随机变量 X 的函数 $g(X)=[X-E(X)]^2$ 的数学期望．

取 $g(X)=[X-E(X)]^2$，利用随机变量函数的数学期望的运算公式就可以方便地计算出 $D(X)$．例如，对离散型随机变量 X，若其概率分布为 $P\{X=x_k\}=p_k\ (k=1,2,\cdots)$，则有

$$D(X)=\sum_{k=1}^{\infty}[x_k-E(X)]^2p_k.\qquad(3.3.2)$$

对于连续型随机变量 X，若其概率密度为 $f(x)$，则有

$$D(X)=\int_{-\infty}^{+\infty}[x-E(X)]^2f(x)\mathrm{d}x. \qquad (3.3.3)$$

简化方差的重要公式，得到

$$\begin{aligned}D(X)&=E\{[X-E(X)]^2\}=E\{X^2-2XE(X)+[E(X)]^2\}\\&=E(X^2)-2E(X)E(X)+[E(X)]^2\\&=E(X^2)-[E(X)]^2. \qquad (3.3.4)\end{aligned}$$

式（3.3.4）是计算方差的**常用公式**，适用于所有随机变量，它把计算方差归结为计算两个期望$E(X)$和$E(X^2)$.

例1 设离散型随机变量X的概率分布为$P\{X=0\}=0.2$，$P\{X=1\}=0.5$，$P\{X=2\}=0.3$，求$D(X)$.

解 $E(X)=0\times0.2+1\times0.5+2\times0.3=1.1$，

$E(X^2)=0^2\times0.2+1^2\times0.5+2^2\times0.3=1.7$，

$D(X)=E(X^2)-[E(X)]^2=1.7-1.1^2=0.49$.

例2 设X为某加油站在一天开始时储存的汽油量，Y为一天中卖出的汽油量时（显然$Y\leqslant X$）. 设(X,Y)具有概率密度函数

$$f(x,y)=\begin{cases}3x, & 0\leqslant y<x\leqslant1,\\0, & \text{其他},\end{cases}$$

其中，“1”表示1个容积单位. 求$E(Y)$和$D(Y)$.

解 **方法一** 首先利用第2章的知识可以求出Y的边缘概率密度

$$f_Y(y)=\begin{cases}\dfrac{3}{2}(1-y^2), & 0\leqslant y\leqslant1,\\0, & \text{其他},\end{cases}$$

于是

$$E(Y)=\int_0^1\frac{3}{2}y(1-y^2)\mathrm{d}y=\frac{3}{8},$$

$$E(Y^2)=\int_0^1\frac{3}{2}y^2(1-y^2)\mathrm{d}y=\frac{1}{5},$$

$$D(Y)=E(Y^2)-[E(Y)]^2=0.0594.$$

方法二 直接利用数学期望的性质来计算$E(Y)$和$E(Y^2)$即可.

$$E(Y)=\int_{-\infty}^{+\infty}\int_{-\infty}^{+\infty}yf(x,y)\mathrm{d}x\mathrm{d}y=\int_0^1\mathrm{d}x\int_0^x3xy\mathrm{d}y=\frac{3}{8},$$

$$\begin{aligned}D(Y)&=E\{[Y-E(Y)]^2\}\\&=\int_{-\infty}^{+\infty}\int_{-\infty}^{+\infty}\left(y-\frac{3}{8}\right)^2f(x,y)\mathrm{d}x\mathrm{d}y\\&=\int_0^1\mathrm{d}x\int_0^x3x\left(y-\frac{3}{8}\right)^2\mathrm{d}y=0.0594.\end{aligned}$$

3.3.2 方差的性质

性质1 设C为常数，则

$$D(C)=0, \tag{3.3.5}$$

$$D(X\pm C)=D(X). \tag{3.3.6}$$

式（3.3.5）表明，常数的方差为零．这很容易理解，因为方差刻画了随机变量取值围绕其均值的波动情况，作为特殊随机变量的常数，其波动为零，所以它的方差也是零．

性质2 设X是一个随机变量，C是常数，则

$$D(CX)=C^2D(X). \tag{3.3.7}$$

证 $D(CX)=E\{[CX-E(CX)]^2\}=C^2E\{[X-E(X)]^2\}=C^2D(X).$

性质3 设X、Y是两个随机变量，则有

$$D(X\pm Y)=D(X)+D(Y)\pm 2E\{[X-E(X)][Y-E(Y)]\}. \tag{3.3.8}$$

特别地，若X、Y相互独立，则有

$$D(X\pm Y)=D(X)+D(Y). \tag{3.3.9}$$

证
$$\begin{aligned}D(X\pm Y)&=E\{[(X+Y)-E(X+Y)]^2\}\\&=E\{[X-E(X)+Y-E(Y)]^2\}\\&=E\{[X-E(X)]^2\}+E\{[Y-E(Y)]^2\}\pm\\&\quad 2E\{[X-E(X)][Y-E(Y)]\}\\&=D(X)+D(Y)\pm 2E\{[X-E(X)][Y-E(Y)]\}.\end{aligned}$$

其中，上式右端第三项

$$\begin{aligned}&2E\{[X-E(X)][Y-E(Y)]\}\\&=2E[XY-XE(Y)-YE(X)+E(X)E(Y)]\\&=2[E(XY)-E(X)E(Y)-E(Y)E(X)+E(X)E(Y)].\end{aligned}$$

若X、Y相互独立，由数学期望的性质可知上式右端为0，于是

$$D(X\pm Y)=D(X)+D(Y).$$

推论 设X_1，X_2，…，X_n相互独立，则

$$D(X_1\pm X_2\pm\cdots\pm X_n)=D(X_1)+D(X_2)+\cdots+D(X_n). \tag{3.3.10}$$

性质4 $D(X)=0$的充要条件是X以概率1取常数C，即：$P\{X=C\}=1$，其中，$C=E(X)$.

例3 设X为随机变量，其期望$E(X)$和方差$D(X)$都存在，且$D(X)>0$，求$Y=\dfrac{X-E(X)}{\sqrt{D(X)}}$的期望和方差．

解
$$E(Y)=\frac{E[X-E(X)]}{\sqrt{D(X)}}=0,$$

$$D(Y)=\frac{D[X-E(X)]}{[\sqrt{D(X)}]^2}=\frac{D(X)}{D(X)}=1.$$

这里称 $Y=\frac{X-E(X)}{\sqrt{D(X)}}$ 为 X 的标准化的随机变量.

3.3.3　几种重要分布的方差

例 4　设随机变量 X 具有（0—1）分布，其分布律为

$$P\{X=0\}=1-p, P\{X=1\}=p \quad (0<p<1),$$

求 $D(X)$.

解

$$E(X)=0\cdot(1-p)+1\cdot p=p,$$

$$E(X^2)=0^2\cdot(1-p)+1^2\cdot p=p,$$

则由式（3.3.4）可得

$$D(X)=E(X^2)-[E(X)]^2=p-p^2=p(1-p).$$

例 5　设 $X\sim B(n,\ p)$，求 $E(X)$ 和 $D(X)$.

解　由二项分布的定义知，随机变量 X 是 n 重伯努利试验中事件 A 发生的次数，且在每次试验中 A 发生的概率为 p. 引入随机变量

$$X_k=\begin{cases}1,\\0\end{cases} (k=1,\ 2,\ \cdots,\ n),$$

其中，“1”表示“A 在第 k 次试验发生”；“0”表示“A 在第 k 次试验不发生”.

易知

$$X=X_1+X_2+\cdots+X_n.$$

由于 X_k 只依赖于第 k 次试验，而各次试验又相互独立，于是 X_1，X_2，…，X_n 相互独立，并且 X_1，X_2，…，X_n 服从同一（0—1）分布，所以

$$E(X)=E\left(\sum_{k=1}^{n}X_k\right)=\sum_{k=1}^{n}E(X_k)=np,$$

$$D(X)=D\left(\sum_{k=1}^{n}X_k\right)=\sum_{k=1}^{n}D(X_k)=np(1-p).$$

例 6　设 $X\sim\pi(\lambda)$，求 $E(X)$ 和 $D(X)$.

解　由前面的结论知

$$E(X)=\lambda,$$

又

$$\begin{aligned}E(X^2)&=E[X(X-1)+X]\\&=E[X(X-1)]+E(X)\\&=\sum_{k=0}^{\infty}k(k-1)\cdot\frac{e^{-\lambda}\lambda^k}{k!}+\lambda=\lambda^2e^{-\lambda}\sum_{k=2}^{\infty}\frac{\lambda^{k-2}}{(k-2)!}+\lambda\\&=\lambda^2e^{-\lambda}e^{\lambda}+\lambda=\lambda^2+\lambda,\end{aligned}$$

再利用式（3.3.4）可得

$$D(X)=E(X^2)-[E(X)]^2=\lambda^2+\lambda-\lambda^2=\lambda.$$

我们看到，在泊松分布 $\pi(\lambda)$ 中，它的唯一参数 λ 既是数学期望，又是方差.

例 7 设 $X \sim U(a, b)$，求 $D(X)$.

解 X 的概率密度为

$$f(x)=\begin{cases}\dfrac{1}{b-a}, & a<x<b,\\ 0, & \text{其他},\end{cases}$$

故 $\quad E(X)=\int_{-\infty}^{+\infty} x f(x)\,\mathrm{d}x=\int_{a}^{b}\frac{x}{b-a}\,\mathrm{d}x=\frac{a+b}{2},$

$$D(X)=E(X^2)-[E(X)]^2=\int_a^b x^2\frac{1}{b-a}\,\mathrm{d}x-\left(\frac{a+b}{2}\right)^2=\frac{(b-a)^2}{12}.$$

例 8 设随机变量 X 服从指数分布，其概率密度为

$$f(x)=\begin{cases}\dfrac{1}{\theta}\mathrm{e}^{-\frac{x}{\theta}}, & x>0,\\ 0, & x\leqslant 0,\end{cases}\quad(\theta>0),$$

求 $D(X)$.

解
$$E(X)=\int_{-\infty}^{+\infty} x f(x)\,\mathrm{d}x=\int_0^{+\infty} x\frac{1}{\theta}\mathrm{e}^{-\frac{x}{\theta}}\mathrm{d}x$$

$$=-x\,\mathrm{e}^{-\frac{x}{\theta}}\Big|_0^{+\infty}+\int_0^{+\infty}\mathrm{e}^{-\frac{x}{\theta}}\mathrm{d}x=\theta,$$

$$E(X^2)=\int_{-\infty}^{+\infty} x^2 f(x)\,\mathrm{d}x=\int_0^{+\infty} x^2\frac{1}{\theta}\mathrm{e}^{-\frac{x}{\theta}}\mathrm{d}x$$

$$=-x^2\,\mathrm{e}^{-\frac{x}{\theta}}\Big|_0^{+\infty}+\int_0^{+\infty}2x\mathrm{e}^{-\frac{x}{\theta}}\mathrm{d}x=2\theta^2,$$

于是

$$D(X)=E(X^2)-[E(X)]^2=2\theta^2-\theta^2=\theta^2.$$

例 9 设 $X \sim N(\mu, \sigma^2)$，求 $E(X)$ 和 $D(X)$.

解 X 的概率密度为

$$f(x)=\frac{1}{\sqrt{2\pi}\sigma}\mathrm{e}^{-\frac{(x-\mu)^2}{2\sigma^2}}\quad(-\infty<x<+\infty;\sigma>0;\mu,\sigma\in\mathbf{R}),$$

故 $\quad E(X)=\int_{-\infty}^{+\infty} x\frac{1}{\sqrt{2\pi}\sigma}\mathrm{e}^{-\frac{(x-\mu)^2}{2\sigma^2}}\mathrm{d}x\quad\left(令\frac{x-\mu}{\sigma}=t,\mathrm{d}x=\sigma\mathrm{d}t\right)$

$$=\int_{-\infty}^{+\infty}(\mu+\sigma t)\frac{1}{\sqrt{2\pi}\sigma}\mathrm{e}^{-\frac{t^2}{2}}\sigma\mathrm{d}t$$

$$=\frac{\mu}{\sqrt{2\pi}}\int_{-\infty}^{+\infty}\mathrm{e}^{-\frac{t^2}{2}}\mathrm{d}t+\frac{\sigma}{\sqrt{2\pi}}\int_{-\infty}^{+\infty}\frac{1}{\sqrt{2\pi}}t\mathrm{e}^{-\frac{t^2}{2}}\mathrm{d}t$$

$$=\frac{\mu}{\sqrt{2\pi}}\sqrt{2\pi}+0=\mu.$$

同理 $\quad D(X)=E\{[X-E(X)]^2\}=E[(X-\mu)^2]$

$$=\int_{-\infty}^{+\infty}(x-\mu)^2\frac{1}{\sqrt{2\pi}\sigma}\mathrm{e}^{-\frac{(x-\mu)^2}{2\sigma^2}}\mathrm{d}x$$

$$= \int_{-\infty}^{+\infty} \sigma^2 t^2 \frac{1}{\sqrt{2\pi}\sigma} e^{-\frac{t^2}{2}} \sigma dt = \frac{\sigma^2}{\sqrt{2\pi}} \int_{-\infty}^{+\infty} t^2 e^{-\frac{t^2}{2}} dt$$

$$= \frac{\sigma^2}{\sqrt{2\pi}} \left[(-t) e^{-\frac{t^2}{2}} \Big|_{-\infty}^{+\infty} + \int_{-\infty}^{+\infty} e^{-\frac{t^2}{2}} dt \right] = \frac{\sigma^2}{\sqrt{2\pi}} \sqrt{2\pi} = \sigma^2.$$

这就是说正态分布的概率密度中的两个参数μ和σ分别就是该分布的数学期望和方差，因而正态分布完全可由它的数学期望和方差所确定.

再者，由上一章知识可知，若$X_i \sim N(\mu_i, \sigma_i^2)$ $(i=1, 2, \cdots, n)$，且它们相互独立，则它们的线性组合：$C_1X_1 + C_2X_2 + \cdots + C_nX_n$ ($C_1, C_2, \cdots, C_n$是不全为0的常数) 仍然服从正态分布，这时又由期望和方差的性质可得

$$C_1X_1 + C_2X_2 + \cdots + C_nX_n \sim N\left(\sum_{i=1}^{n} C_i\mu_i, \sum_{i=1}^{n} C_i^2\sigma_i^2 \right) \qquad (3.3.11)$$

这一重要结果.

例如，若$X \sim N(0, 1)$，$Y \sim N(1, 1)$，且它们相互独立，则$Z = 2X - 3Y$也服从正态分布，$E(Z) = 2 \times 0 - 3 \times 1 = -3$，$D(Z) = 2^2 \times 1 + 3^2 \times 1 = 13$，故有$Z \sim N(-3, 13)$.

若$X \sim N(\mu, \sigma^2)$，按照例3介绍的标准化随机变量的定义，$X^* = \dfrac{X-\mu}{\sigma}$为$X$的**标准化变量**，且$X^* \sim N(0, 1)$.

例10　设活塞的直径（单位：cm）$X \sim N(22.4, 0.03^2)$，汽缸的直径$Y \sim N(22.5, 0.04^2)$，X与Y相互独立. 任取一只活塞，任取一只汽缸，求活塞能装入汽缸的概率.

解　由题意可知需求$P\{X<Y\} = P\{X-Y<0\}$，由于

$$X - Y \sim N(-0.1, 0.0025),$$

故有
$$P\{X<Y\} = P\{X-Y<0\} = P\left\{ \frac{(X-Y)-(-0.10)}{\sqrt{0.0025}} < \frac{0-(-0.10)}{\sqrt{0.0025}} \right\}$$

$$= \Phi\left(\frac{0.10}{0.05}\right) = \Phi(2) = 0.9772.$$

例11　若$X \sim N(\mu, \sigma^2)$，计算：

(1) $P\{\mu - \sigma < X \leqslant \mu + \sigma\}$；

(2) $P\{\mu - 2\sigma < X \leqslant \mu + 2\sigma\}$；

(3) $P\{\mu - 3\sigma < X \leqslant \mu + 3\sigma\}$.

解　(1) $P\{\mu - \sigma < X < \mu + \sigma\} = P\left\{ -1 < \dfrac{X-\mu}{\sigma} < 1 \right\}$

$$= \Phi(1) - \Phi(-1) = 2\Phi(1) - 1 = 0.6826.$$

(2) $P\{\mu - 2\sigma < X < \mu + 2\sigma\} = P\left\{ -2 < \dfrac{X-\mu}{\sigma} < 2 \right\}$

$$= \Phi(2) - \Phi(-2) = 2\Phi(2) - 1 = 0.9544.$$

(3) $P\{\mu-3\sigma<X<\mu+3\sigma\}=P\left\{-3<\frac{X-\mu}{\sigma}<3\right\}$

$=\Phi(3)-\Phi(-3)=2\Phi(3)-1=0.9974.$

例 11 的计算结果表明，服从正态分布 $N(\mu,\ \sigma^2)$ 的随机变量 X 取值于 $(\mu-2\sigma,\ \mu+2\sigma)$ 之内的概率为 95% 以上，而取值于 $(\mu-3\sigma,\ \mu+3\sigma)$ 之外的概率则不到 1%，这些结果是现代工业产品质量监控的理论基础.

3.4 协方差及相关系数

数学期望 $E(X)$ 与方差 $D(X)$ 反映了随机变量 X 自身的两个数字特征，但对于二维随机变量 $(X,\ Y)$，我们除了讨论 X 与 Y 的数学期望和方差以外，还需要了解反映分量 X 与 Y 之间关联程度的数字特征，即协方差及相关系数.

3.4.1 协方差及相关系数的定义与性质

定义 3.4 量 $E\{[X-E(X)][Y-E(Y)]\}$ 称为 X 与 Y 的协方差，记 $\mathrm{Cov}(X,\ Y)$，即

$$\mathrm{Cov}(X,Y)=E\{[X-E(X)][Y-E(Y)]\}. \tag{3.4.1}$$

将式 (3.4.1) 的右边展开，易得下面的常用计算式：

$$\mathrm{Cov}(X,Y)=E(XY)-E(X)E(Y). \tag{3.4.2}$$

协方差具有下述性质：

性质 1 $\mathrm{Cov}(X,\ Y)=\mathrm{Cov}(Y,\ X)$，$\mathrm{Cov}(X,\ X)=D(X)$，$\mathrm{Cov}(X,\ a)=0$.

性质 2 $\mathrm{Cov}(aX,\ bY)=ab\mathrm{Cov}(X,\ Y)$（$a$，$b$ 为常数）.

性质 3 $\mathrm{Cov}(X_1+X_2,\ Y)=\mathrm{Cov}(X_1,\ Y)+\mathrm{Cov}(X_2,\ Y)$.

性质 4 $D(X\pm Y)=D(X)+D(Y)\pm 2\mathrm{Cov}(X,\ Y)$.

性质 5 若 X 与 Y 相互独立，则 $\mathrm{Cov}(X,\ Y)=0$.

这些性质的证明利用协方差的定义比较容易完成，这里就不详细叙述了.

例 1 设随机变量 $(X,\ Y)$ 具有密度函数为

$$f(x,y)=\begin{cases}1, & |y|<x,0<x<1,\\ 0, & \text{其他}.\end{cases}$$

求 $\mathrm{Cov}(X,\ Y)$.

解 $E(X)=\int_{-\infty}^{+\infty}\int_{-\infty}^{+\infty}xf(x,y)\,\mathrm{d}x\mathrm{d}y=\int_0^1\mathrm{d}x\int_{-x}^{x}x\mathrm{d}y=\frac{2}{3}$,

$E(Y)=\int_{-\infty}^{+\infty}\int_{-\infty}^{+\infty}yf(x,y)\,\mathrm{d}x\mathrm{d}y=\int_0^1\mathrm{d}x\int_{-x}^{x}y\mathrm{d}y=0$,

$E(XY)=\int_{-\infty}^{+\infty}\int_{-\infty}^{+\infty}xyf(x,y)\,\mathrm{d}x\mathrm{d}y=\int_0^1x\mathrm{d}x\int_{-x}^{x}y\mathrm{d}y=0$,

所以　$\mathrm{Cov}(X,Y)=E(XY)-E(X)E(Y)=0-0\times\frac{2}{3}=0.$

由协方差的定义知道它是有量纲的．譬如 X 表示学生的身高，单位是 m，Y 表示体重，单位是 kg，则 $\mathrm{Cov}(X, Y)$ 带有量纲（m · kg）．如果把身高的单位换成 cm，体重的单位换成 g，那么由协方差的性质 2 知，X 与 Y 的协方差将变成 $\mathrm{Cov}(100X, 1000Y)=10^5\mathrm{Cov}(X, Y)$，然而实际上，$X$ 与 Y 并没有实质性的改变，其相关程度不应该发生变化，由此可以看出，量纲选取的不同会对协方差计算产生影响．

为了消除量纲对协方差值的影响，引入相关系数的概念．

定义 3.5　设 (X, Y) 为二维随机变量，若 $D(X)$、$D(Y)$、$\mathrm{Cov}(X, Y)$ 存在，且 $D(X)$ 与 $D(Y)$ 都大于 0，则称 $\frac{\mathrm{Cov}(X, Y)}{\sqrt{D(X)}\cdot\sqrt{D(Y)}}$ 为 X 与 Y 的**相关系数**，记作 ρ_{XY}，即

$$\rho_{XY}=\frac{\mathrm{Cov}(X, Y)}{\sqrt{D(X)}\cdot\sqrt{D(Y)}}. \tag{3.4.3}$$

相关系数的性质见下面的定理．

定理 3.2　设随机变量 X 与 Y 的相关系数 ρ_{XY} 存在，则

（1）$|\rho_{XY}|\leqslant 1$.

（2）$|\rho_{XY}|=1$ 的充要条件是，存在常数 a、b（$b\neq 0$）使得

$$P\{Y=a+bX\}=1$$

成立．

证　（1）以 X 的线性函数 $a+bX$ 来近似表示 Y，以均方误差

$$\begin{aligned}e&=E\{[Y-(a+bX)]^2\}\\&=E(Y^2)+b^2E(X^2)+a^2-2bE(XY)+2abE(X)-2aE(Y)\end{aligned} \tag{3.4.4}$$

来衡量以 $a+bX$ 近似表达 Y 的好坏程度．e 越小表示 $a+bX$ 近似表达 Y 的程度越好．为求 e 的最小值，将 e 分别对 a、b 求偏导并令它们等于零，得

$$\begin{cases}\dfrac{\partial e}{\partial a}=2a+2bE(X)-2E(Y)=0,\\[2mm]\dfrac{\partial e}{\partial b}=2bE(X^2)-2E(XY)+2aE(X)=0.\end{cases}$$

解得

$$b_0=\frac{\mathrm{Cov}(X, Y)}{D(X)},$$

$$a_0=E(Y)-b_0E(X)=E(Y)-E(X)\frac{\mathrm{Cov}(X, Y)}{D(X)}.$$

将 a_0、b_0 代入式（3.4.4），得

$$\begin{aligned}&\min_{a,b}E\{[Y-(a+bX)]^2\}\\&=E\{[Y-(a_0+b_0X)]^2\}=(1-\rho_{XY}^2)D(Y).\end{aligned} \tag{3.4.5}$$

再由$E\{[Y-(a_0+b_0X)]^2\}$及$D(Y)$的非负性，得

$$1-\rho_{XY}^2\geqslant 0,$$

亦即$|\rho_{XY}|\leqslant 1$，题目得证.

（2）若$|\rho_{XY}|=1$，则由式（3.4.5），得

$$E\{[Y-(a_0+b_0X)]^2\}=0,$$

从而

$$0=E\{[Y-(a_0+b_0X)]^2\}=D[Y-(a_0+b_0X)]+\{E[Y-(a_0+b_0X)]\}^2,$$

故有

$$D[Y-(a_0+b_0X)]=0, E[Y-(a_0+b_0X)]=0,$$

又由方差的性质4知

$$P\{Y-(a_0+b_0X)=0\}=1, \text{即} P\{Y=a_0+b_0X\}=1.$$

反之，若存在常数a^*、b^*使

$$P\{Y=a^*+b^*X\}=1, \text{即} P\{Y-(a^*+b^*X)=0\}=1,$$

于是

$$P\{[Y-(a^*+b^*X)]^2=0\}=1,$$

即得

$$E\{[Y-(a^*+b^*X)]^2\}=0,$$

故有

$$\begin{aligned}0&=E\{[Y-(a^*+b^*X)]^2\}\geqslant\min_{a,b}E\{[Y-(a+bX)]^2\}\\&=E\{[Y-(a_0+b_0X)]^2\}\\&=(1-\rho_{XY}^2)D(Y),\end{aligned}$$

即得

$$|\rho_{XY}|=1.$$

题目得证.

事实上，均方误差e是$|\rho_{XY}|$的严格单调减少函数，这样$|\rho_{XY}|$的含义就明显了. 当$|\rho_{XY}|$较大时e较小，表明X、Y（就线性关系来说）联系较紧密. 特别当$|\rho_{XY}|=1$时，由定理3.2中的（2），X、Y之间以概率1存在着线性关系. 于是ρ_{XY}是一个可以用来表征X、Y之间线性关系紧密程度的量. 当$|\rho_{XY}|$较大时，我们通常说X、Y线性相关的程度较好；当$|\rho_{XY}|$较小时，我们通常说X、Y线性相关的程度较差. 特别地，当$\rho_{XY}=0$时，称X和Y**不相关**.

3.4.2 随机变量的相互独立与不相关的关系

假设随机变量X、Y的相关系数ρ_{XY}存在. 当二者相互独立时，则$E(XY)=E(X)E(Y)$，此时，$\mathrm{Cov}(X, Y)=E(XY)-E(X)E(Y)=0$，从而$\rho_{XY}=0$，即$X$、$Y$不相关. 反之，若$X$、$Y$不相关，$X$、$Y$却不一定相互独立（见下面的例2）. 其实，从“不相关”和“相互独立”的含义来看是明显的. 不相关只是就线性关系来说的，而相互独立却

是就一般关系而言的．X、Y 相互独立意味着两个变量之间没有任何关系，而 X、Y 不相关，仅仅说明 X、Y 之间无线性关系，但并不排除有非线性关系，如对数关系、平方关系等．因此，“不相关”是一个比“相互独立”弱得多的概念．

例 2　设 (X, Y) 的分布律为

Y \ X	-2	-1	1	2	$P\{Y=i\}$
1	0	1/4	1/4	0	1/2
4	1/4	0	0	1/4	1/2
$P\{X=i\}$	1/4	1/4	1/4	1/4	1

则 $E(X)=0$，$E(Y)=\dfrac{5}{2}$，$E(XY)=0$，于是当 $\rho_{XY}=0$ 时，X 与 Y 不相关，这表示 X、Y 不存在线性关系．但由 $P\{X=-2, Y=1\}=0\neq P\{X=-2\}P\{Y=1\}$，知 X、Y 不是相互独立的．

例 3　设 $(X, Y)\sim N(\mu_1, \mu_2, \sigma_1, \sigma_2, \rho)$，它的概率密度为

$$f(x,y)=\frac{1}{2\pi\sigma_1\sigma_2\sqrt{1-\rho^2}}\exp\left\{\frac{-1}{2(1-\rho^2)}\left[\frac{(x-\mu_1)^2}{\sigma_1^2}-2\rho\frac{(x-\mu_1)(y-\mu_2)}{\sigma_1\sigma_2}+\frac{(y-\mu_2)^2}{\sigma_2^2}\right]\right\},$$

试求 X 和 Y 的相关系数．

解　可知 $E(X)=\mu_1$，$E(Y)=\mu_2$，$D(X)=\sigma_1^2$，$D(Y)=\sigma_2^2$，而

$$\mathrm{Cov}(X,Y)=\int_{-\infty}^{+\infty}\int_{-\infty}^{+\infty}(x-\mu_1)(y-\mu_2)f(x,y)\,\mathrm{d}x\mathrm{d}y.$$

令 $t=\dfrac{1}{\sqrt{1-\rho^2}}\left(\dfrac{y-\mu_2}{\sigma_2}-\rho\dfrac{x-\mu_1}{\sigma_1}\right)$，$u=\dfrac{x-\mu_1}{\sigma_1}$，则有

$$\begin{aligned}\mathrm{Cov}(X,Y)&=\frac{1}{2\pi}\int_{-\infty}^{+\infty}\int_{-\infty}^{+\infty}(\sigma_1\sigma_2\sqrt{1-\rho^2}\,tu+\rho\sigma_1\sigma_2u^2)\mathrm{e}^{-(u^2+t^2)/2}\mathrm{d}t\mathrm{d}u\\&=\frac{\rho\sigma_1\sigma_2}{2\pi}\left(\int_{-\infty}^{+\infty}u^2\mathrm{e}^{-\frac{u^2}{2}}\mathrm{d}u\right)\left(\int_{-\infty}^{+\infty}\mathrm{e}^{-\frac{t^2}{2}}\mathrm{d}t\right)+\\&\quad\frac{\sigma_1\sigma_2\sqrt{1-\rho^2}}{2\pi}\left(\int_{-\infty}^{+\infty}u\mathrm{e}^{-\frac{u^2}{2}}\mathrm{d}u\right)\left(\int_{-\infty}^{+\infty}t\mathrm{e}^{-\frac{t^2}{2}}\mathrm{d}t\right)\\&=\frac{\rho\sigma_1\sigma_2}{2\pi}\cdot\sqrt{2\pi}\cdot\sqrt{2\pi},\end{aligned}$$

即有

$$\mathrm{Cov}(X,Y)=\rho\sigma_1\sigma_2,$$

于是

$$\rho_{XY}=\frac{\mathrm{Cov}(X,Y)}{\sqrt{D(X)}\cdot\sqrt{D(Y)}}=\rho.$$

这就是说，二维正态随机变量 $(X,\ Y)$ 的概率密度中的参数 ρ 就是 X 和 Y 的相关系数，因而二维正态随机变量的分布完全可由 X 与 Y 各自的期望、方差以及它们的相关系数所确定.

前面已经介绍过，若 $(X,\ Y)$ 服从二维正态分布，那么 X、Y 独立的充要条件是 $\rho=0$. 现在又 $\rho_{XY}=\rho$，故对于二维正态随机变量 $(X,\ Y)$ 而言，**X 和 Y 不相关与 X、Y 独立是等价的**.

例 4 对于两个随机变量 V 和 W，若 $E(V^2)$ 和 $E(W^2)$ 存在，证明：

$$[E(VW)]^2 \leqslant E(V^2)E(W^2).$$

这一不等式称为**柯西-施瓦茨**（Cauchy-Schwarz）**不等式**.

证 考虑一个关于实变量 t 的函数

$$q(t)=E[(V+tW)^2]=E(V^2)+2tE(VW)+t^2E(W^2),$$

因为对一切 t，有 $E[(V+tW)^2]\geqslant 0$，所以 $q(t)\geqslant 0$，从而二次方程 $q(t)=0$ 没有实根，或者只有复根，因而二次方程 $q(t)=0$ 的判别式

$$4[E(VW)]^2-4E(V^2)E(W^2)\leqslant 0,$$

即

$$[E(VW)]^2\leqslant E(V^2)E(W^2).$$

例 5 设 A、B 是两随机事件，随机变量

$$X=\begin{cases}1, & A\text{出现},\\ -1, & A\text{不出现},\end{cases}\qquad Y=\begin{cases}1, & B\text{出现},\\ -1, & B\text{不出现}.\end{cases}$$

试说明随机变量 X 和 Y 不相关的充分必要条件是 A 与 B 相互独立.

证 记 $P(A)=p_1$，$P(B)=p_2$，$P(AB)=p_{12}$. 由数学期望的定义，可知

$$E(X)=P(A)-P(\overline{A})=2p_1-1,E(Y)=2p_2-1.$$

由于 XY 只有两个可能值 1 和 -1，可见

$$P\{XY=1\}=P(AB)+P(\overline{A}\,\overline{B})=2p_{12}-p_1-p_2+1,$$

$$P\{XY=-1\}=1-P\{XY=1\}=p_1+p_2-2p_{12},$$

$$E(XY)=P\{XY=1\}-P\{XY=-1\}=4p_{12}-2p_1-2p_2+1,$$

从而

$$\mathrm{Cov}(X,Y)=E(XY)-E(X)E(Y)=4p_{12}-4p_1p_2.$$

因此，$\mathrm{Cov}(X,Y)=0$ 当且仅当 $p_{12}=p_1p_2$，即命题得证.

3.5 矩、协方差矩阵

3.5.1 矩、协方差矩阵的定义

定义 3.6 设 X 和 Y 是随机变量，若

$$E(X^k)\quad(k=1,2,\cdots,n)$$

存在，则称它为 X 的 k **阶原点矩**，**简称 k 阶矩**.

若 $$E\{[X-E(X)]^k\}\quad(k=2,3,\cdots,n)$$

存在，则称它为 X 的 k **阶中心矩**.

若 $$E(X^kY^l) \quad (k,l=1,2,\cdots,n)$$
存在，则称它为 X 和 Y 的 $k+l$ **阶混合矩**.

若 $$E\{[X-E(X)]^k[Y-E(Y)]^l\} \quad (k,l=1,2,\cdots,n)$$
存在，则称它为 X 和 Y 的 $k+l$ **阶混合中心矩**.

本质上，X 的数学期望 $E(X)$ 是 X 的一阶原点矩，方差 $D(X)$ 是 X 的二阶中心矩，协方差 $\mathrm{Cov}(X, Y)$ 是 X 和 Y 的二阶混合中心矩.

定义 3.7　二维随机变量 (X_1, X_2) 有四个二阶中心矩（假设它们都存在），分别记为

$$c_{11}=E\{[X_1-E(X_1)]^2\},$$
$$c_{12}=E\{[X_1-E(X_1)][X_2-E(X_2)]\},$$
$$c_{21}=E\{[X_2-E(X_2)][X_1-E(X_1)]\},$$
$$c_{22}=E\{[X_2-E(X_2)]^2\}.$$

将它们排成矩阵的形式

$$\begin{pmatrix} c_{11} & c_{12} \\ c_{21} & c_{22} \end{pmatrix}$$

这个矩阵称为随机变量 (X_1, X_2) 的**协方差矩阵**.

定义 3.8　若 n 维随机变量 $(X_1, X_2, \cdots, X_n)$ 的二阶混合中心矩

$$c_{ij}=E\{[X_i-E(X_i)][X_j-E(X_j)]\} \quad (i,j=1,2,\cdots,n)$$

都存在，则称矩阵

$$\boldsymbol{C}=\begin{pmatrix} c_{11} & c_{12} & \cdots & c_{1n} \\ c_{21} & c_{22} & \cdots & c_{2n} \\ \vdots & \vdots & & \vdots \\ c_{n1} & c_{n2} & \cdots & c_{nn} \end{pmatrix}$$

为 n 维随机变量 $(X_1, X_2, \cdots, X_n)$ 的**协方差矩阵**. 由于 $c_{ij}=c_{ji}$ $(i\neq j;\ i, j=1, 2, \cdots, n)$，因而上述矩阵是一个对称矩阵.

3.5.2　协方差矩阵的应用——n 维正态分布的概率密度表示

一般来说，n 维随机变量的分布是不知道的，或者说太复杂了，所以在数学上不太容易处理，因此在实际应用中协方差矩阵就显得更加重要了.

首先，看二维正态随机变量 (X_1, X_2) 的概率密度为

$$f(x_1,x_2)=\frac{1}{2\pi\sigma_1\sigma_2\sqrt{1-\rho^2}}\exp\left\{\frac{-1}{2(1-\rho^2)}\left[\frac{(x_1-\mu_1)^2}{\sigma_1^2}-2\rho\frac{(x_1-\mu_1)(x_2-\mu_2)}{\sigma_1\sigma_2}+\frac{(x_2-\mu_2)^2}{\sigma_2^2}\right]\right\}$$

现在将上式中花括号内的式子写成矩阵形式，为此引入矩阵

$$X=\begin{pmatrix}x_1\\x_2\end{pmatrix},\ \boldsymbol{\mu}=\begin{pmatrix}\mu_1\\\mu_2\end{pmatrix}.$$

二维正态随机变量（X_1，X_2）的协方差矩阵为

$$C=\begin{pmatrix}c_{11}&c_{12}\\c_{21}&c_{22}\end{pmatrix}=\begin{pmatrix}\sigma_1^2&\rho\sigma_1\sigma_2\\\rho\sigma_1\sigma_2&\sigma_2^2\end{pmatrix},$$

它的行列式 $\det C=\sigma_1^2\sigma_2^2(1-\rho^2)$，$C$ 的逆矩阵为

$$C^{-1}=\frac{1}{\det C}\begin{pmatrix}\sigma_2^2&-\rho\sigma_1\sigma_2\\-\rho\sigma_1\sigma_2&\sigma_1^2\end{pmatrix},$$

则

$$(X-\boldsymbol{\mu})^{\mathrm{T}}C^{-1}(X-\boldsymbol{\mu})=\frac{1}{\det C}(x_1-\mu_1,x_2-\mu_2)\begin{pmatrix}\sigma_2^2&-\rho\sigma_1\sigma_2\\-\rho\sigma_1\sigma_2&\sigma_1^2\end{pmatrix}\begin{pmatrix}x_1-\mu_1\\x_2-\mu_2\end{pmatrix}$$

$$=\frac{1}{1-\rho^2}\left[\frac{(x_1-\mu_1)^2}{\sigma_1^2}-2\rho\frac{(x_1-\mu_1)(x_2-\mu_2)}{\sigma_1\sigma_2}+\frac{(x_2-\mu_2)^2}{\sigma_2^2}\right].$$

于是（X_1，X_2）的概率密度可写为

$$f(x_1,x_2)=\frac{1}{(2\pi)^{2/2}(\det C)^{1/2}}\exp\left\{-\frac{1}{2}(X-\boldsymbol{\mu})^{\mathrm{T}}C^{-1}(X-\boldsymbol{\mu})\right\}.$$

推广到 n 维正态随机变量（X_1，X_2，…，X_n），引入列矩阵：

$$X=\begin{pmatrix}x_1\\x_2\\\vdots\\x_n\end{pmatrix}\text{和}\boldsymbol{\mu}=\begin{pmatrix}\mu_1\\\mu_2\\\vdots\\\mu_n\end{pmatrix}=\begin{pmatrix}E(X_1)\\E(X_2)\\\vdots\\E(X_n)\end{pmatrix},$$

则 n 维正态随机变量（X_1，X_2，…，X_n）的概率密度为

$$f(x_1,x_2,\cdots,x_n)=\frac{1}{(2\pi)^{n/2}(\det C)^{1/2}}\exp\left\{-\frac{1}{2}(X-\boldsymbol{\mu})^{\mathrm{T}}C^{-1}(X-\boldsymbol{\mu})\right\}.$$

n 维正态随机变量具有以下四条重要性质（证略）：

性质1 n 维正态随机变量（X_1，X_2，…，X_n）的每一个分量 X_i（$i=1$，2，…，n）都是正态变量；反之，若 X_1，X_2，…，X_n 都是正态随机变量，且相互独立，则（X_1，X_2，…，X_n）是 n 维正态随机变量.

性质2 n 维随机变量（X_1，X_2，…，X_n）服从 n 维正态分布的充要条件是 X_1，X_2，…，X_n 的任意的线性组合

$$l_1X_1+l_2X_2+\cdots+l_nX_n$$

服从一维正态分布（其中 l_1，l_2，…，l_n 不全为零）.

性质3 若（X_1，X_2，…，X_n）服从 n 维正态分布，设 Y_1，Y_2，…，Y_k 是 X_1，X_2，…，X_j（$j=1$，2，…，n）的线性函数，则（Y_1，Y_2，…，Y_k）也服从多维正态分布.（也称为正态变量的**线性**

变换不变性.)

性质4　设 $(X_1, X_2, \cdots, X_n)$ 服从 n 维正态分布，则“$X_1, X_2, \cdots, X_n$ 相互独立”与“$X_1, X_2, \cdots, X_n$ 两两不相关”是等价的.

n 维正态随机分布在随机过程和数理统计中常会遇到.

内容小结

本章探讨了关于随机变量数字特征的概念和性质. 数字特征是用一个数来描述随机变量统计规律性的某些主要特征的.

1. 知识框架图

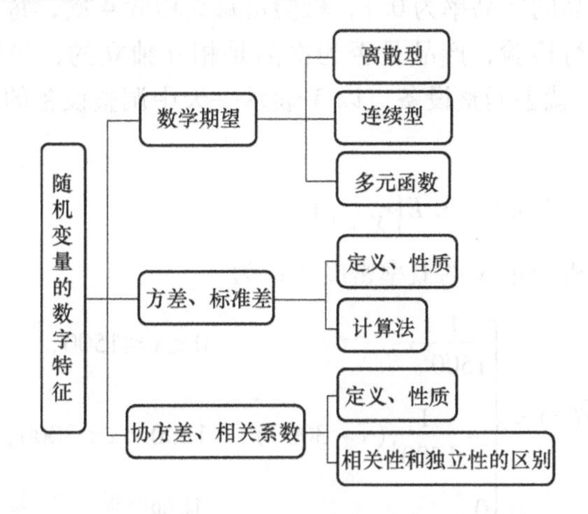

2. 基本要求

(1) 理解数学期望的概念，能够利用数学期望的定义和性质计算简单的一维或者二维随机变量或随机变量函数的数学期望.

(2) 理解方差、标准差的概念，能够利用方差的定义和性质计算随机变量的方差和标准差.

(3) 理解协方差和相关系数的概念，能够根据它们之间的性质和关系进行简单计算，并能明确判断相互独立和相互不相关的区别.

(4) 熟记六种常见随机变量的数学期望和方差.

习题3

1. 设随机变量 X 的分布律为

X	-1	0	1
p	0.4	0.4	0.2

，

求 $E(X)$、$E(X^2)$ 和 $E(3X^2+2)$.

2. 袋中有5个球，编号为1、2、3、4、5，现在从袋中任意取3

个球，用 X 表示取出的 3 个球中的最大编号，求 $E(X)$.

3. 设随机变量 X 的概率分布为

$$P\{X=k\}=\frac{a^k}{(a+1)^{k+1}}\quad(k=0,1,2,\cdots),$$

其中 $a>0$ 是个常数，试求 $E(X)$.

4. 设随机变量 X 的概率分布为

$$P\left\{X=(-1)^{k+1}\frac{3^k}{k}\right\}=\frac{2}{3^k}\quad(k=1,2,\cdots),$$

说明 X 的期望 $E(X)$ 不存在.

5. 某产品的次品率为 0.1，检验员每天检验 4 次，每次随机地取 10 件产品进行检验，产品是否为次品是相互独立的，如果其中次品个数多于 1，就去调整设备. 以 X 表示一天中调整设备的次数，试求 $E(X)$.

6. 设 $X\sim P(\lambda)$，求 $E\left(\frac{1}{X+1}\right)$.

7. 设随机变量 X 的概率密度函数为

$$f(x)=\begin{cases}\frac{1}{1500^2}x, & 0\leqslant x\leqslant 1500,\\ -\frac{1}{1500^2}(x-3000), & 1500<x\leqslant 3000,\\ 0, & \text{其他}.\end{cases}$$

求 $E(X)$.

8. 设随机变量 X 的概率密度函数为

$$f(x)=\begin{cases}\mathrm{e}^{-x}, & x>0,\\ 0, & x\leqslant 0.\end{cases}$$

求 $Y=2X$ 和 $Y=\mathrm{e}^{-2X}$ 的期望 $E(Y)$.

9. 设随机变量 X_1，X_2，…，X_n 相互独立，且都服从（0，1）上的均匀分布，求：

（1）$U=\max\{X_1, X_2, \cdots, X_n\}$ 的数学期望；

（2）$V=\min\{X_1, X_2, \cdots, X_n\}$ 的数学期望.

10. 设随机变量（X，Y）的分布律为

Y \ X	1	2	3
-1	0.2	0.1	0
0	0.1	0	0.3
1	0.1	0.1	0.1

（1）求 $E(X)$，$E(Y)$；

（2）设 $Z=Y/X$，求 $E(Z)$；

（3）设 $Z=(X-Y)^2$，求 $E(Z)$.

11. 设 ξ、η 是两个相互独立且服从同一分布的随机变量，已知 ξ 的分布律为 $P\{\xi=i\}=\frac{1}{3}$（$i=1, 2, 3$），又设 $X=\max\{\xi, \eta\}$，$Y=\min\{\xi, \eta\}$，求：

（1）二维随机变量（X，Y）的联合分布律；

（2）随机变量 X 的数学期望 $E(X)$.

12. 设二维随机变量（X，Y）的概率密度为

$$f(x,y)=\begin{cases}12y^2, & 0\leqslant y\leqslant x\leqslant 1\\0, & \text{其他}.\end{cases}$$

求 $E(X)$，$E(Y)$，$E(XY)$，$E(X^2+Y^2)$.

13. 对球的直径进行近似测量，设其值均匀分布在区间（a，b）内，求球体体积的均值.

14. 游客乘电梯从电视塔底层到顶层观光，电梯于每个整点的第5min、25min、55min从底层起运行. 设你在8:00第 Xmin 到达底层等候电梯，且 $X\sim U(0, 60)$，求你等待时间的期望.

15. 设二维随机变量（X，Y）服从圆域 $x^2+y^2\leqslant R^2$ 上的均匀分布，$Z=\sqrt{X^2+Y^2}$，求 $E(Z)$.

16. 若有 n 把看上去样子相同的钥匙，其中只有一把能打开门上的锁，用它们去试开门上的锁. 设取到每只钥匙是等可能的. 若每把钥匙是开一次后拿走，试用下面两种方法求试开次数 X 的数学期望.

（1）写出 X 的分布律；

（2）不写出 X 的分布律.

17. 设随机变量 X 服从瑞利分布，其概率密度为

$$f(x)=\begin{cases}\frac{x}{\sigma^2}\mathrm{e}^{-\frac{x^2}{2\sigma^2}}, & x>0,\\0, & x\leqslant 0.\end{cases}$$

其中 $\sigma>0$ 是个常数，求 $E(X)$，$D(X)$.

18. 设随机变量 X 服从 Γ 分布，其概率密度为

$$f(x)=\begin{cases}\frac{1}{\beta^\alpha\Gamma(\alpha)}x^{\alpha-1}\mathrm{e}^{-\frac{x}{\beta}}, & x>0\\0, & x\leqslant 0.\end{cases}$$

其中 $\alpha>0$，$\beta>0$ 是常数，求 $E(X)$，$D(X)$.

19. 设随机变量 X_1，X_2，…，X_n 相互独立，且 $E(X_i)=\mu$，$D(X_i)=\sigma^2$，$i=1, 2, \cdots, n$，求 $Z=\frac{X_1+X_2+\cdots+X_n}{n}$ 的期望和方差.

20. （1）设随机变量 X_1，X_2，X_3，X_4 相互独立，且有

$$E(X_i)=i, D(X_i)=5-i \quad (i=1,2,3,4),$$

设 $Y=2X_1-X_2+3X_3-\frac{1}{2}X_4$，求 $E(Y)$，$D(Y)$.

（2）设随机变量 X、Y 相互独立，且 $X\sim N(720,\ 30^2)$，$Y\sim N(640,\ 25^2)$，求 $W=2X+Y$ 和 $V=X-Y$ 的分布，并求概率 $P\{X>Y\}$，$P\{X+Y>1400\}$.

21. 卡车运送水泥，设每袋水泥重量 X（以 kg 计）服从 $X\sim N(50,\ 2.5^2)$，问最多装多少袋水泥才能使总重量超过 2000 的概率不大于 0.05.

22. 设随机变量 X、Y 相互独立，且都服从（0，1）上的均匀分布，

（1）求 $E(XY)$，$E(X/Y)$，$E[\ln(XY)]$，$E[|Y-X|]$.

（2）以 X、Y 为边长做一长方形，分别以 A、C 表示该长方形的面积和周长，求 A、C 的相关系数.

23. 设随机变量 X 与 Y 相互独立，证明：

$$D(XY)=D(X)D(Y)+[E(X)]^2D(Y)+[E(Y)]^2D(X).$$

24. 设二维随机变量（X，Y）的概率密度为

$$f(x,y)=\begin{cases}\frac{1}{\pi}, & x^2+y^2\leqslant 1,\\ 0, & \text{其他}.\end{cases}$$

试验证 X 和 Y 是不相关的，但 X 和 Y 不是相互独立的.

25. 已知随机变量 X 与 Y 分别服从正态分布 $N(1,\ 3^2)$ 和 $N(0,\ 4^2)$，且 X 与 Y 的相关系数 $\rho_{XY}=-1/2$，设 $Z=X/3+Y/2$，求：

（1）Z 的数学期望 $E(Z)$ 和方差 $D(Z)$；

（2）X 与 Z 的相关系数 ρ_{XZ}；

（3）问 X 与 Z 是否相互独立？为什么？

26. 设随机变量 X 具有概率密度

$$f(x,y)=\begin{cases}\frac{1}{8}(x+y), & 0\leqslant x\leqslant 2, 0\leqslant y\leqslant 2,\\ 0, & \text{其他}.\end{cases}$$

求 $E(X)$，$E(Y)$，$\mathrm{Cov}(X,\ Y)$，ρ_{XY}，$D(X+Y)$.

27. 设二维随机变量（X，Y）的概率密度函数为

$$f(x,y)=\begin{cases}\mathrm{e}^{-(x+y)}, & x>0, y>0,\\ 0, & \text{其他}.\end{cases}$$

求 $\mathrm{Cov}(X,\ Y)$ 和 ρ_{XY}.

28. 设随机变量 $X\sim N(\mu,\ \sigma^2)$，$Y\sim N(\mu,\ \sigma^2)$，且设 X 与 Y 相互独立，试求 $W=aX+bY$ 和 $V=aX-bY$ 的相关系数.（a、b 是不为零的常数）

29. 设随机变量（X，Y）服从二维正态分布，且有 $D(X)=\sigma_X^2$，

$D(Y)=\sigma_Y^2$，证明：当 $a^2=\sigma_X^2/\sigma_Y^2$ 时，随机变量 $W=X-aY$ 和 $V=X+aY$ 相互独立.

30. 已知正常成年男性血液中，每毫升白细胞数平均是 7300，均方差是 700，利用切比雪夫不等式估计每毫升血液中含白细胞数在 5200 ~ 9400 范围内的概率 p.

第4章

大数定律与中心极限定理

极限定理是概率论的基本理论之一，在概率论与数理统计的理论研究和实际应用中十分重要．本章将介绍有关随机变量序列的最基本的两个极限定理：大数定律和中心极限定理．前者从理论上阐述了在一定条件下大数重复出现的随机变量现象呈现的稳定性，而后者则揭示了在客观世界中存在大量正态随机变量的数学根源．本章将介绍大数定律和中心极限定理中的最简单也是最重要的理论．

4.1 切比雪夫不等式与大数定律

根据经验知道，测量一个长度 a，一次测量的结果不见得等于 a，若测量若干次，其算数平均值仍不见得等于 a，但当测量次数很多时，算术平均值接近于 a 几乎是必然的．即在大量随机现象中，无论个别随机现象的结果如何，它的平均结果总具有稳定性．大数定律从理论上阐述了这种大量的，在一定条件下重复试验的随机现象的规律性．下面先给出切比雪夫大数定律．

4.1.1 切比雪夫不等式

我们知道，若已知随机变量 X 的概率分布，则可计算出 X 的期望 $E(X)$ 和方差 $D(X)$．但是反过来，根据数值 $E(X)$ 和 $D(X)$，一般是不能得出 X 的概率分布的．这时若要知道 X 在 $E(X)$ 附近取值的概率 $P\{|X-E(X)|\leqslant\varepsilon\}$ 是困难的，但能否给出这个概率的一个估计值呢？切比雪夫不等式解决了这个问题．

切比雪夫不等式 设随机变量 X 的期望和方差分别为 $E(X)=\mu$ 和 $D(X)=\sigma^2$，则对于任意给定的正数 ε，有不等式

$$P\{|X-\mu|\geqslant\varepsilon\}\leqslant\frac{\sigma^2}{\varepsilon^2}$$

或 $$P\{|X-\mu|<\varepsilon\}\geqslant 1-\frac{\sigma^2}{\varepsilon^2}$$ 成立，

称此不等式为**切比雪夫**（Chebyshev）**不等式**.

证　设 X 是连续型随机变量，且密度函数为 $f(x)$，则

$$P\{|X-\mu|\geqslant\varepsilon\}=\int_{|X-\mu|\geqslant\varepsilon}f(x)\,\mathrm{d}x,$$

其中，由 $|X-\mu|\geqslant\varepsilon$，得 $[X-\mu]^2\geqslant\varepsilon^2$，即 $\frac{(X-\mu)^2}{\varepsilon^2}\geqslant 1$，又 $f(x)\geqslant 0$，故

$$\begin{aligned}P\{|X-\mu|\geqslant\varepsilon\}&=\int_{|X-\mu|\geqslant\varepsilon}f(x)\,\mathrm{d}x\\&\leqslant\int_{|X-\mu|\geqslant\varepsilon}\frac{[X-\mu]^2}{\varepsilon^2}f(x)\,\mathrm{d}x\\&\leqslant\frac{1}{\varepsilon^2}\int_{-\infty}^{+\infty}(x-\mu)^2f(x)\,\mathrm{d}x\\&=\frac{1}{\varepsilon^2}D(X)\\&=\frac{\sigma^2}{\varepsilon^2},\end{aligned}$$

即 $$P\{|X-\mu|\geqslant\varepsilon\}\leqslant\frac{\sigma^2}{\varepsilon^2}.$$

再利用对立事件的概率公式，即得

$$P\{|X-\mu|<\varepsilon\}\geqslant 1-\frac{\sigma^2}{\varepsilon^2}.$$

证毕.

类似地，可以证明 X 是离散型随机变量时的情形.

注　(1) 当 $D(X)$ 很小时，X 在 $E(X)$ 附近取值的概率很大，因此，切比雪夫不等式从另一个角度说明方差 $D(X)$ 是描述 X 取值分散性程度的一个量.

(2) 在不知道随机变量分布的情况下，切比雪夫不等式利用方差 $D(X)$ 给出了 X 在期望 $E(X)$ 附近取值的概率估计.

例 1　已知随机变量 X 的期望 $E(X)=14$，方差 $D(X)=\frac{35}{3}$，试估计 $P\{10<X<18\}$ 的大小.

解　$$\begin{aligned}P\{10<X<18\}&=P\{10-E(X)<X-E(X)<18-E(X)\}\\&=P\{-4<X-14<4\}\\&=P\{|X-14|<4\}\\&=P\{|X-E(X)|<\varepsilon\},\end{aligned}$$

由切比雪夫不等式，有

$$P\{|X-E(X)|<\varepsilon\}\geqslant 1-\frac{D(X)}{\varepsilon^2}$$

$$\geqslant 1-\frac{\frac{35}{3}}{4^2}$$

$$\approx 0.271,$$

即 $$P\{10<X<18\}\geqslant 0.271.$$

例 2 设有 10000 盏灯，夜晚每一盏灯开着的概率都是 0.7，假定开关时间彼此独立，估计夜晚同时开着的灯数在 6800 ~ 7200 的概率.

解 随机变量 X 表示同时开灯的数目，$X\sim B(10000,\ 0.7)$，由二项概率公式有

$$P\{6800<X<7200\}=\sum_{k=6800}^{7200}C_{10000}^{k}\,0.7^{k}\,0.3^{10000-k}.$$

显然，这计算起来很麻烦．可利用切比雪夫不等式，由 $E(X)=7000$，$D(X)=2100$，得

$$P\{6800<X<7200\}=P\{|X-7000|\leqslant 200\}$$

$$\geqslant 1-\frac{D(X)}{\varepsilon^2}$$

$$=1-\frac{2100}{200^2}$$

$$\approx 0.95.$$

即 $$P\{6800<X<7200\}\geqslant 0.95.$$

4.1.2 大数定律

我们在第 1 章中介绍过，随着试验次数的增加，事件发生的频率呈现稳定性，逐渐稳定于某个常数，我们通常把这个性质称为“频率的稳定性”．这里的“稳定性”我们该如何描述它呢？首先看下面依概率收敛的定义．

定义 4.1 设 Y_1，Y_2，…，Y_n，…为一随机变量序列，a 为一常数．若对于任意的 $\varepsilon>0$，有

$$\lim_{n\to\infty}p\{|Y_n-a|<\varepsilon\}=1$$

成立，则称 Y_1，Y_2，…，Y_n，…**依概率收敛**于 a，记为 $Y_n\xrightarrow{P}a$.

依概率收敛具有如下**性质**：

设 $X_n\xrightarrow{P}a$，$Y_n\xrightarrow{p}b$，又设函数 $g(x,\ y)$ 在区间（a，b）内连续，则

$$g(X_n,Y_n)\xrightarrow{p}g(a,b).$$

再引入随机变量序列 X_1，X_2，…，X_n，…**相互独立**的概念．如

果对于任意 $n>1$，X_1，X_2，…，X_n 相互独立，则称 X_1，X_2，…，X_n，…相互独立.

定理4.1（切比雪夫定理） 设随机变量序列 X_1，X_2，…，X_n，…相互独立，且具有相同的数学期望和方差：$E(X_n)=\mu$，$D(X_n)=\sigma^2$ $(n=1, 2, \cdots)$. 作前 n 个随机变量的算术平均值 $\overline{X}=\frac{1}{n}\sum_{k=1}^{n}X_k$，则对于任意 $\varepsilon>0$，有

$$\lim_{n\to\infty}P\{|\overline{X}-\mu|<\varepsilon\}=\lim_{n\to\infty}P\left\{\left|\frac{1}{n}\sum_{k=1}^{n}X_k-\mu\right|<\varepsilon\right\}=1,$$

即
$$\overline{X}=\frac{1}{n}\sum_{k=1}^{n}X_k\xrightarrow{p}\mu.$$

证 由于 $E(\overline{X})=E\left(\frac{1}{n}\sum_{k=1}^{n}X_k\right)=\frac{1}{n}E\left(\sum_{k=1}^{n}X_k\right)=\frac{1}{n}n\mu=\mu$，

$$D(\overline{X})=D\left(\frac{1}{n}\sum_{k=1}^{n}X_k\right)=\frac{1}{n^2}D\left(\sum_{k=1}^{n}X_k\right)=\frac{1}{n^2}n\sigma^2=\frac{\sigma^2}{n},$$

由切比雪夫不等式，有

$$P\{|\overline{X}-\mu|<\varepsilon\}\geqslant 1-\frac{\sigma^2/n}{\varepsilon^2},$$

令 $n\to+\infty$，得

$$\lim_{n\to\infty}P\left\{\left|\frac{1}{n}\sum_{k=1}^{n}X_k-\mu\right|<\varepsilon\right\}=1.$$

$\left\{\left|\frac{1}{n}\sum_{k=1}^{n}X_k-\mu\right|<\varepsilon\right\}$ 是一个事件，上面定理的结论告诉我们，当 $n\to+\infty$ 时，这个事件的概率趋于1. 即对于任意正数 ε，当 n 充分大时，不等式 $\left|\frac{1}{n}\sum_{k=1}^{n}X_k-\mu\right|<\varepsilon$ 成立的概率很大. 通俗地讲，对于独立同分布且具有相同均值 μ 的随机变量 X_1，X_2，…，X_n，…，当 n 很大时它们的算术平均 $\frac{1}{n}\sum_{k=1}^{n}X_k$ 很可能接近于 μ. 于是，在实际应用中，对于满足定理条件的随机变量序列，可以用它的算术平均作为其期望的一种估计.

定理4.2（伯努利定理） 设 n_A 是 n 次独立重复试验中事件 A 发生的次数. p 是事件 A 在每次试验中发生的概率，则对于任意的 $\varepsilon>0$，有

$$\lim_{n\to\infty}P\{|n_A/n-p|<\varepsilon\}=1,$$

或
$$\lim_{n\to\infty}p\{|n_A/n-p|\geqslant\varepsilon\}=0.$$

证 令 $X_k=\begin{cases}0, & \text{第 } k \text{ 次试验时事件 } A \text{ 不发生,}\\ 1, & \text{第 } k \text{ 次试验时事件 } A \text{ 发生}\end{cases}$ $(k=1, 2, \cdots, n)$，

即有

$$n_A = X_1 + X_2 + \cdots + X_n,$$

其中，X_1，X_2，…，X_n 相互独立，且服从参数为 p 的（0—1）分布．因此

$$E(X_k) = p, D(X_k) = p(1-p) \quad (k=1,2,\cdots,n),$$

于是由切比雪夫定理的特殊情况有

$$\lim_{n\to\infty} P\left\{ \left| \frac{X_1 + X_2 + \cdots + X_n}{n} - p \right| < \varepsilon \right\} = 1,$$

即
$$\lim_{n\to\infty} P\{ |n_A/n - p| < \varepsilon \} = 1.$$

伯努利定理表明：事件 A 发生的频率 n_A/n 依概率收敛于事件发生的概率 p. 因此，由实际推断原理可知，当试验的次数 n 很大时，事件 A 发生的频率与概率有较大偏差的可能性很小，这时可以用事件发生的频率近似代替事件的概率．

我们已经知道，一个随机变量的方差存在，则其数学期望肯定存在，但反之不真．上述两个定理都要求随机变量序列的方差存在．以下的辛钦大数定理则去掉了这一要求，仅仅要求每个 X_i 的期望存在，但 $\{X_i\}$ 须是独立同分布的随机变量序列．

定理 4.3（**辛钦定理**） 设随机变量序列 X_1，X_2，…，X_n，…相互独立，服从同一分布，具有期望

$$E(X_k) = \mu \quad (k=1,2,\cdots,n),$$

则对任意 $\varepsilon > 0$，有

$$\lim_{n\to\infty} P\{ |\overline{X} - \mu| < \varepsilon \} = \lim_{n\to\infty} P\left\{ \left| \frac{1}{n}\sum_{k=1}^{n} X_k - \mu \right| < \varepsilon \right\} = 1.$$

辛钦定理从理论上肯定了用算术平均值来估计期望值的合理性．值得注意的是，辛钦定理条件较宽，切比雪夫定理是它的特例，伯努利定理又是切比雪夫定理的特例或应用．

4.2 中心极限定理

上节我们讨论了大量随机现象平均结果的稳定的大数定律，这一节我们主要学习大量随机变量和的分布以正态分布为极限的中心极限定理．

人们在长期的实践中认识到，若某一随机变量 X 是由大量相互独立的随机因素 X_1，X_2，…，X_n，…综合影响而形成的，即 $X = X_1 + X_2 + \cdots + X_n + \cdots$，而这些独立的因素的出现都是随机的，时有时无，时大时小，并且每个因素在总的影响中所起的作用都很小，那么这个随机变量 X 便近似服从正态分布．这个现象不是偶然的，中心极限定理揭示了其背后的数学奥秘．

定理 4.4（**独立同分布的中心极限定理**） 设随机变量 X_1，X_2，…，X_n，…相互独立，服从同一分布，且具有数学期望和方差：$E(X_k) = \mu$，

$D(X_k)=\sigma^2>0$（$k=1, 2, \cdots, n, \cdots$），则随机变量 $X_1, X_2, \cdots, X_n \cdots$ 之和 $\sum_{k=1}^{n} X_k$ 的标准化变量 $Y_n=\dfrac{\sum_{k=1}^{n} X_k - E\left(\sum_{k=1}^{n} X_k\right)}{\sqrt{D\left(\sum_{k=1}^{n} X_k\right)}}=\dfrac{\sum_{k=1}^{n} X_k - n\mu}{\sqrt{n}\sigma}$

的分布函数 $F_n(x)$ 对于任意 x 满足

$$\lim_{n\to\infty}F_n(x)=\lim_{n\to\infty}P\left\{\frac{\sum_{k=1}^{n} X_k - n\mu}{\sqrt{n}\sigma}\leqslant x\right\}=\int_{-\infty}^{x}\frac{1}{\sqrt{2\pi}}e^{-t^2/2}dt=\Phi(x).$$

定理的实际意义是：如果一个随机现象由众多的随机因素所引起，而每一个因素对它的影响很小，那么描述这一随机现象的随机变量近似服从正态分布．例如，对某一物理量进行测量时，不可避免的会有许多因素影响测量的结果，如仪器本身所引起的测量误差，观察者视觉或听觉引起的误差等，所有这些误差综合起来就有一个总误差，这个总误差是一个随机变量，是许多微小的相互独立的随机变量的和，因此它近似服从正态分布．

定理 4.4 表明，对于满足均值为 μ，方差为 $\sigma^2>0$ 的独立同分布（无论服从什么分布）的随机变量 $X_1, X_2, \cdots, X_n, \cdots$，当 n 充分大时，它们的和 $\sum_{k=1}^{n} X_k$ 总是近似服从正态分布，记作

$$\frac{\sum_{k=1}^{n} X_k - n\mu}{\sqrt{n}\sigma}\ 近似 \sim N(0,1),$$

也可以将上述结果改写为

$$\lim_{n\to\infty}P\left(\frac{\frac{1}{n}\sum_{k=1}^{n} X_k-\mu}{\sigma/\sqrt{n}}\leqslant x\right)=\int_{-\infty}^{x}\frac{1}{\sqrt{2\pi}}e^{-\frac{t^2}{2}}dt,$$

即
$$\frac{\sum_{k=1}^{n} X_k - n\mu}{\sqrt{n}\sigma}=\frac{\frac{1}{n}\sum_{k=1}^{n} X_k-\mu}{\sigma/\sqrt{n}}=\frac{\overline{X}-\mu}{\sigma/\sqrt{n}}\ 近似 \sim N(0,1).$$

即有 $\overline{X}$ 近似 $\sim N(\mu, \sigma^2/n)$，于是有下面的推论．

推论　当 n 充分大时，记 $S_n=X_1+X_2+\cdots+X_n$，可得如下的近似计算公式：

$$P\left\{\frac{S_n-n\mu}{\sqrt{n}\sigma}\leqslant x\right\}\approx\Phi(x).$$

于是，对任意 $a<b$，有

$$P\{a\leqslant S_n\leqslant b\}=P\left\{\frac{a-n\mu}{\sqrt{n}\sigma}\leqslant\frac{S_n-n\mu}{\sqrt{n}\sigma}\leqslant\frac{b-n\mu}{\sqrt{n}\sigma}\right\}$$
$$\approx\Phi\left(\frac{b-n\mu}{\sqrt{n}\sigma}\right)-\Phi\left(\frac{x-n\mu}{\sqrt{n}\sigma}\right).$$

例1 根据以往经验，某种电器元件的寿命服从均值为100h的指数分布，现随机地取16只，设它们的寿命是相互独立的，求这16只元件的寿命的总和大于1920h的概率．

解 设第i只元件的寿命为X_i（$i=1, 2, \cdots, 16$），则有

$$E(X_i)=100, D(X_i)=10000 \quad (i=1, 2, \cdots, 16).$$

令

$$X=\sum_{k=1}^{16} X_k,$$

故

$$E(X)=16\times 100=1600, D(X)=160000,$$

则$\dfrac{X-1600}{400}\sim N(0, 1)$，

$$\begin{aligned} P\{X>1920\} &= P\left\{\frac{X-1600}{400}>\frac{1920-1600}{400}\right\} \\ &= P\{X^*>0.8\}\approx 1-\Phi(0.8)=1-0.7881 \\ &= 0.2119. \end{aligned}$$

例2 某炮兵阵地对敌人的防御地段进行100次射击，每次射击过程中炮弹的命中数是一个随机变量，其期望为2，方差为1.69，求在100次射击中有180发到220发炮弹命中目标的概率．

解 设X_k表示第k次射击中的炮弹数，则$E(X_i)=2$，$D(X_i)=1.69$，且$S_{100}=X_1+X_2+\cdots+X_{100}$，应用中心极限定理，$\dfrac{S_{100}-n\mu}{\sqrt{n}\sigma}$近似服从$N(0, 1)$，由题意$n=100$，$n\mu=200$，$\sqrt{n}\sigma=13$，所以

$$\begin{aligned} P\{180\leqslant S_n\leqslant 220\} &= P\left\{\frac{180-200}{13}\leqslant\frac{S_n-200}{13}\leqslant\frac{220-200}{13}\right\} \\ &\approx \Phi\left(\frac{20}{13}\right)-\Phi\left(-\frac{20}{13}\right) \\ &= 2\Phi(1.54)-1 \\ &= 0.8764. \end{aligned}$$

定理4.5（棣莫弗-拉普拉斯定理） 设随机变量η_n（$n=1, 2, \cdots$）服从参数为n、p（$0<p<1$）的二项分布，则对任意的x，有

$$\lim_{n\to\infty} P\left\{\frac{\eta_n-np}{\sqrt{np(1-p)}}\leqslant x\right\}=\int_{-\infty}^{x}\frac{1}{\sqrt{2\pi}}\mathrm{e}^{-t^2/2}\mathrm{d}t=\Phi(x).$$

证 由于$\eta_n\sim B(n, p)$，由前面例题知$\eta_n=X_1+X_2+\cdots+X_n$，其中$X_k$服从（0—1）分布，且分布律为

$$P\{X_k=i\}=p^i(1-p)^{1-i}, i=0,1 \quad (k=1,2,\cdots,n),$$

于是有

$$E(X_k)=p, D(X_k)=p(1-p) \quad (k=1,2,\cdots,n).$$

由定理4.4，得

$$\lim_{n\to\infty}P\left\{\frac{\eta_n - np}{\sqrt{np(1-p)}}\leqslant x\right\} = \lim_{n\to\infty}P\left\{\frac{\sum_{k=1}^{n}X_n - np}{\sqrt{np(1-p)}}\leqslant x\right\}$$

$$= \int_{-\infty}^{x}\frac{1}{\sqrt{2\pi}}e^{-t^2/2}dt = \Phi(x).$$

证毕.

定理4.5表明，正态分布是二项分布的极限分布，当n充分大时，我们可用正态分布来计算二项分布的概率．且对任意的区间$[a, b]$，有$P\left\{a\leqslant\frac{\eta_n - np}{\sqrt{np(1-p)}}\leqslant b\right\} = \int_a^b\frac{1}{\sqrt{2\pi}}e^{-t^2/2}dt$．也就是说，当$n$较大时，$\frac{\eta_n - np}{\sqrt{np(1-p)}}$近似服从$N(0, 1)$，而$\eta_n$近似服从$N(np, np(1-p))$．二项分布的随机变量的概率可转化为正态分布的概率来计算，计算方法如下：

$$P\{a\leqslant\eta_n\leqslant b\} = P\left\{\frac{a-np}{\sqrt{np(1-p)}}\leqslant\frac{\eta_n - np}{\sqrt{np(1-p)}}\leqslant\frac{b-np}{\sqrt{np(1-p)}}\right\}$$

$$\approx\Phi\left(\frac{b-np}{\sqrt{np(1-p)}}\right) - \Phi\left(\frac{a-np}{\sqrt{np(1-p)}}\right).$$

定理4.4和定理4.5这两个中心极限定理都是研究可列个相互独立的随机变量的和的分布的．在一般条件下，当独立的随机变量的个数增加时，其和的分布趋于正态分布，也说明正态分布的重要性．

大数定律只能从质的方面描述随机现象，而中心极限定理则可以更进一步从量的方面描述随机现象，所以中心极限定理比大数定律深刻得多，它是概率论与数理统计的基础．

例3 一船舶在海洋里航行，已知每遭受一次波浪的冲击，纵摇角大于3°的概率为$p = 1/3$，若船舶遭受了90000次波浪冲击，问其中有29500～30500次纵摇角大于3°的概率是多少？

解 将船舶每遭受一次波浪冲击看作一次独立试验，并假定各次冲击是相互独立的，在90000次冲击中纵摇角大于3°的次数X为一随机变量，且$X\sim B(90000, 1/3)$.

直接计算，则所求概率为

$$P\{29500\leqslant X\leqslant 30500\} = \sum_{k=29500}^{30500}C_{9000}^{k}\left(\frac{1}{3}\right)^{k}\left(\frac{2}{3}\right)^{90000-k},$$

但此计算麻烦，现用中心极限定理来进行近似计算．

已知$n = 90000$，$p = \frac{1}{3}$，所求概率为

$$P\{29500 \leqslant X \leqslant 30500\}$$
$$= P\left\{\frac{29500 - 90000 \cdot (1/3)}{\sqrt{90000 \cdot (1/3)(2/3)}} \leqslant \frac{X - 90000 \cdot (1/3)}{\sqrt{90000 \cdot (1/3)(2/3)}} \leqslant \frac{30500 - 90000 \cdot (1/3)}{\sqrt{90000 \cdot (1/3)(2/3)}}\right\}$$
$$= P\left\{-5/\sqrt{2} \leqslant \frac{X - 90000 \cdot (1/3)}{\sqrt{90000 \cdot (1/3)(2/3)}} \leqslant 5/\sqrt{2}\right\}$$
$$\approx \Phi(5/\sqrt{2}) - \Phi(-5/\sqrt{2}) = 2\Phi(5/\sqrt{2}) - 1$$
$$= 0.9996.$$

例 4 设某单位有 200 台电话机，每台电话机平均有 5% 的时间要使用外线，若每台电话机是否使用外线相互独立，问该单位总机至少要有多少条外线，才能以 90% 以上的概率保证每台电话机需要使用外线时不占线?

解 把每一台电话机是否使用外线视为一次伯努利试验，观察 200 台电话机是否使用外线通话相当于做 200 次伯努利试验，用 $\{X_k = 1\}$ 表示第 k（$k = 1, 2, \cdots, n$）台电话机使用外线这一事件，则有 $p = P\{X_k = 1\} = 0.05$，$1 - p = P\{X_k = 0\} = 0.95$，$S_{200} = X_1 + X_2 + \cdots + X_{200}$ 表示同时使用外线的电话机的数目，下面求最小的 k 值，使

$$P\{0 \leqslant S_{200} \leqslant k\} \geqslant 90\%.$$

由二项分布的正态近似公式，得

$$P\{0 \leqslant S_{200} \leqslant k\} = P\left\{\frac{0 - np}{\sqrt{np(1-p)}} \leqslant \frac{S_{200} - np}{\sqrt{np(1-p)}} \leqslant \frac{k - np}{\sqrt{np(1-p)}}\right\}$$
$$= P\left\{\frac{0 - 200 \times 0.05}{\sqrt{200 \times 005 \times 0.95}} \leqslant \frac{S_{200} - 200 \times 0.05}{\sqrt{200 \times 005 \times 0.95}} \leqslant \frac{k - 200 \times 0.05}{\sqrt{200 \times 005 \times 0.95}}\right\}$$
$$\approx \Phi\left(\frac{k-10}{\sqrt{9.5}}\right) - \Phi\left(-\frac{10}{\sqrt{9.5}}\right),$$

又 $\Phi\left(\frac{k-10}{\sqrt{9.5}}\right) - \Phi\left(-\frac{10}{\sqrt{9.5}}\right)$，有

$$P\{0 \leqslant S_{200} \leqslant k\} \approx \Phi\left(\frac{k-10}{\sqrt{9.5}}\right) \geqslant 90\%,$$

查正态分布表，得 $\Phi(1.30) = 0.9032$，因此由 $\Phi(x)$ 的递增性，有

$$\frac{k-10}{\sqrt{9.5}} \geqslant 1.30，解得 k \geqslant 14.$$

即该单位总机至少要有 14 条外线，才能以 90% 以上的概率保证每一台电话机需要使用外线时不占线.

例 5 产品为废品的概率 $p = 0.005$，求 1000 件产品中废品数不大于 7 的概率.

解 1000 件产品中的废品数 X 服从二项分布，$n = 1000$，$p =$

0.005，$np=5$，$\sqrt{np(1-p)}\approx 2.2305$，下面用三种方法计算．

（1）由二项分布公式计算，

$$P\{X\leqslant 7\}=\sum_{k=0}^{7}\mathrm{C}_{1000}^{k}(0.005)^{k}(0.995)^{1000-k}.$$

（2）用泊松公式计算，$\lambda=np=5$，查附表 1，得

$$P\{X\leqslant 7\}\approx\sum_{k=0}^{7}p_k(5)\approx 0.866624.$$

（3）用中心极限定理计算，

$$P\{X\leqslant 7\}\approx\Phi\left(\frac{7-5}{2.2305}\right)\approx\Phi(0.8968)=0.8133.$$

正态分布和泊松分布虽然都是二项分布的极限分布，但后者以 $n\to\infty$，同时 $p\to 0$，$np\to\lambda$ 为条件，而前者则只要求 $n\to\infty$ 这一条件．一般对于 n 很大 p 很小的二项分布，用正态分布来近似不如用泊松分布计算精确．

大数定律是研究随机变量序列 $\{X_n\}$ 依概率收敛的极限问题，而中心极限定理则是研究随机变量序列 $\{X_n\}$ 依分布收敛的极限问题．它们都是讨论大量的随机变量之和的极限行为．当 X_1，X_2，…，X_n，…相互独立、服从同一分布，且有大于 0 的有限方差时，大数定律和中心极限定理同时成立，但是通常中心极限定理比大数定律更为精确．

内容小结

本章初步探讨了两个在数理统计中非常重要、也是非常基本的定理：大数定律和中心极限定理．前者描述的是大量独立重复实验中呈现出来的统计平均稳定性；后者则描述了大量对总体产生微小影响的独立随机变量之和近似为正态分布．

1. 知识框架图

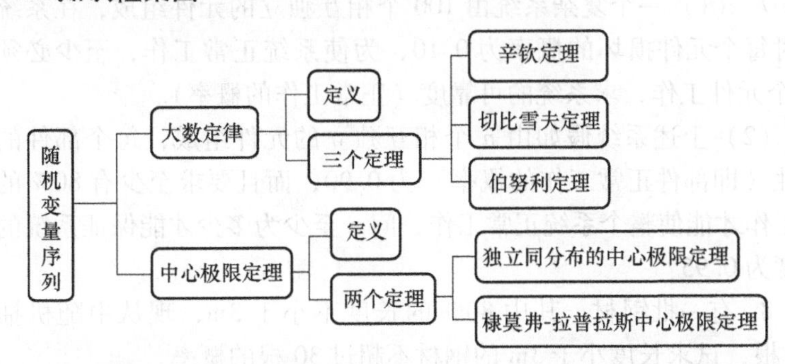

2. 基本要求

（1）知道切比雪夫定理、辛钦定理和伯努利定理所描述的概念．

（2）掌握利用独立同分布的中心极限定理和棣莫弗-拉普拉斯中心极限定理进行近似计算的方法.

习题 4

1. 设由机器包装的每袋大米的重量（单位：kg）是一个随机变量，期望是 10kg，方差是 0.1kg^2. 求 100 袋这种大米的总重量在 990 ~1010kg 范围内的概率.

2. 将一枚均匀硬币抛 800 次，利用切比雪夫不等式估计正面（有字的一面）朝上的次数在 350 ~ 450 范围内的概率.

3. 用切比雪夫不等式估计下列各题的概率：

（1）若废品率为 0.03，则 1000 个产品中废品多于 20 个少于 40 个的概率.

（2）200 个新生儿中，男孩多于 80 个且少于 120 个的概率.（假定生男孩和生女孩的概率均为 0.5.）

4. 有一大批种子其中良种约占$\frac{1}{6}$，试估计在任意选出的 6000 粒种子当中，良种所占的比例与$\frac{1}{6}$比较，上下不会超过 1% 的概率.

5. 计算器在进行加法计算时，将每个加数舍入最靠近它的整数，设所有舍入误差相互独立且在区间（-0.5，0.5）内服从均匀分布.

（1）将 1500 个数相加，问误差总和的绝对值超过 15 的概率是多少?

（2）最多可有几个数相加使得误差总和的绝对值小于 10 的概率不小于 0.90?

6. 用某种步枪进行射击实验，每次射击的命中概率均为 5%，问需要多少支这种步枪同时射击，才能使目标至少被击中 5 弹的概率等于 80%？

7.（1）一个复杂系统由 100 个相互独立的元件组成，在系统运行时每个元件损坏的概率为 0.10，为使系统正常工作，至少必须有 85 个元件工作，求系统的可靠度（正常工作的概率）.

（2）上述系统假如由 n 个相互独立的元件组成，每个部件的可靠性（即部件正常工作的概率）为 0.90，而且要求至少有 80% 的元件工作才能使整个系统正常工作，问 n 至少为多少才能保证系统的可靠度为 0.95?

8. 有一批钢材，其中 80% 的长度不小于 3m，现从中随机抽取 100 根，试求长度小于 3m 的钢材不超过 30 根的概率.

9. 有一批灯泡，一等品占$\frac{1}{5}$，从中任取 1000 只，问（1）能以

0.95 的概率保证其中一等品的比例与$\frac{1}{5}$相差不超过多少？（2）能以95%的概率断定在这 1000 个灯泡中一等品的个数在什么范围内？

10. 设各零件的质量都是随机变量，它们相互独立且服从相同的分布，其期望为 0.5kg，均方差为 0.1kg，问 5000 只零件的总重量超过 2510kg 的概率是多少？

第5章 抽样分布

前面我们学习了概率论的基本内容．在概率论中，我们所研究的随机变量的分布都是假设已知的，并在这一前提下去研究它的性质、特点和规律性．但在实际中，我们对某一问题进行定量研究时，首先要搜集许多数据，如何根据这些数据所提供的信息来对研究对象进行合理的描述，就是数理统计的任务．本章我们介绍总体、随机样本及统计量等基本概念，并着重介绍几个与正态总体相关的常用统计量及其分布．

5.1 随机样本

5.1.1 总体与样本

在数理统计中，常研究有关对象的某一项数量指标（如灯泡的寿命、人的身高等）．对这一数量指标进行试验或观察．将试验的全部可能的观察值称为总体，即把所研究的对象的某项数量指数的全体称为**总体**（或**母体**），总体中的每一个可能的观察值称为**个体**．总体中所含的个体数称为总体的**容量**．按照总体容量是有限还是无限将总体分为有限总体与无限总体．

例如，在考察某高校二年级学生的身高这一试验中，若该年级学生共3000人，每一个学生的身高是一个可能观测值（这些可能的观测值有可能相同，因为有些学生的身高可能相同），所形成的总体中共含有3000个可能观测值，它是一个有限总体．观察并记录某一城市每天（包括以往、现在和将来）的平均气温，所得总体是无限总体．在实际问题中，有些有限总体的容量很大，我们可以认为它是一个无限总体．例如，考察我国正在使用的某种型号的节能灯的寿命所形成的总体，由于可能观测值的个数很多，所以就可以认为它是无限总体．

从总体中任意抽出一个个体，就是对总体进行一次观察或试验，得到的可能的结果是某一随机变量 X 的值，因此，一个总体对应于一个随机变量 X. 对于总体的研究相当于是对该总体所对应的随机变量 X 的研究，所以，今后我们对总体及其对应的随机变量不再加以区分，笼统称为随机变量 X.

在实际问题中，总体的分布一般是未知的，或者是不完全知道的，在数理统计中，人们则是通过从总体中合理地抽取一部分个体，据此对所研究的总体的分布做出统计上的推断．被抽取的部分个体叫作总体的一个**样本**．

所谓从总体抽取一个个体，就是对总体 X 进行一次观察并记录其观测值．因此，有理由认为任意抽出的个体，也是一个随机变量，它与总体 X 有相同的概率分布．而在相同的条件下，对总体 X 进行 n 次重复、独立的观察，并将观测结果按实验顺序记为 X_1，X_2，…，X_n，将其称为总体 X 的一个容量为 n 的样本．

对总体 X 进行 n 次观察一经完成，我们会得到一组具体的实数值 x_1，x_2，…，x_n，它们依次是样本 X_1，X_2，…，X_n 的观察值，称为**样本观测值**．

为了研究方便，常常假定样本满足下面两个性质．

（1）独立性：X_1，X_2，…，X_n 是 n 个相互独立的随机变量；

（2）代表性：每个 X_i（$i=1$，2，…，n）要与总体 X 有相同的分布．

满足这两个条件的随机样本 X_1，X_2，…，X_n 称为**简单随机样本**，简称**样本**．今后讨论的样本都是简单随机样本．

总体中的每一个个体是随机试验的一个观察值，因此也可以将样本 X_1，X_2，…，X_n 看作一个随机向量，写作（X_1，X_2，…，X_n），此时相应的样本观测值写作（x_1，x_2，…，x_n）．

由样本的定义可得，若（X_1，X_2，…，X_n）为总体 F 的一个样本，则（X_1，X_2，…，X_n）相互独立且分布函数都为 F，所以（X_1，X_2，…，X_n）的联合分布函数为

$$F^*(x_1,x_2,\cdots,x_n)=\prod_{i=1}^{n}F(x_i). \qquad (5.1.1)$$

若 X 为连续型随机变量且具有概率密度 $f(x)$，则（X_1，X_2，…，X_n）的联合概率密度为

$$f^*(x_1,x_2,\cdots,x_n)=\prod_{i=1}^{n}f(x_i). \qquad (5.1.2)$$

若 X 为离散型随机变量且具有分布律 $P\{X=x\}=p(x)$，则（X_1，X_2，…，X_n）的联合分布律为

$$P\{X_1=x_1,X_2=x_2,\cdots,X_n=x_n\}=\prod_{i=1}^{n}p(x_i). \qquad (5.1.3)$$

例 1 设总体 $X \sim B(1, p)$，X_1，X_2，…，X_n 是来自总体 X 的简单随机样本，求（X_1，X_2，…，X_n）的联合分布律．

解 由 $X \sim B(1, p)$ 知，总体 X 的分布律为

$$P\{X = x\} = p^x (1-p)^{1-x} \quad (x = 0,1),$$

由式（5.1.3），可得（X_1，X_2，…，X_n）的联合分布律为

$$\begin{aligned} P\{X_1 = x_1, X_2 = x_2, \cdots, X_n = x_n\} &= \prod_{i=1}^{n} p^{x_i} (1-p)^{1-x_i} \\ &= p^{\sum\limits_{i=1}^{n} x_i} (1-p)^{n-\sum\limits_{i=1}^{n} x_i}. \end{aligned}$$

例 2 已知总体 X 服从韦布尔（Weibull）分布，其分布密度为

$$f(x) = \begin{cases} \alpha\beta x^{\alpha-1} \mathrm{e}^{-\beta x^{\alpha}}, & x \geqslant 0, \\ 0, & x < 0. \end{cases}$$

其中 $\alpha > 0$，$\beta > 0$，试求样本（X_1，X_2，…，X_n）的联合分布密度．

解 依题意，当 $x_1 > 0$，$x_2 > 0$，…，$x_n > 0$ 时，样本（X_1，X_2，…，X_n）的联合分布密度为

$$\begin{aligned} f(x_1, x_2, \cdots, x_n) &= \prod_{i=1}^{n} \alpha\beta x_i^{\alpha-1} \mathrm{e}^{-\beta x_i^{\alpha}} \\ &= (\alpha\beta)^n \left(\prod_{i=1}^{n} x_i\right)^{\alpha-1} \mathrm{e}^{-\beta \sum\limits_{i=1}^{n} x_i^{\alpha}}. \end{aligned}$$

例 3 设总体 $X \sim N(\mu, \sigma^2)$，X_1，X_2，…，X_n 是来自总体的简单随机样本，求（X_1，X_2，…，X_n）的联合分布密度．

解 由 $X \sim N(\mu, \sigma^2)$ 知，总体 X 的分布密度为

$$f(x) = \frac{1}{\sqrt{2\pi}\sigma} \mathrm{e}^{-\frac{(x-\mu)^2}{2\sigma^2}} \quad (-\infty < x < +\infty; \sigma > 0; \mu, \sigma \in \mathbf{R}),$$

由式（5.1.2），可得（X_1，X_2，…，X_n）的联合分布律为

$$\begin{aligned} f(x_1, x_2, \cdots, x_n) &= \prod_{i=1}^{n} \frac{1}{\sqrt{2\pi}\sigma} \mathrm{e}^{-\frac{(x_i-\mu)^2}{2\sigma^2}} \\ &= (2\pi)^{-n/2} \sigma^{-n} \mathrm{e}^{-\frac{1}{2\sigma^2} \sum\limits_{i=1}^{n} (x_i-\mu)^2}. \end{aligned}$$

5.1.2 统计量

通过抽样观察，对要解决的随机问题，可以取得一批样本数据，它们是进行统计推断的依据．但是在应用中，往往不是直接使用样本本身，而是首先要考察样本与总体的关系，然后针对不同的问题构造样本的适当函数，这样的函数应该简单、方便又具有明显的概率意义．利用这样的函数进行统计推断．

定义 5.1 设（X_1，X_2，…，X_n）是来自总体 X 的一个样本，$g(X_1, X_2, \cdots, X_n)$ 是样本（X_1，X_2，…，X_n）的函数，若 g 中不含未知参数，则称 $g(X_1, X_2, \cdots, X_n)$ 是一个**统计量**．

由定义可知，统计量是样本的函数，样本是随机变量，因此统计量

也是一个随机变量．设 $(x_1, x_2, \cdots, x_n)$ 是对应于样本 $(X_1, X_2, \cdots, X_n)$ 的一个样本值，则称 $g(x_1, x_2, \cdots, x_n)$ 是 $g(X_1, X_2, \cdots, X_n)$ 的观测值．

思考题1 设总体 $X \sim N(\mu, \sigma^2)$，$X_1, X_2, \cdots, X_n$ 是来自总体的简单随机样本，其中 μ 和 σ^2 未知，则下面不是统计量的是（ ）．

A. X_i B. $\frac{1}{n}\sum_{i=1}^{n} X_i$ C. $\frac{1}{n}\sum_{i=1}^{n}(X_i - \mu)^2$ D. $\max_{1 \leqslant i \leqslant n} X_i$

以下给出几个常用的统计量，它们是不依赖于样本的分布类型的．设 $(X_1, X_2, \cdots, X_n)$ 来自总体 X，$(x_1, x_2, \cdots, x_n)$ 为样本的观察值，定义

（1）**样本均值**

$$\overline{X} = \frac{1}{n}\sum_{i=1}^{n} X_i,$$

其观测值为

$$\overline{x} = \frac{1}{n}\sum_{i=1}^{n} x_i;$$

（2）**样本方差**

$$S^2 = \frac{1}{n-1}\sum_{i=1}^{n}(X_i - \overline{X})^2 = \frac{1}{n-1}\left(\sum_{i=1}^{n} X_i^2 - n\overline{X}^2\right),$$

其观测值为

$$s^2 = \frac{1}{n-1}\sum_{i=1}^{n}(x_i - \overline{x})^2 = \frac{1}{n-1}\left(\sum_{i=1}^{n} x_i^2 - n\overline{x}^2\right);$$

（3）**样本标准差**

$$S = \sqrt{S^2} = \sqrt{\frac{1}{n-1}\sum_{i=1}^{n}(X_i - \overline{X})^2},$$

其观测值为

$$s = \sqrt{s^2} = \sqrt{\frac{1}{n-1}\sum_{i=1}^{n}(x_i - \overline{x})^2};$$

（4）**样本 k 阶（原点）矩**

$$A_k = \frac{1}{n}\sum_{i=1}^{n} X_i^k \quad (k = 1,2,\cdots),$$

其观测值为

$$a_k = \frac{1}{n}\sum_{i=1}^{n} x_i^k \quad (k = 1,2,\cdots);$$

（5）**样本 k 阶中心矩**

$$B_k = \frac{1}{n}\sum_{i=1}^{n}(X_i - \overline{X})^k \quad (k = 2,3,\cdots),$$

其观测值为

$$b_k = \frac{1}{n}\sum_{i=1}^{n}(x_i - \overline{x})^k \quad (k = 2,3,\cdots).$$

显然，样本均值 $\overline{X}$，样本方差 S^2 均为统计量．为了研究的方便，在后面的讨论中，我们不去刻意区分随机变量与随机变量取值的大小写．

例 4 某商店抽查 9 个柜组某日的销售额（单位：万元）分别是 10，9，8，8，7，6，6，5，4，求该商店 9 个柜组销售额的样本均值与样本方差．

解 $\overline{X}=\frac{1}{n}\sum_{i=1}^{n}X_i=\frac{1}{9}(10+9+8+8+7+6+6+5+4)=7$,

$$S^2=\frac{1}{n-1}\sum_{i=1}^{n}(X_i-\overline{X})^2$$

$$=\frac{1}{8}(3^2+2^2+1+1+0+1+1+2^2+3^2)=3.75.$$

可以看到，用上述样本方差公式直接计算时比较复杂，下面对该公式进行简化．类似于随机变量的方差简化公式，因为

$$S^2=\frac{1}{n-1}\sum_{i=1}^{n}(X_i-\overline{X})^2$$

$$=\frac{1}{n-1}\sum_{i=1}^{n}(X_i^2-2\overline{X}X_i+\overline{X}^2)$$

$$=\frac{1}{n-1}\left(\sum_{i=1}^{n}X_i^2-2\overline{X}\sum_{i=1}^{n}X_i+n\overline{X}^2\right)$$

$$=\frac{1}{n-1}\left(\sum_{i=1}^{n}X_i^2-2n\overline{X}^2+n\overline{X}^2\right)$$

$$=\frac{1}{n-1}\left(\sum_{i=1}^{n}X_i^2-n\overline{X}^2\right),$$

所以，有

$$S^2=\frac{1}{n-1}\left(\sum_{i=1}^{n}X_i^2-n\overline{X}^2\right).$$

思考题 2 在上述样本方差的计算公式中，为什么除数是 $n-1$ 而不是 n?

例 5 设总体 X 的均值 $E(X)=\mu$，方差 $D(X)=\sigma^2$. X_1，X_2，…，X_n 是总体的简单随机样本，求 $E(\overline{X})$，$D(\overline{X})$，$E(S^2)$．

解 $E(\overline{X})=\frac{1}{n}\sum_{i=1}^{n}E(X_i)=\frac{1}{n}n\mu=\mu$，又已知 X_1，X_2，…，X_n 独立同分布，于是

$$D(\overline{X})=\frac{1}{n^2}\sum_{i=1}^{n}D(X_i)=\frac{1}{n^2}n\cdot\sigma^2=\frac{\sigma^2}{n},$$

$$E(S^2)=\frac{1}{n-1}\left[\sum_{i=1}^{n}E(X_i^2)-nE(\overline{X}^2)\right]$$

$$=\frac{1}{n-1}\left[n\sigma^2+n\mu^2-n\left(\frac{\sigma^2}{n}+\mu^2\right)\right]$$

$$=\frac{1}{n-1}[(n-1)\sigma^2]=\sigma^2.$$

5.2 抽样分布

统计量的分布称为**抽样分布**. 在使用统计量进行统计推断时，常需要知道它的分布. 当总体的分布函数已知时，抽样分布是确定的，然而要求出统计量的精确分布，一般来说是困难的，本节介绍来自正态总体的几个常用统计量的分布.

5.2.1 样本均值的分布

定理 5.1 设总体 $X \sim N(\mu, \sigma^2)$，$(X_1, X_2, \cdots, X_n)$ 是来自总体 X 的样本，$\overline{X}$ 为样本均值，则有

$$\overline{X} \sim N\left(\mu, \frac{\sigma^2}{n}\right). \tag{5.2.1}$$

证 因为 $X_k \sim N(\mu, \sigma^2)$ $(k=1, 2, \cdots, n)$，所以由正态分布的可加性知，$\overline{X}$ 为服从正态分布的随机变量. 又因为

$$\begin{aligned} E(\overline{X}) &= E\left[\frac{1}{n}(X_1+X_2+\cdots+X_n)\right] \\ &= \frac{1}{n}[E(X_1)+E(X_2)+\cdots+E(X_n)] \\ &= \frac{1}{n}(\mu+\mu+\cdots+\mu)=\mu, \\ D(\overline{X}) &= D\left[\frac{1}{n}(X_1+X_2+\cdots+X_n)\right] \\ &= \frac{1}{n^2}[D(X_1)+D(X_2)+\cdots+D(X_n)] \\ &= \frac{1}{n^2}(\sigma^2+\sigma^2+\cdots+\sigma^2)=\frac{\sigma^2}{n}, \end{aligned}$$

所以 $\overline{X} \sim N\left(\mu, \frac{\sigma^2}{n}\right)$.

推论 1 设 $(X_1, X_2, \cdots, X_n)$ 是来自正态总体 $N(\mu, \sigma^2)$ 的一个样本，$\overline{X}$ 为样本均值，则有统计量

$$Z=\frac{\overline{X}-\mu}{\sigma/\sqrt{n}} \sim N(0, 1). \tag{5.2.2}$$

因 $\frac{\overline{X}-\mu}{\sigma/\sqrt{n}}$ 是 $\overline{X}$ 的标准化变量，故式 (5.2.2) 是显然的.

例 1 在总体 $X \sim N(30, 2^2)$ 中，取一个容量为 16 的样本，求 $\overline{X}$ 的值落在 29 到 31 之间的概率.

解 由 $\overline{X} \sim N\left(30, \frac{2^2}{16}\right)=N\left(30, \left(\frac{1}{2}\right)^2\right)$，所求概率为

$$P\{29<\overline{X}<31\}=\Phi\left(\frac{31-30}{1/2}\right)-\Phi\left(\frac{29-30}{1/2}\right)$$
$$=\Phi(2)-\Phi(-2)=2\Phi(2)-1$$
$$=2\times 0.9772-1=0.9544.$$

在实际应用中，常常需要对 Z 取某些值的概率反查标准正态分布表.

例 2 求 λ 的值，使得 $P\{Z>\lambda\}=0.025$.

解 因为 $Z\sim N(0, 1)$，所以
$$P\{Z>\lambda\}=1-P\{Z\leqslant\lambda\}=1-\Phi(\lambda)=0.025$$
于是有
$$\Phi(\lambda)=1-0.025=0.975,$$
反查标准正态分布表，得 $\lambda=1.96$.

例 3 求 λ 的值，使得 $P\{|Z|\leqslant\lambda\}=0.99$.

解 由 $P\{|Z|\leqslant\lambda\}=P\{Z\leqslant\lambda\}-P\{Z\leqslant-\lambda\}$
$$=2P\{Z\leqslant\lambda\}-1=0.99$$
知
$$P\{Z\leqslant\lambda\}=\frac{1+0.99}{2}=0.995,$$
反查正态分布表，得 $\lambda=2.58$.

一般地，若已知概率值 $\alpha(0<\alpha<1)$，反查表求 λ，使
$$P\{|Z|\leqslant\lambda\}=1-\alpha,$$
则根据标准正态分布的对称性，有
$$P\{Z\leqslant\lambda\}=1-\frac{\alpha}{2},$$
反查标准正态分布表，即得 λ. 通常将这里的 λ 记为 $Z_{\alpha/2}$，并称 $Z_{\alpha/2}$ 为**临界值**.

5.2.2 χ^2 分布

定义 5.2 设（X_1, X_2, …, X_n）是来自总体 $N(0, 1)$ 的样本，则称统计量
$$\chi^2=X_1^2+X_2^2+\cdots+X_n^2 \qquad (5.2.3)$$
为服从**自由度为** n 的 χ^2（读作“卡方”）**分布**，记为 $\chi^2\sim\chi^2(n)$. 其中，自由度是指变量中所含独立变量的个数，记为 df，即 $df=n$.

$\chi^2(n)$ 分布的密度函数为
$$f(y)=\begin{cases}\dfrac{1}{2^{n/2}\Gamma(n/2)}y^{n/2-1}\mathrm{e}^{-y/2}, & y>0,\\ 0, & \text{其他}.\end{cases} \qquad (5.2.4)$$

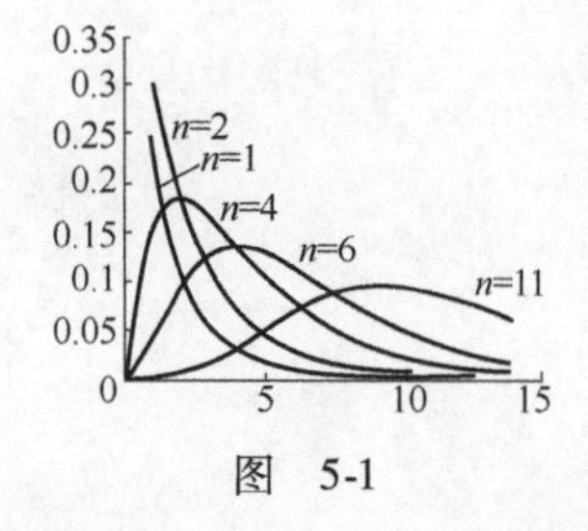

图 5-1

$f(y)$ 的图形如图 5-1 所示.

思考题1 设（X_1，X_2，…，X_n）是来自总体$N(\mu,\ \sigma^2)$的一个简单随机样本，问 $\sum_{i=1}^{n}\left(\frac{X_i-\mu}{\sigma}\right)^2=\frac{1}{\sigma^2}\sum_{i=1}^{n}(X_i-\mu)^2$ 服从什么分布？

可以证明，χ^2 分布具有**可加性**，即：

定理5.2 设$\chi_1^2 \sim \chi^2(n_1)$，$\chi_2^2 \sim \chi^2(n_2)$ 且χ_1^2、χ_2^2 相互独立，则

$$\chi_1^2+\chi_2^2 \sim \chi^2(n_1+n_2).$$

χ^2 分布的期望与方差分别为

$$E(\chi^2)=n, D(\chi^2)=2n.$$

定理5.3 设（X_1，X_2，…，X_n）是来自正态总体N（μ，σ^2）的一个样本，$\overline{X}$、S^2 分别为样本均值和样本方差，则有

$$\frac{(n-1)S^2}{\sigma^2}=\frac{1}{\sigma^2}\sum_{i=1}^{n}(X_i-\overline{X})^2 \sim \chi^2(n-1). \qquad (5.2.5)$$

χ^2 分布的分位点 对给定的正数α（$0<\alpha<1$），称满足条件

$$P\{\chi^2>\chi_\alpha^2(n)\}=\int_{\chi_\alpha^2(n)}^{+\infty}f(y)\mathrm{d}y=\alpha$$

的点$\chi_\alpha^2(n)$ 为$\chi^2(n)$ 分布的α **分位点**，如图5-2所示．对于不同的α和n，α分位点的值已制成表格（参见附表4）．

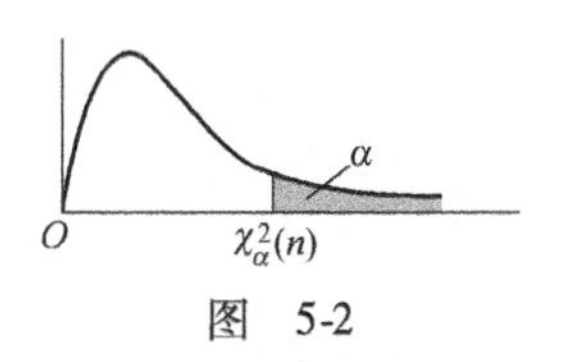

图 5-2

例如，可直接查表得$\chi_{0.1}^2(25)=34.382$. $\chi_{0.05}^2(45)=61.656$. 但该表只给出了$n=45$为止，对于当n充分大时（$n>45$），费希尔（R. A. Fisher）证明，近似有

$$\chi_\alpha^2(n)\approx\frac{1}{2}(z_\alpha+\sqrt{2n-1})^2, \qquad (5.2.6)$$

其中，Z_α 为标准正态分布的α分位点（第2章已介绍）．

例如，对于$\chi_{0.05}^2(50)$则由式（5.2.6），得 $\chi_{0.05}^2(50)\approx\frac{1}{2}(1.645+\sqrt{99})^2=67.221$（查更详细的表得$\chi_{0.05}^2(50)=67.505$）．

思考题2 $\sum_{i=1}^{n}\left(\frac{X_i-\mu}{\sigma}\right)^2=\frac{1}{\sigma^2}\sum_{i=1}^{n}(X_i-\mu)^2$（其中$\mu$为总体均值，并且已知）与$\frac{(n-1)S^2}{\sigma^2}=\frac{1}{\sigma^2}\sum_{i=1}^{n}(X_i-\overline{X})^2$ 的分布有何不同？

例4 如果样本容量$n=11$，$\chi^2=\frac{(n-1)S^2}{\sigma^2}$，且$P\{\lambda_1<\chi^2<\lambda_2\}=0.90$，求$\lambda_1$、$\lambda_2$的值．

解 满足要求的λ_1、λ_2有无穷多组，通常是选取这样的一组λ_1、λ_2，使得两尾部的面积都等于0.05，即

$$P\{\chi^2<\lambda_1\}=P\{\chi^2>\lambda_2\}=0.05.$$

于是，有

$$P\{\chi^2>\lambda_1\}=0.95,$$
$$P\{\chi^2>\lambda_2\}=0.05.$$

根据自由度 $df=11-1=10$，查附表4得 $\lambda_1=3.940$，$\lambda_2=18.307$.

一般地，已知 α（$0<\alpha<1$）和样本容量 n，$\chi^2=\dfrac{(n-1)S^2}{\sigma^2}$，求 λ_1、λ_2，使得

$$P\{\lambda_1<\chi^2<\lambda_2\}=1-\alpha.$$

可根据自由度 $df=n-1$ 及

$$P\{\chi^2>\lambda_1\}=1-\frac{\alpha}{2},P\{\chi^2>\lambda_2\}=\frac{\alpha}{2},$$

查附表4即得 λ_1、λ_2 的值. 通常记 $\lambda_1=\chi^2_{1-\alpha/2}(n-1)$，$\lambda_2=\chi^2_{\alpha/2}(n-1)$. 于是，有

$$P\{\chi^2_{1-\alpha/2}(n-1)<\chi^2<\chi^2_{\alpha/2}(n-1)\}=1-\alpha.$$

例5 设（X_1，X_2，…，X_n）为总体 $X\sim N(0,\ 0.5^2)$ 的一个样本，求 $P\left\{\sum\limits_{i=1}^{7}X_i^2>4\right\}$.

解 因为 X_i 与 X 有相同分布（$i=1，2，\cdots，n$），故

$$\frac{X_i-0}{0.5}=2X_i\sim N(0,1)\quad(i=1,2,\cdots,n),$$

从而 $$\sum_{i=1}^{7}\left(\frac{X_i-0}{0.5}\right)^2=4\sum_{i=1}^{7}X_i^2\sim\chi^2(7).$$

故 $P\left\{\sum\limits_{i=1}^{7}X_i^2>4\right\}=P\left\{4\sum\limits_{i=1}^{7}X_i^2>16\right\}$，查附表4可知，$P\left\{\sum\limits_{i=1}^{7}X_i^2>4\right\}=0.025.$

例6 设总体 $X\sim N(0,\ 1)$，X_1，X_2，…，X_n 为来自总体 X 的样本，设

$Y=(X_1+X_2+X_3)^2+(X_4+X_5+X_6)^2$，确定常数 C，使得 CY 服从 χ^2 分布.

解 由已知得 $X_1+X_2+X_3\sim N(0,\ 3)$，故 $\dfrac{1}{\sqrt{3}}(X_1+X_2+X_3)\sim N(0,\ 1)$，即 $\dfrac{1}{3}(X_1+X_2+X_3)^2\sim\chi^2(1)$，同理 $\dfrac{1}{3}(X_4+X_5+X_6)^2\sim\chi^2(1)$.

又 $X_1+X_2+X_3$ 与 $X_4+X_5+X_6$ 相互独立，故它们的函数 $(X_1+X_2+X_3)^2$ 与 $(X_4+X_5+X_6)^2$ 也相互独立，从而，由 χ^2 分布的可加性，得

$$\frac{1}{3}Y\sim\chi^2(2),$$

从而 $$C=\frac{1}{3}.$$

5.2.3 t分布

定义5.3 设$X\sim N(0,1)$，$Y\sim\chi^2(n)$，且X、Y相互独立，则称统计量

$$t=\frac{X}{\sqrt{Y/n}} \tag{5.2.7}$$

为服从**自由度为**n的t**分布**［又称学生氏（Student）分布］，记为$t\sim t(n)$.

$t(n)$的概率密度函数为

$$h(t)=\frac{\Gamma[(n+1)/2]}{\sqrt{\pi n}\Gamma(n/2)}\left(1+\frac{t^2}{n}\right)^{-(n+1)/2}\quad(-\infty<t<+\infty). \tag{5.2.8}$$

其中$h(t)$的图形如图5-3所示.

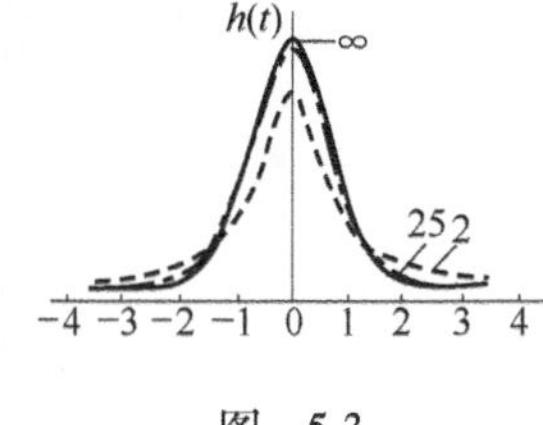

图 5-3

从图形看出，t分布的概率密度函数关于直线$t=0$对称，且当n充分大时t分布的概率密度函数图形类似于标准正态分布的概率密度函数图形. 事实上，利用Γ函数的性质有

$$\lim_{n\to\infty}h(t)=\frac{1}{\sqrt{2\pi}}e^{-t^2/2}, \tag{5.2.9}$$

因此，当n充分大时t分布逐渐逼近标准正态分布.

t分布的分位点 对给定的正数α（$0<\alpha<1$）称满足条件

$$P\{t>t_\alpha(n)\}=\int_{t_\alpha(n)}^{+\infty}h(t)\mathrm{d}t=\alpha$$

的点$t_\alpha(n)$为t分布的（上）α分位点（见图5-4）.

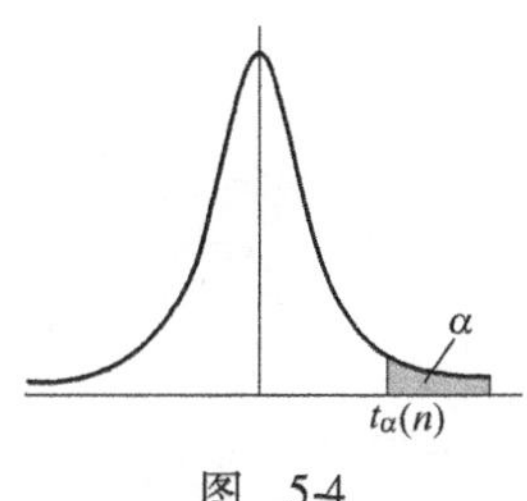

图 5-4

由$h(t)$的对称性和上α分位点的定义，有

$$t_{1-\alpha}(n)=-t_\alpha(n). \tag{5.2.10}$$

t分布的α分位点可从附表3中查得. 当n充分大时（$n>45$）有，对常用的α的值，有$t_\alpha(n)\approx Z_\alpha$.

定理5.4 设（X_1，X_2，…，X_n）是来自正态总体$N(\mu,\sigma^2)$的一个样本，$\overline{X}$和S^2分别为样本均值和样本方差，则有

$$\frac{\overline{X}-\mu}{S/\sqrt{n}}\sim t(n-1). \tag{5.2.11}$$

证 由于$\dfrac{\overline{X}-\mu}{\sigma/\sqrt{n}}\sim N(0,1)$；$\dfrac{(n-1)S^2}{\sigma^2}\sim\chi^2(n-1)$，两者独立，因此

$$\frac{\overline{X}-\mu}{S/\sqrt{n}}=\frac{\overline{X}-\mu}{\sigma/\sqrt{n}}\Big/\sqrt{\frac{(n-1)S^2}{\sigma^2(n-1)}}\sim t(n-1).$$

例7 若$P\{|t|>\lambda\}=0.05$，试求自由度为7，10，14时的值.

解 根据$P\{|t|>\lambda\}=0.05$及t分布的对称性知

$$P\{t>\lambda\}=0.025.$$

（1）当$df=7$时，查附表3得$\lambda=2.3646$；

（2）当 $df=10$ 时，查附表 3 得 $\lambda=2.2281$；

（3）当 $df=14$ 时，查附表 3 得 $\lambda=2.1448$.

一般地，已知 α（$0<\alpha<1$）和样本容量 n，$t=\dfrac{\overline{X}-\mu}{S/\sqrt{n}}$，求 λ，使得

$$P\{|t|<\lambda\}=1-\alpha,$$

可根据自由度 $df=n-1$ 及 $P\{t>\lambda\}=\dfrac{\alpha}{2}$查附表 3 得 λ.

5.2.4 F分布

定义 5.4 设 $U\sim\chi^2(n_1)$，$V\sim\chi^2(n_2)$，且 U、V 相互独立，则称统计量

$$F=\frac{U/n_1}{V/n_2} \tag{5.2.12}$$

为服从**自由度为**（n_1，n_2）的 F 分布，记为 $F\sim F(n_1,n_2)$.

$F(n_1,n_2)$ 的概率密度函数为

$$\psi(y)=\begin{cases}\dfrac{\Gamma[(n_1+n_2)/2](n_1/n_2)^{n_1/2}y^{(n_1/2)-1}}{\Gamma(n_1/2)\Gamma(n_2/2)[1+(n_1y/n_2)]^{(n_1+n_2)/2}}, & y>0,\\ 0, & \text{其他}.\end{cases}$$

其图形如图 5-5 所示，它是不对称的.

由定义可知若 $F\sim F(n_1,n_2)$，则$\dfrac{1}{F}\sim F(n_2,n_1)$.

F 分布的 α 分位点 对给定的正数 α（$0<\alpha<1$），称满足条件

$$P\{F>F_\alpha(n_1,n_2)\}=\int_{F_\alpha(n_1,n_2)}^{+\infty}\psi(y)\,\mathrm{d}y=\alpha$$

的点 $F_\alpha(n_1,n_2)$ 为 F 分布的 α 分位点（见图 5-6）. F 分布的上 α 分位点可从附表 5 中查得.

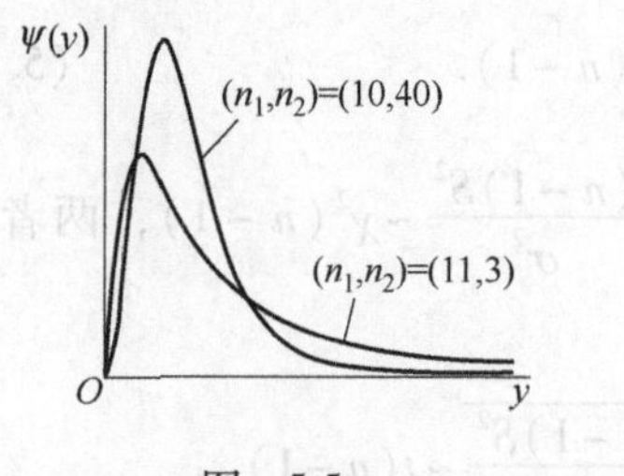

图 5-5

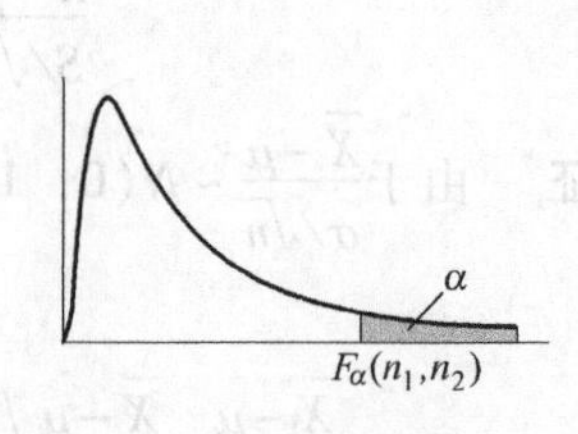

图 5-6

F 分布的 α **分位点具有以下性质**：

$$F_{1-\alpha}(n_1,n_2)=\frac{1}{F_\alpha(n_2,n_1)}. \tag{5.2.13}$$

证 若 $F\sim F(n_1,n_2)$，则有

$$1-\alpha=P\{F>F_{1-\alpha}(n_1,n_2)\}=P\left\{\frac{1}{F}<\frac{1}{F_{1-\alpha}(n_1,n_2)}\right\}$$
$$=1-P\left\{\frac{1}{F}\geqslant\frac{1}{F_{1-\alpha}(n_1,n_2)}\right\},$$

故 $P\left\{\frac{1}{F}\geqslant\frac{1}{F_{1-\alpha}(n_1,\ n_2)}\right\}=\alpha$. 又$\frac{1}{F}\sim F(n_2,\ n_1)$，从而有

$$P\left\{\frac{1}{F}>F_{\alpha}(n_2,n_1)\right\}=\alpha.$$

比较得：$F_{\alpha}(n_2,n_1)=\frac{1}{F_{1-\alpha}(n_1,n_2)}$，即 $F_{1-\alpha}(n_1,n_2)=\frac{1}{F_{\alpha}(n_2,n_1)}$.

对于两个正态总体的样本均值和样本方差有以下定理.

定理5.5 设总体$X\sim N(\mu_1,\ \sigma_1^2)$，$(X_1,\ X_2,\ \cdots,\ X_{n_1})$为来自$X$的样本；总体$Y\sim N(\mu_2,\ \sigma_2^2)$，$(Y_1,\ Y_2,\ \cdots,\ Y_{n_2})$为来自$Y$的样本，且这两个样本相互独立. 令

$$S_1^2=\frac{1}{n_1-1}\sum_{i=1}^{n_1}(X_i-\overline{X})^2,$$

$$S_2^2=\frac{1}{n_2-1}\sum_{i=1}^{n_2}(Y_i-\overline{Y})^2,$$

则有

$$\frac{S_1^2/\sigma_1^2}{S_2^2/\sigma_2^2}\sim F(n_1-1,n_2-1).$$

证 由于$\frac{(n_1-1)S_1^2}{\sigma_1^2}\sim\chi^2(n_1-1)$，$\frac{(n_2-1)S_2^2}{\sigma_2^2}\sim\chi^2(n_2-1)$.

由假设S_1^2和S_2^2相互独立，则由F分布的定义可得

$$\frac{(n_1-1)S_1^2}{(n_1-1)\sigma_1^2}\Big/\frac{(n_2-1)S_2^2}{(n_2-1)\sigma_2^2}\sim F(n_1-1,n_2-1).$$

即
$$\frac{S_1^2/\sigma_1^2}{S_2^2/\sigma_2^2}\sim F(n_1-1,n_2-1).$$

下面的例子给出了t分布与F分布之间的关系.

例8 设$T\sim t(n)$，求T^2的分布.

解 因为$T=\frac{X}{\sqrt{Y/n}}$，其中$X\sim N(0,\ 1)$，$Y\sim\chi^2(n)$，且X与Y独立，从而X^2与Y相互独立. 又$X^2\sim\chi^2(1)$，所以

$$T^2=\frac{X^2}{Y/n}=\frac{X^2/1}{Y/n}\sim F(1,n).$$

内容小结

本章介绍数理统计的基本概念，从而为数理统计（参数估计和假设检验）的学习打下基础.

1. 知识框架图

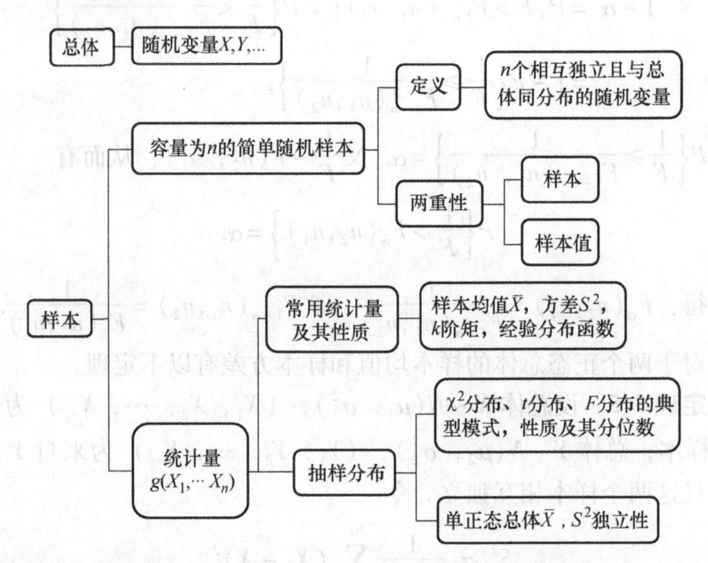

2. 基本要求

（1）理解总体、个体、样本、简单随机样本、样本容量等统计概念，了解总体分布与样本分布的概念，知道样本与样本观测值的联系与区别.

（2）理解统计量的概念，熟练掌握样本均值、样本方差、样本标准差的计算，知道样本（原点）矩、样本中心矩的定义.

（3）理解三种常见分布χ^2分布、t分布、F分布的定义；会查表计算相应分布的概率及分位点.

（4）熟练掌握正态总体的抽样分布（五个定理）.

习题 5

1. 对某地落叶松 16 个样品的木材密度（单位：g/cm³）进行试验，结果如下：

48，50，50，51，51，48，49，50，

49，51，51，50，50，51，52，50.

求样本均值和样本方差.

2. 在某工厂生产的轴承中随机地选取 10 只，测得其重量（单位：kg）如下：

2.36，2.42，2.38，2.34，2.40，2.42，2.39，2.43，2.39，2.37.

求样本均值、样本方差和样本标准差.

3. 设（X_1，X_2，…，X_n）是来自正态总体$N(\mu,\sigma^2)$中的一个样本，其中μ已知，σ^2是未知参数，判断下列哪些是统计量?

(1) $T_1 = \frac{1}{n}\sum_{i=1}^{n}(X_i - \mu)^2$;

(2) $T_2 = \frac{1}{n}\sum_{i=1}^{n}\left(\frac{X_i - \mu}{\sigma}\right)^2$;

(3) $T_3 = \frac{1}{n}\sum_{i=1}^{n}(X_i - \overline{X})^2$;

(4) $T_4 = \frac{1}{n}\sum_{i=1}^{n}\left(\frac{X_i - \overline{X}}{\sigma}\right)^2$.

4. 设总体 X 服从参数为 λ 的泊松分布，试求来自总体 X 的样本 $(X_1, X_2, \cdots, X_6)$ 的联合分布律.

5. 设总体 $X \sim N(60, 15^2)$，从总体中抽取容量为100的样本，求样本均值与总体均值之差的绝对值大于3的概率.

6. 在总体 $X \sim N(52, 6.3^2)$ 中随机容量为36的样本，求样本均值落在50.8到53.8之间的概率.

7. 设 $U = \frac{\overline{X} - \mu}{\sigma/\sqrt{n}} \sim N(0, 1)$，求分别满足下面条件的 λ:

(1) $P\{U < \lambda\} = 0.05$; (2) $P\{U > \lambda\} = 0.10$; (3) $P\{|U| < \lambda\} = 0.90$.

8. 设 $\chi^2 = \frac{(n-1)S^2}{\sigma^2} \sim \chi^2(15)$，求满足下面条件的参数的值：

(1) $P\{\chi^2 > \lambda\} = 0.01$;

(2) $P\{\lambda_1 < \chi^2 < \lambda_2\} = 0.99$.

9. 设 $t = \frac{\overline{X} - \mu}{S/\sqrt{n}} \sim t(8)$，求满足下面条件的 λ:

(1) $P\{t > \lambda\} = 0.1$; (2) $P\{t > \lambda\} = 0.1$; (3) $P\{|t| < \lambda\} = 0.95$.

10. 设 $F \sim F(5, 12)$，求满足下面条件的 λ_1、λ_2 的值：

(1) $P\{F > \lambda_2\} = 0.10$;

(2) $P\{F < \lambda_1\} = 0.10$;

(3) $P\{\lambda_1 < F < \lambda_2\} = 0.05$.

11. 设 $(X_1, X_2, \cdots, X_{10})$ 是来自总体 $X \sim N(0, 0.3^2)$ 的一个样本，求 $P\left\{\sum_{i=1}^{10} X_i^2 > 1.14\right\}$.

12. 设总体 $X \sim N(0, 1)$，$(X_1, X_2, \cdots, X_n)$ 是来自总体 X 的样本，令 $Y = a(X_1 + X_2 + X_3)^2 + b(X_4 + X_5)^2$，试求常数 a、b，使得随机变量 Y 服从 χ^2 分布.

13. 设总体 $X \sim N(0, \sigma^2)$，$X_1, X_2, \cdots, X_n$ 是来自总体 X 的样本，则统计量 $\sum_{i=1}^{10}(-1)^i X_i \Big/ \sqrt{\sum_{i=11}^{20} X_i^2}$ 服从何种分布？

14. 设 $X_1, X_2, \cdots, X_n$ 是来自正态总体 $X \sim N(0, \sigma^2)$ 的样本，

试证：

(1) $\frac{1}{\sigma^2}\sum_{i=1}^{n}X_i^2 \sim \chi^2(n)$；(2) $\frac{1}{n\sigma^2}(\sum_{i=1}^{n}X_i)^2 \sim \chi^2(1)$.

15. 设总体 $X\sim N(40, 5^2)$，

(1) 抽取容量为 36 的样本，求 $P\{38\leqslant\overline{X}\leqslant43\}$；

(2) 抽取容量为 64 的样本，求 $P\{|\overline{X}-40|<1\}$；

(3) 样本容量 n 取多大时，才能使 $P\{|\overline{X}-40|<1\}=0.95$.

16. 设 X_1，X_2，…，X_n 是来自泊松分布 $P(\lambda)$ 的一个样本，$\overline{X}$ 与 S^2 分别为样本均值与样本方差，试求 $E(\overline{X})$，$D(\overline{X})$，$E(S^2)$.

17. 设 X_1，X_2，…，X_5 是独立且服从相同分布的随机变量，且每一个 X_i ($i=1, 2, \cdots, 5$) 都服从 $N(0, 1)$，则

(1) 试给出常数 C，使得 $C(X_1^2+X_2^2)$ 服从 χ^2 分布，并指出它的自由度；

(2) 试给出常数 C，使得 $C\frac{X_1+X_2}{\sqrt{X_3^2+X_4^2+X_5^2}}$ 服从 t 分布，并指出它的自由度.

18. 某市有 100000 个年满 18 岁的居民，他们中有 10% 年收入超过 1 万，20% 受过高等教育. 现从中抽取 1600 人的随机样本，求：

(1) 样本中不少于 11% 的人年收入超过 1 万的概率；

(2) 样本中有 19% ~21% 的人受过高等教育的概率.

19. 设在总体 $X\sim N(\mu, \sigma^2)$ (μ、σ^2 未知) 中抽得一容量为 16 的样本，求：

(1) $P\{S^2/\sigma^2\leqslant2.041\}$，其中 S^2 为样本方差；

(2) $D(S^2)$.

第6章

参数估计

在实际问题中，总体的参数往往是未知的，需要根据样本提供的信息，来对总体的未知参数做出合理的估计，这一过程就是参数估计. 参数估计分为点估计和区间估计两种，本章先介绍点估计中的矩估计和极大似然估计，然后讨论估计量的优良性准则，最后介绍正态总体中的区间估计问题.

6.1 点估计

6.1.1 点估计量的概念

在实际中遇到的总体，很多情况下只知其分布类型，分布中的参数未知. 例如，用 X 表示某地区的个人收入水平，一般说来 $X \sim N(\mu, \sigma^2)$，在前面的学习中，我们知道期望 μ 反映了该地区的平均收入水平，方差 σ^2 反映了个人收入水平与平均收入水平的差距，即该地区的贫富悬殊程度，但 μ 与 σ^2 往往是未知的. 为了确定 μ 与 σ^2，需要进行随机抽样，然后用样本（$X_1, X_2, \cdots, X_n$）提供的信息来对总体均值 μ 和方差 σ^2 做出估计. 一个很自然的想法，就是用样本均值 $\overline{X}$ 作为总体均值 μ 的估计，用样本方差 S^2 作为总体方差 σ^2 的估计. 这就是参数的点估计问题.

点估计问题的一般提法是：设总体 X 的分布函数为 $F(x; \theta_1, \theta_2, \cdots, \theta_m)$，其中 $\theta_1, \theta_2, \cdots, \theta_m$ 为未知参数，根据样本（$X_1, X_2, \cdots, X_n$）构造统计量 $\hat{\theta}_k(X_1, X_2, \cdots, X_n)$ $(k=1, 2, \cdots, m)$ 来估计 θ_k，称 $\hat{\theta}_k(X_1, X_2, \cdots, X_n)$ 是参数 θ_k 的一个**估计量**. 若样本的观测值为（$x_1, x_2, \cdots, x_n$），则代入估计量所得到的值 $\hat{\theta}_k(x_1, x_2, \cdots, x_n)$ 称为参数 θ_k 的一个估计值. 在不至于混淆的情况下，我

们把估计量或估计值统称为估计，并且都简记为 $\hat{\theta}_k$. 由于对于一个样本观测值而言，这种估计值在数轴上是一个点，所以又称这种估计为**点估计**.

构造点估计的方法有很多，常用的有两种方法：矩估计法和极大似然估计法.

6.1.2 矩估计法

矩估计法被认为是最古老的求估计的方法之一，它由皮尔逊（K. Pearson）在20世纪初提出，其基本思想如下：

矩是随机变量最简单的数字特征. 样本来自于总体，样本矩在一定程度上也反映了总体矩的特征，若总体的 k 阶矩 $\mu_k = E(X^k)$ 存在，则当样本容量 $n\to\infty$ 时，样本的 k 阶矩 $A_k = \frac{1}{n}\sum_{i=1}^{n} X_i^k$ 依概率收敛到总体 X 的 k 阶矩 $\mu_k = E(X^K)$，即 $A_k \xrightarrow{P} \mu_k(n\to\infty)$，$k=1, 2, \cdots$.

因为 $X_1, X_2, \cdots, X_n$ 独立同分布，所以 $X_1^k, X_2^k, \cdots, X_m^k$ 也独立同分布，故有

$$E(X_1^k) = E(X_2^k) = \cdots E(X_m^k) = \mu_k.$$

由第4章的辛钦定理知

$$A_k = \frac{1}{n}\sum_{i=1}^{n} X_i^k \xrightarrow{P} \mu_k(n\to\infty), k = 1,2,\cdots.$$

进而利用关于依概率收敛序列的性质，如果 g 为连续函数，则有

$$g(A_1, A_2, \cdots, A_k) \xrightarrow{P} g(\mu_1, \mu_2, \cdots, \mu_k).$$

因而自然想到用样本矩作为相应的总体矩的估计，这种估计方法称为矩估计法. 矩估计法具体做法如下：

设

$$\begin{cases} \mu_1 = \mu_1(\theta_1, \theta_2, \cdots, \theta_k), \\ \mu_2 = \mu_2(\theta_1, \theta_2, \cdots, \theta_k), \\ \vdots \\ \mu_k = \mu_k(\theta_1, \theta_2, \cdots, \theta_k). \end{cases} \tag{6.1.1}$$

这是一个包含 k 个未知参数 $\theta_1, \theta_2, \cdots, \theta_k$ 的联立方程组. 一般可以从中解出 $\theta_1, \theta_2, \cdots, \theta_k$，得到

$$\begin{cases} \theta_1 = \theta_1(\mu_1, \mu_2, \cdots, \mu_k), \\ \theta_2 = \theta_2(\mu_1, \mu_2, \cdots, \mu_k), \\ \vdots \\ \theta_k = \theta_k(\mu_1, \mu_2, \cdots, \mu_k). \end{cases} \tag{6.1.2}$$

用样本矩 A_i 分别代替上式中相应的总体矩 $\mu_i(i=1, 2, \cdots, k)$，就可以将

$\hat{\theta}_i=\theta_i(A_1,A_2,\cdots,A_k)\ (i=1,2,\cdots,k)$. 分别作为 θ_1，θ_2，…，θ_k 的估计量，这种估计量称为**矩估计量**，矩估计量的观察值称为**矩估计值**.

例1　设总体 X 的密度函数为

$$f(x)=\begin{cases}\theta x^{\theta-1}, & 0\leqslant x\leqslant 1,\\ 0, & \text{其他}.\end{cases}$$

其中 θ 为待估参数，（0.11，0.24，0.09，0.43，0.07，0.38）是样本的一组观测值. 试求 θ 的矩估计量和相应的矩估计值.

解　由

$$\mu=E(X)=\int_0^1 x\theta x^{\theta-1}\mathrm{d}x=\frac{\theta}{\theta+1},$$

得

$$\mu=\frac{\theta}{\theta+1},$$

解得

$$\theta=\frac{\mu}{1-\mu}.$$

用 $X_1=\overline{X}=\frac{1}{n}\sum_{i=1}^{n}X_i$ 代替 μ，得 θ 的矩估计量为

$$\hat{\theta}=\frac{\overline{X}}{1-\overline{X}},$$

再由样本值可算得 $\overline{X}=0.22$，可得 θ 的矩估计值为

$$\hat{\theta}=\frac{0.22}{1-0.22}=0.2821.$$

例2　设总体 X 的均值 μ 及方差 σ^2 都存在，且有 $\sigma^2>0$，但 μ、σ^2 均为未知，又设 X_1，X_2，…，X_n 是来自总体 X 的一个样本，试求 μ 和 σ^2 的矩估计量.

解　因为

$$\begin{cases}\mu_1=E(X)=\mu,\\ \mu_2=E(X^2)=D(X)+[E(X)]^2=\sigma^2+\mu^2,\end{cases}$$

解得

$$\begin{cases}\mu=\mu_1,\\ \sigma^2=\mu_2-\mu_1^2,\end{cases}$$

分别以 $A_1=\overline{X}, A_2=\frac{1}{n}\sum_{i=1}^{n}X_i^2$ 代替 μ_1，μ_2，得到 μ 和 σ^2 的矩估计量分别为

$$\hat{\mu}=\overline{X},\quad \hat{\sigma}^2=A_2-A_1^2=\frac{1}{n}\sum_{i=1}^{n}X_i^2-\overline{X}^2=\frac{1}{n}\sum_{i=1}^{n}(X_i-\overline{X})^2.$$

例3　设总体 X 服从参数为 λ 的泊松分布，求参数 λ 的矩估计.

解　由于 $\lambda=E(X)=D(X)$，故由例2可得参数 λ 的两个矩

估计:

$$\hat{\lambda}_1 = \overline{X}, \quad \hat{\lambda}_2 = \frac{1}{n}\sum_{i=1}^{n}(X_i - \overline{X})^2.$$

注 从上述例子可以看出:

(1) 对于不同分布的总体，总体均值与方差的矩估计法相同. 即矩估计没有充分利用总体分布的信息. 损失了一部分很有用的信息，因此，在很多场合下显得粗糙和过于一般.

(2) 对于同一个参数，矩估计不唯一，可能会有多个矩估计量. 针对这一情况，实际中采用**低阶优先**的原则. 如例 3 中参数 λ 的矩估计常取 $\hat{\lambda}_1 = \overline{X}$.

若总体 X 的分布已知，且分布函数中有 k 个未知参数 θ_1, θ_2, …, θ_k，设总体 X 的前 k 阶矩存在，则**矩估计法的具体步骤**如下:

(1) 求出 $\mu_l = E(X^l) = \mu_l(\theta_1, \theta_2, \cdots, \theta_k)$, $l = 1, 2, \cdots, k$;

(2) 令 $\mu_l = A_l$, $A_l = \frac{1}{n}\sum_{i=1}^{n} X_i^l$, $l = 1, 2, \cdots, k$, 这是一个包含 k 个未知数 θ_1, θ_2, …, θ_k 和 k 个方程的方程组;

(3) 解出其中的 θ_1, θ_2, …, θ_k，用 $\hat{\theta}_1$, $\hat{\theta}_2$, …, $\hat{\theta}_k$ 表示;

(4) 用方程组的 $\hat{\theta}_1$, $\hat{\theta}_2$, …, $\hat{\theta}_k$ 分别作为 θ_1, θ_2, …, θ_k 的估计量，这个估计量称为矩估计量.

6.1.3 最（极）大似然估计法

最大似然估计法是求估计时用得最多、最重要的方法，它最早由高斯（Gauss）在 1821 年提出的，但一般将它归功于费希尔（R. A. Fisher），因为费希尔在 1922 年再次提出了这种想法并证明了它的一些性质，从而使最大似然法得到了广泛的应用. 但应用这种方法的前提是总体 X 的分布类型为已知.

最大似然估计的一般提法:

若总体 X 是离散型随机变量，其分布律 $P\{X = x\} = p(x;\ \theta)$ 的形式为已知，其中 $\theta = (\theta_1, \theta_2, \cdots, \theta_k) \in \Theta$ 为待估参数（其中 Θ 为参数空间）.（X_1, X_2, …, X_n）是来自总体 X 的样本，（x_1, x_2, …, x_n）为样本的观测值，则（X_1, X_2, …, X_n）的联合分布律为 $\prod_{i=1}^{n} P(x_i;\theta)$，定义

$$L(\theta) = P\{X_1 = x_1, X_2 = x_2, \cdots, X_n = x_n\}$$
$$= \prod_{i=1}^{n} p(x_i;\theta), \theta = (\theta_1, \theta_2, \cdots, \theta_k) \in \Theta.$$

上式称为**样本的似然函数**，当固定样本观测值（x_1, x_2, …, x_n）时，在参数空间 Θ 内，求一个使似然函数 $L(\theta)$ 达到最大值的点 $\hat{\theta} =$

$(\hat{\theta}_1, \hat{\theta}_2, \cdots, \hat{\theta}_k)$，以 $\hat{\theta}_i=\hat{\theta}_i(x_1, x_2, \cdots, x_n)$ 作为 $\theta_i(i=1, 2, \cdots, k)$ 的估计值.

若总体 X 是连续型随机变量，其概率密度函数 $f(x;\theta)$，$\theta=(\theta_1, \theta_2, \cdots, \theta_k)\in\Theta$ 的形式已知，θ 为待估参数，则相应的似然函数在形式上与上述离散型时的似然函数是一致的. 综上所述：

定义 6.1 若样本的似然函数 $L(\theta)$ 在 $\hat{\theta}=(\hat{\theta}_1, \hat{\theta}_2, \cdots, \hat{\theta}_k)$ 取得最大值，则称 $\hat{\theta}_i(x_1, x_2, \cdots, x_n)$ 分别为 $\theta_i(i=1, 2, \cdots, k)$ 的**最（极）大似然估计值**；相应的统计量 $\hat{\theta}_i(X_1, X_2, \cdots, X_n)$ 称为 θ_i $(i=1, 2, \cdots, k)$ 的**最（极）大似然估计量**.

如何求参数 θ 的最大似然估计量？如果 $L(\theta)=L(\theta_1, \theta_2, \cdots, \theta_k)$ 关于 θ_i 有偏导数，则在取得极大值的点 $\hat{\theta}=(\hat{\theta}_1, \hat{\theta}_2, \cdots, \hat{\theta}_k)$ 处的偏导数为零，即

$$\frac{\partial L(\theta)}{\partial\theta_i}=0 \quad (i=1,2,\cdots,k). \tag{6.1.3}$$

解方程组，就可以得到最大似然估计 $\hat{\theta}=(\hat{\theta}_1, \hat{\theta}_2, \cdots, \hat{\theta}_k)$. 由于 $L(\theta)$ 与其对数 $\ln L(\theta)$ 具有相同的最大值点，为了简化计算，也可以通过求解下列方程组

$$\frac{\partial \ln L(\theta)}{\partial\theta_i}=0 \quad (i=1,2,\cdots,k) \tag{6.1.4}$$

来确定 θ_i 的最大似然估计值 $\hat{\theta}_i(x_1, x_2, \cdots, x_n)(i=1, 2, \cdots, k)$，并称式（6.1.3）为**似然方程组**，式（6.1.4）为**对数似然方程组**.

例 4 设 $X\sim B(1, p)$，p 为未知参数，$X_1, X_2, \cdots, X_n$ 是来自 X 的一个样本，求参数 p 的最大似然估计.

解 因为总体 X 的分布律为

$$P\{X=x\}=p^x(1-p)^{1-x} \quad (x=0,1),$$

故似然函数为

$$L(p)=\prod_{i=1}^n p^{x_i}(1-p)^{1-x_i}=p^{\sum_{i=1}^n x_i}(1-p)^{n-\sum_{i=1}^n x_i},$$

取对数，得

$$\ln L(p)=\left(\sum_{i=1}^n x_i\right)\ln p+\left(n-\sum_{i=1}^n x_i\right)\ln(1-p).$$

关于 p 求导，并令导数为零，得

$$\frac{\mathrm{d}\ln L(p)}{\mathrm{d}p}=\frac{\sum_{i=1}^n x_i}{p}-\frac{(n-\sum_{i=1}^n x_i)}{(1-p)}=0,$$

解得 p 的最大似然估计值为 $\hat{p}=\frac{1}{n}\sum_{i=1}^n x_i=\bar{x}$,

所以 p 的最大似然估计量为 $\hat{p}=\frac{1}{n}\sum_{i=1}^{n}X_i=\overline{X}$.

例5 设 $X\sim N(\mu,\sigma^2)$，μ、σ^2 未知，$(X_1, X_2, \cdots, X_n)$ 为 X 的一个样本，$(x_1, x_2, \cdots, x_n)$ 是 $(X_1, X_2, \cdots, X_n)$ 的一个样本值，求 μ、σ^2 的最大似然估计值及相应的估计量.

解 X 的概率密度为

$$f(x;\mu,\sigma)=\frac{1}{\sqrt{2\pi}\sigma}\mathrm{e}^{-\frac{(x-\mu)^2}{2\sigma^2}},x\in\mathbf{R}.$$

似然函数为

$$L(\mu,\sigma^2)=\prod_{i=1}^{n}\frac{1}{\sqrt{2\pi}\sigma}\mathrm{e}^{-\frac{(x_i-\mu)^2}{2\sigma^2}}=(2\pi\sigma^2)^{-\frac{n}{2}}\mathrm{e}^{-\frac{1}{2\sigma^2}\sum_{i=1}^{n}(x_i-\mu)^2},$$

取对数，得

$$\ln L(\mu,\sigma^2)=-\frac{n}{2}(\ln 2\pi+\ln\sigma^2)-\frac{1}{2\sigma^2}\sum_{i=1}^{n}(x_i-\mu)^2.$$

由式（6.1.4）得到方程组

$$\begin{cases}\dfrac{\partial}{\partial\mu}(\ln L)=\dfrac{1}{\sigma^2}\sum\limits_{i=1}^{n}(x_i-\mu)=0,\\ \dfrac{\partial}{\partial\sigma^2}(\ln L)=-\dfrac{n}{2\sigma^2}+\dfrac{1}{2\sigma^4}\sum\limits_{i=1}^{n}(x_i-\mu)^2=0,\end{cases}$$

解此方程组求得 μ 和 σ^2 的最大似然估计值分别为

$$\mu=\frac{1}{n}\sum_{i=1}^{n}x_i=\bar{x},\quad\sigma^2=\frac{1}{n}\sum_{i=1}^{n}(x_i-\bar{x})^2,$$

所以 μ 和 σ^2 的最大似然估计量分别为

$$\hat{\mu}=\frac{1}{n}\sum_{i=1}^{n}X_i=\overline{X},\quad\hat{\sigma}^2=\frac{1}{n}\sum_{i=1}^{n}(X_i-\overline{X})^2.$$

可以看出：正态分布的参数 μ 和 σ^2 的矩估计量和最大似然估计量相同.

6.1.4 点估计的评价

对于同一未知参数，用不同的估计方法求出的估计量可能不同，即使用同一种方法，也可能得到多个估计量，而且，原则上讲，任何统计量都可以作为未知参数的估计量. 那么在同一参数的多个可能的估计量中哪一个是最好的估计量呢？这就涉及估计量的评价标准问题，下面介绍几个常用的标准，即无偏性、有效性和一致性（相合性）.

1. 无偏性

设 $\hat{\theta}=\hat{\theta}(X_1, X_2, \cdots, X_n)$ 是未知参数 θ 的估计量，则 $\hat{\theta}$ 是一个随机变量，而待估参数 θ 是一个确定的数，对于不同的样本值 $(x_1, x_2, \cdots, x_n)$ 就会得到不同的估计值，在一般情况下有一个偏差 $\hat{\theta}$

$(x_1, x_2, \cdots, x_n)-\theta$（虽然我们不知道它是多少），这个偏差可能是正的，也可能是负的，一次估计中出现一个偏差是不足为奇的．我们希望如果用 $\hat{\theta}(X_1, X_2, \cdots, X_n)$ 多次对 θ 进行估计，偏差的平均值为0. 这就是所谓无偏性的概念，严格定义如下：

定义 6.2 设 $\hat{\theta}=\hat{\theta}(X_1, X_2, \cdots, X_n)$ 是未知参数 $\theta \in \Theta$ 的估计量，若 $E(\hat{\theta})$ 存在，且对任意 $\theta \in \Theta$，有 $E(\hat{\theta})=\theta$，则称 $\hat{\theta}$ 是 θ 的**无偏估计量**，称 $\hat{\theta}$ 具有**无偏性**．

若 $E(\hat{\theta}) \neq \theta$，称 $E(\hat{\theta})-\theta$ 为估计量 $\hat{\theta}$ 的**偏差**，若 $\lim\limits_{n \to \infty} E(\hat{\theta})=\theta$，则称 $\hat{\theta}$ 为 θ 的**渐近无偏估计量**．

例 6 设总体 X 的 k 阶原点矩 $\mu_k=E(X^k)(k \geqslant 1)$ 存在，$(X_1, X_2, \cdots, X_n)$ 是来自总体 X 的一个样本，证明：无论 X 服从什么分布，$A_k=\dfrac{1}{n}\sum\limits_{i=1}^{n} X_i^k$ 均为 μ_k 的无偏估计．

证 $(X_1, X_2, \cdots, X_n)$ 与 X 同分布，故有

$$E(X_i^{\ k})=E(X^k)=\mu_k \quad (i=1,2,\cdots,n),$$

即有

$$E(A_k)=\frac{1}{n}\sum_{i=1}^{n} E(X_i^k)=\mu_k.$$

特别地，无论 X 服从什么分布，只要 $E(X)$ 存在，$\overline{X}$ 总是 $E(X)$ 的无偏估计．

例 7 设总体 X，若 $E(X)=\mu$，$D(X)=\sigma^2$ 都存在，$X_1, X_2, \cdots, X_n$ 是 X 的一个样本，证明：估计量 $\hat{\sigma}^2=\dfrac{1}{n}\sum\limits_{i=1}^{n}(X_i-\overline{X})^2$ 是 σ^2 的渐近无偏估计量．

证

$$\hat{\sigma}^2=\frac{1}{n}\sum_{i=1}^{n}(X_i-\overline{X})^2=\frac{1}{n}\sum_{i=1}^{n}X_i^2-\overline{X}^2,$$

$$E(\hat{\sigma}^2)=\frac{1}{n}\sum_{i=1}^{n}E(X_i^2)-E(\overline{X}^2)$$

$$=(\sigma^2+\mu^2)-\left(\frac{\sigma^2}{n}+\mu^2\right)=\frac{n-1}{n}\sigma^2,$$

故 $\hat{\sigma}^2$ 不是 σ^2 的无偏估计量，但由于 $\lim\limits_{n \to \infty} E(\hat{\sigma}^2)=\lim\limits_{n \to \infty}\dfrac{n-1}{n}\sigma^2=\sigma^2$，所以 $\hat{\sigma}^2$ 是 σ^2 的渐近无偏估计量．若在 $\hat{\sigma}^2$ 的两边同乘以 $\dfrac{n}{n-1}$，则所得到的估计量就是无偏的了．

即

$$E\left(\frac{n}{n-1}\hat{\sigma}^2\right)=\frac{n}{n-1}E(\hat{\sigma}^2)=\sigma^2,$$

而$\frac{n}{n-1}\hat{\sigma}^2$恰恰就是样本方差$S^2=\frac{1}{n-1}\sum_{i=1}^{n}(X_i-\overline{X})^2$.

可见，S^2可以作为σ^2的估计，而且是无偏估计．因此，常用S^2作为方差σ^2的估计量．从无偏的角度考虑，S^2比$\hat{\sigma}^2$作为σ^2的估计好.

在实际应用中，无偏估计对整个系统（整个实验）而言无系统偏差，就一次试验来讲，$\hat{\theta}$可能偏大也可能偏小，实质上说明不了什么问题，只是平均来说它没有偏差．所以无偏性只有在大量重复试验中才能体现出来；另一方面，我们注意到：无偏估计只涉及一阶矩（均值），虽然计算简便，但是往往会出现一个参数的无偏估计有多个，而无法确定哪个估计量好的情况．为此引入了估计量的有效性概念.

2. 有效性

例如，设（X_1，X_2，…，X_n）是来自总体X的一个样本，则下述统计量

$$X_1,\frac{1}{2}(X_1+X_2),\frac{1}{3}(X_1+X_2+X_3),\cdots,\frac{1}{n}(X_1+X_2+\cdots+X_n)$$

都为总体均值$E(X)$的无偏估计．这些估计中哪一个较好呢？中学的物理实验告诉我们多次测量可以减小误差，其实就是这个道理．也就是说，一个好的无偏估计应该比待估参数间的方差小．

定义 6.3 设$\hat{\theta}_1=\hat{\theta}_1(X_1,X_2,\cdots,X_n)$与$\hat{\theta}_2=\hat{\theta}_2(X_1,X_2,\cdots,X_n)$都是$\theta$的无偏估计量，若对于$\theta\in\Theta$，有

$$D(\hat{\theta}_1)\leqslant D(\hat{\theta}_2),$$

则称$\hat{\theta}_1$是较$\hat{\theta}_2$**有效的估计**．如果在θ的一切无偏估计中，$\hat{\theta}$的方差最小，则称$\hat{\theta}$为θ的**最优无偏估计**．

例 8 设总体X的期望μ和方差σ^2均存在，X_1，X_2，…，X_n是X的一个样本，试证明μ的估计量$\hat{\mu}_1=\frac{1}{3}(X_1+X_2+X_3)$比$\hat{\mu}_2=\frac{1}{2}(X_1+X_2)$更有效．

证 $E(\hat{\mu}_1)=E\left[\frac{1}{3}(X_1+X_2+X_3)\right]$

$$=\frac{1}{3}[E(X_1)+E(X_2)+E(X_3)]=\mu,$$

$$E(\hat{\mu}_2)=E\left[\frac{1}{2}(X_1+X_2)\right]=\frac{1}{2}[E(X_1)+E(X_2)]=\mu,$$

故$\hat{\mu}_1$与$\hat{\mu}_2$都是μ的无偏估计量．而

$$D(\hat{\mu}_1)=D\left[\frac{1}{3}(X_1+X_2+X_3)\right]$$

$$=\frac{1}{9}[D(X_1)+D(X_2)+D(X_3)]=\frac{\sigma^2}{3},$$

$$D(\hat{\mu}_2)=D\left[\frac{1}{2}(X_1+X_2)\right]=\frac{1}{4}[D(X_1)+D(X_2)]=\frac{\sigma^2}{2},$$

$D(\hat{\mu}_1)<D(\hat{\mu}_2)$，故 μ 的估计量 $\hat{\mu}_1=\frac{1}{3}(X_1+X_2+X_3)$ 比 $\hat{\mu}_2=\frac{1}{2}(X_1+X_2)$ 更有效．

这个例子说明，尽量用样本中所有数据的平均去估计总体均值，这样可以提高估计的有效性．而这也与我们在前面介绍的有效性理论是一致的．随着样本容量的增大，一个好的估计应该会越来越接近其真实值，使其偏差大的概率越来越小，这一性质称为一致性．

3. 一致性（相合性）

无偏性和有效性的概念是在样本容量固定的前提下提出的．我们自然希望伴随样本容量的增大，估计值能稳定于待估参数的真值，为此引入一致性的概念．

定义 6.4 设 $\hat{\theta}=\hat{\theta}(X_1, X_2, \cdots, X_n)$ 是 θ 的估计量，若对任意 $\theta\in\Theta$，当 $n\to\infty$ 时，$\hat{\theta}$ 依概率收敛于 θ，即对任意 $\varepsilon>0$，有 $\lim\limits_{n\to\infty}P\{|\hat{\theta}-\theta|<\varepsilon\}=1$，则称 $\hat{\theta}$ 是 θ 的一致（相合）估计量．

例如：在任何分布中，$\overline{X}$ 是 $E(X)$ 的相合估计；而 S^2 与 B_2 都是总体方差 $D(X)$ 的一致（相合）估计量．

一致性或相合性的概念适用于大样本情形．估计量的一致性表明：对于大样本，由一次抽样得到的估计量 $\hat{\theta}$ 的值可以作为未知参数 θ 的近似值．如果 $\hat{\theta}$ 不是 θ 的一致估计量，那么，无论样本容量取多大，$\hat{\theta}$ 都不能足够准确地估计 θ，这样的估计量往往是不可取的．所以，一致性是对估计量的基本要求．

6.2 区间估计

6.2.1 区间估计的概念

对于未知参数 θ，除了求出它的点估计 $\hat{\theta}$ 外，我们还希望估计出一个范围，并希望知道这个范围包含参数 θ 真值的可信程度．这样的范围通常以区间的形式给出，同时还给出此区间包含参数 θ 真值的可信程度．这就是参数的区间估计问题．

定义 6.5 设总体 X 的分布函数 $F(x;\theta)$ 含有一个未知参数 θ，$\theta\in\Theta$，对于事先给定的 $1-\alpha(0<\alpha<1)$，若由来自总体 X 的样本 $(X_1, X_2, \cdots, X_n)$ 确定的两个统计量 $\hat{\theta}_1=g_1(X_1, X_2, \cdots, X_n)$ 和 $\hat{\theta}_2=g_2(X_1, X_2, \cdots, X_n)(\hat{\theta}_1<\hat{\theta}_2)$，对于任意 $\theta\in\Theta$，满足：

$$P\{\hat{\theta}_1<\theta<\hat{\theta}_2\}=1-\alpha, \qquad (6.2.1)$$

则称 $(\hat{\theta}_1, \hat{\theta}_2)$ 为 θ 的**置信度为 $1-\alpha$ 的置信区间**，$1-\alpha$ 称为置信度或置信水平，$\hat{\theta}_1$ 称为置信下限，$\hat{\theta}_2$ 称为置信上限．

参数 θ 是一个常数，没有随机性，而区间 $(\hat{\theta}_1, \hat{\theta}_2)$ 是随机的，置信水平 $1-\alpha$ 的含义是：随机区间 $(\hat{\theta}_1, \hat{\theta}_2)$ 以 $1-\alpha$ 的概率包含着参数 θ 的真实值，而不能说参数 θ 以 $1-\alpha$ 的概率落入随机区间 $(\hat{\theta}_1, \hat{\theta}_2)$．

注 区间估计的两个要求：

(1) 要求 $P\{\hat{\theta}_1<\theta<\hat{\theta}_2\}$ 尽可能大，即要求估计尽可能可靠；

(2) 估计的精度尽可能的高，如要求区间长度 $\hat{\theta}_2-\hat{\theta}_1$ 尽可能短．

在样本容量固定时，可靠度与精度是一对矛盾体，一般是在保证可靠度的条件下尽可能提高精度．

例 1 设 $X_1, X_2, \cdots, X_n$ 是来自总体 $X\sim N(\mu, \sigma^2)$ 的一个样本，σ^2 为已知，μ 为未知，求 μ 的置信水平为 $1-\alpha$ 的置信区间．

解 我们知道 $\overline{X}$ 是 μ 的无偏估计，且有 $\dfrac{\overline{X}-\mu}{\sigma/\sqrt{n}}\sim N(0, 1)$，于是

$$P\left\{\hat{\theta}_1<\frac{\overline{X}-\mu}{\sigma/\sqrt{n}}<\hat{\theta}_2\right\}=1-\alpha,$$

由标准正态分布，得

$$P\left\{\left|\frac{\overline{X}-\mu}{\sigma/\sqrt{n}}\right|<u_{\alpha/2}\right\}=1-\alpha,$$

故取 $\hat{\theta}_1=-u_{\alpha/2}$，$\hat{\theta}_2=u_{\alpha/2}$，即

$$P\left\{\overline{X}-\frac{\sigma}{\sqrt{n}}u_{\alpha/2}<\mu<\overline{X}+\frac{\sigma}{\sqrt{n}}u_{\alpha/2}\right\}=1-\alpha,$$

这样我们得到了 μ 的一个置信水平为 $1-\alpha$ 的置信区间 $\left(\overline{X}-\dfrac{\sigma}{\sqrt{n}}u_{\alpha/2}, \overline{X}+\dfrac{\sigma}{\sqrt{n}}u_{\alpha/2}\right)$．

当然，μ 的置信水平为 $1-\alpha$ 的置信区间并不是唯一的，刚才取分点时，我们是按对称性来取的，也可以不按对称性来取，但为了能够在保证可靠度的条件下尽可能提高精度，所以像标准正态分布这样

的单峰且对称的概率密度图形，通过对称来取分点则区间长度为最短，从而可以提高估计的精度．

6.2.2　正态总体均值的区间估计

1. 方差已知时，均值的区间估计

设总体 $X\sim N(\mu,\ \sigma^2)$，$(X_1,\ X_2,\ \cdots,\ X_n)$ 是来自总体 X 的样本，由前面的讨论，可知

$$\overline{X}=\frac{1}{n}\sum_{i=1}^{n}X_i$$

是 μ 的无偏估计，自然想到利用 $\overline{X}$ 来构造 μ 的置信区间．我们知道当 $X\sim N(\mu,\ \sigma^2)$ 时，变量

$$U=\frac{\overline{X}-\mu}{\sigma/\sqrt{n}}\sim N(0,1).$$

对于给定置信水平为 $1-\alpha$（见图6-1），查标准正态分布表，有

$$P\{|U|<U_{\alpha/2}\}=1-\alpha,$$

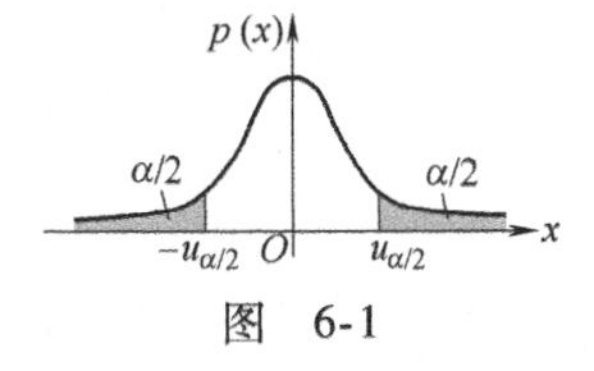

图　6-1

即
$$P\left\{\overline{X}-\frac{\sigma}{\sqrt{n}}U_{\alpha/2}<\mu<\overline{X}+\frac{\sigma}{\sqrt{n}}U_{\alpha/2}\right\}=1-\alpha. \tag{6.2.2}$$

这样，就得到了 μ 的置信度为 $1-\alpha$ 的置信区间为

$$\left(\overline{X}-\frac{\sigma}{\sqrt{n}}U_{\alpha/2},\ \overline{X}+\frac{\sigma}{\sqrt{n}}U_{\alpha/2}\right). \tag{6.2.3}$$

比如，$\alpha=0.05$ 时，$1-\alpha=0.95$，查表得 $U_{\alpha/2}=U_{0.025}=1.96$，当 $\sigma=1$，$n=16$，$\overline{X}=5.20$ 时，得到一个置信度为0.95的置信区间为

$$\left(5.20-\frac{1}{\sqrt{16}}\times 1.96,\ 5.20+\frac{1}{\sqrt{16}}\times 1.96\right),$$

即（4.71，5.69）．

注　计算得到的区间已不再是随机区间了，但我们可称它为置信度为0.95的置信区间，其含义是指"该区间包含 μ"这一陈述的可信程度为95%．此时该区间要么包含 μ，要么不包含 μ．若写成 $P\{4.71\leqslant\mu\leqslant 5.69\}=0.95$ 则是错误的．

例2　包糖机某日开工包了12包糖，称得重量（单位：g）分别为504，486，505，506，500，495，488，513，521，520，512，485，假设重量服从正态分布 $N(\mu,\ 10^2)$，试求糖包的平均重量 μ 的置信度为95%的置信区间．

解　σ^2 已知，μ 的置信水平为 $1-\alpha$ 的置信区间 $\left(\overline{X}-\frac{\sigma}{\sqrt{n}}U_{\alpha/2},\ \overline{X}+\frac{\sigma}{\sqrt{n}}U_{\alpha/2}\right)$．

由题意 $\sigma=10$，$n=12$，$\overline{X}=502.92$，$\alpha=0.05$．

查标准正态分布表得，$U_{\alpha/2}=U_{0.025}=1.96$，于是

$$\overline{X}-\frac{\sigma}{\sqrt{n}}U_{\alpha/2}=502.92-\frac{10}{\sqrt{12}}\times 1.96=497.26,$$

$$\overline{X}+\frac{\sigma}{\sqrt{n}}U_{\alpha/2}=502.92+\frac{10}{\sqrt{12}}\times 1.96=508.58,$$

故糖包的平均重量 μ 的置信度为95%的置信区间为（497.26，508.58）.

2. 方差未知时，均值的区间估计

此时我们不能使用式（6.2.3）给出的区间，因其中含有未知参数 σ. 考虑到 S^2 是 σ^2 的无偏估计，以 $S=\sqrt{S^2}$ 替换 σ，据抽样分布的结论，有

$$t=\frac{\overline{X}-\mu}{S/\sqrt{n}}\sim t(n-1),$$

变量 t 的分布不依赖任何参数，类似地，由于 t 分布是对称分布，故可取

$$P\left\{-t_{\alpha/2}(n-1)<\frac{\overline{X}-\mu}{S/\sqrt{n}}<t_{\alpha/2}(n-1)\right\}=1-\alpha. \qquad (6.2.4)$$

即 $$P\left\{\overline{X}-\frac{S}{\sqrt{n}}t_{\alpha/2}(n-1)<\mu<\overline{X}+\frac{S}{\sqrt{n}}t_{\alpha/2}(n-1)\right\}=1-\alpha.$$

于是 μ 的一个置信水平为 $1-\alpha$ 的置信区间为

$$\left(\overline{X}-\frac{S}{\sqrt{n}}t_{\alpha/2}(n-1),\overline{X}+\frac{S}{\sqrt{n}}t_{\alpha/2}(n-1)\right). \qquad (6.2.5)$$

例 3 有一大批糖果．现从中随机地取16袋，称得重量（单位：g）如下：

506，508，499，503，504，510，497，512，514，505，
493，496，506，502，509，496，

设袋装糖果的重量近似服从正态分布，试求总体均值的置信水平为0.95的置信区间．

解 此题中 σ^2 为未知，所以总体均值的一个置信水平为 $1-\alpha$ 的置信区间为

$$\left(\overline{X}-\frac{S}{\sqrt{n}}t_{\alpha/2}(n-1),\overline{X}+\frac{S}{\sqrt{n}}t_{\alpha/2}(n-1)\right),$$

其中，$n-1=15$，$\overline{X}=\frac{1}{16}\sum_{i=1}^{16}X_i=503.75$，$1-\alpha=0.95$，$\alpha/2=0.025$，$t_{\alpha/2}(n-1)=t_{0.025}(15)=2.1315$，$S=6.2022$，由式（6.2.5）及相关数据，得

$$\overline{X}-t_{\alpha/2}(n-1)\frac{S}{\sqrt{n}}=503.75-\frac{6.2022}{\sqrt{16}}\times 2.1315=500.4,$$

$$\overline{X}+t_{\alpha/2}(n-1)\frac{S}{\sqrt{n}}=503.75+\frac{6.2022}{\sqrt{16}}\times 2.1315=507.1,$$

即得总体均值 μ 的一个置信水平为 0.95 的置信区间为（500.4，507.1）.

例4 包糖机某日开工包了 12 包糖，称得重量（单位：g）分别为

506，500，495，488，504，486，505，513，521，520，512，485，

假设重量服从正态分布 $N(\mu,\ \sigma^2)$，试求糖包的平均重量 μ 的置信度为 95% 的置信区间.

解 σ^2 未知，μ 的置信水平为 $1-\alpha$ 的置信区间为

$$\left(\overline{X}-t_{\alpha/2}(n-1)\frac{S}{\sqrt{n}},\ \overline{X}+t_{\alpha/2}(n-1)\frac{S}{\sqrt{n}}\right),$$

由题得 $n=12$，$\alpha=0.05$，$\overline{X}=502.92$，$S=12.35$，查附表 3 可知 $t_{\alpha/2}(n-1)=t_{0.025}(11)=2.201$，于是

$$\overline{X}-t_{\alpha/2}(n-1)\frac{S}{\sqrt{n}}=502.92-2.201\times\frac{12.35}{\sqrt{12}}=495.07,$$

$$\overline{X}+t_{\alpha/2}(n-1)\frac{S}{\sqrt{n}}=502.92-2.201\times\frac{12.35}{\sqrt{12}}=510.77,$$

故糖包的平均重量 μ 的置信度为 95% 的置信区间（495.07，510.77）.

3. 正态总体方差的区间估计

根据实际问题的需要，只介绍 μ 未知的情况．设总体 $X\sim N(\mu,\ \sigma^2)$，μ、σ^2 未知，$(X_1,\ X_2,\ \cdots,\ X_n)$ 为来自总体 X 的样本，由于样本方差 S^2 是 σ^2 的无偏估计，因此可以利用 S^2 来构造 σ^2 的置信区间．前面的学习中，我们知道

$$\chi^2=\frac{(n-1)S^2}{\sigma^2}\sim\chi^2(n-1).$$

对于给定的 $\alpha(0<\alpha<1)$ 和自由度 $df=n-1$，查 χ^2 分布表（见图 6-2），可得

$$P\left\{\chi^2_{1-\alpha/2}(n-1)<\frac{(n-1)S^2}{\sigma^2}<\chi^2_{\alpha/2}(n-1)\right\}=1-\alpha.\quad(6.2.6)$$

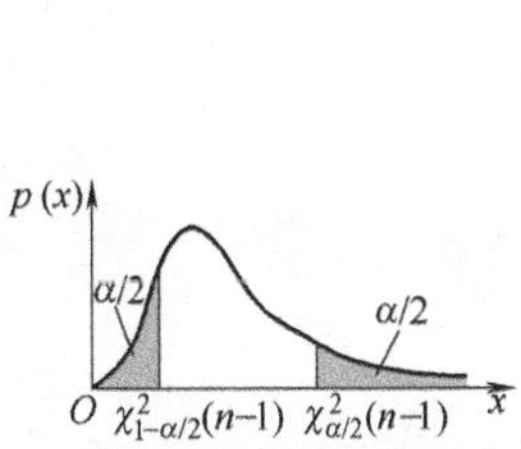

图 6-2

即

$$P\left\{\frac{(n-1)S^2}{\chi^2_{\alpha/2}(n-1)}<\sigma^2<\frac{(n-1)S^2}{\chi^2_{1-\alpha/2}(n-1)}\right\}=1-\alpha,$$

所以，μ 未知时方差 σ^2 的一个置信水平为 $1-\alpha$ 的置信区间为

$$\left(\frac{(n-1)S^2}{\chi^2_{\alpha/2}(n-1)},\frac{(n-1)S^2}{\chi^2_{1-\alpha/2}(n-1)}\right).\quad(6.2.7)$$

由式（6.2.7），还可以得到标准差 σ 的一个置信水平为 $1-\alpha$ 的置信区间为

$$\left(\frac{\sqrt{(n-1)}S}{\sqrt{\chi^2_{\alpha/2}(n-1)}},\frac{\sqrt{(n-1)}S}{\sqrt{\chi^2_{1-\alpha/2}(n-1)}}\right).$$

注 当密度函数不对称时，如χ^2分布和F分布，习惯上仍然取其对称的分位点.

例5 包糖机某日开工包了12包糖，称得重量（单位：g）分别为

506，500，495，488，504，486，505，513，521，520，512，485，
假设重量服从正态分布$N(\mu,\sigma^2)$，试求糖包总体方差σ^2的置信度为95%的置信区间.

解 μ未知，σ^2的置信水平为$1-\alpha$的置信区间为

$$\left(\frac{(n-1)S^2}{\chi^2_{\alpha/2}(n-1)},\frac{(n-1)S^2}{\chi^2_{1-\alpha/2}(n-1)}\right),$$

由题得$n=12$，$\alpha=0.05$，$S=12.35$. 查χ^2分布表可知

$$\chi^2_{\alpha/2}(n-1)=\chi^2_{0.025}(11)=21.920,\quad \chi^2_{1-\alpha/2}(n-1)=\chi^2_{0.975}(11)=3.816,$$

于是

$$\frac{(n-1)S^2}{\chi^2_{\alpha/2}(n-1)}=\frac{11\times 12.35^2}{21.920}=76.54,$$

$$\frac{(n-1)S^2}{\chi^2_{1-\alpha/2}(n-1)}=\frac{11\times 12.35^2}{3.816}=439.66.$$

故糖包总体方差σ^2的置信度为95%的置信区间为（76.54，439.66）.

4. 两个正态总体$N(\mu_1,\sigma_1^2)$和$N(\mu_2,\sigma_2^2)$的情况

在实际问题中，虽然已知产品的某一质量指标服从正态分布，但由于原料、设备条件、操作人员不同，或工艺过程的改变等因素，引起总体均值、总体方差有所改变，我们需要知道这些变化有多大，这就需要考虑两个正态总体均值差或方差比的区间估计问题.

设已给定置信水平为$1-\alpha$，并设X_1，X_2，…，X_{n_1}来自正态总体X，$X\sim N(\mu_1,\sigma_1^2)$，样本$Y_1$，$Y_2$，…，$Y_{n_2}$来自第二个正态总体$Y$，$Y\sim N(\mu_2,\sigma_2^2)$，这两个样本相互独立．且设$\overline{X}$、$\overline{Y}$分别是第一、二个总体的样本均值，$S_1^2$、$S_2^2$分别是第一、二个总体的样本方差.

（1）两个总体均值差$\mu_1-\mu_2$的置信区间.

1）σ_1^2、σ_2^2均为已知时．由于$\overline{X}\sim N\left(\mu_1,\dfrac{\sigma_1^2}{n_1}\right)$，$\overline{Y}\sim N\left(\mu_2,\dfrac{\sigma_2^2}{n_2}\right)$，且$\overline{X}$与$\overline{Y}$相互独立，所以$\overline{X}-\overline{Y}\sim N\left(\mu_1-\mu_2,\dfrac{\sigma_1^2}{n_1}+\dfrac{\sigma_2^2}{n_2}\right)$，且$\overline{X}-\overline{Y}$是$\mu_1-\mu_2$的最大似然估计，同时也是无偏估计，故取

$$Z=\frac{(\overline{X}-\overline{Y})-(\mu_1-\mu_2)}{\sqrt{\dfrac{\sigma_1^2}{n_1}+\dfrac{\sigma_2^2}{n_2}}}\sim N(0,1)$$

作为枢轴量[㊀]，可得$\mu_1-\mu_2$的一个置信水平为$1-\alpha$的置信区间为

$$\left(\overline{X}-\overline{Y}\pm z_{\alpha/2}\sqrt{\frac{\sigma_1^2}{n_1}+\frac{\sigma_2^2}{n_2}}\right),$$

故$\mu_1-\mu_2$的一个置信水平为$1-\alpha$的置信区间为

$$\left(\overline{X}-\overline{Y}\pm z_{\alpha/2}\sqrt{\frac{\sigma_1^2}{n_1}+\frac{\sigma_2^2}{n_2}}\right).$$

2）$\sigma_1^2=\sigma_2^2=\sigma^2$，但$\sigma^2$未知．这时取

$$S_w^2=\frac{\sum_{i=1}^{n_1}(X_i-\overline{X})^2+\sum_{j=1}^{n_2}(Y_j-\overline{Y})^2}{n_1+n_2-2}=\frac{(n_1-1)S_1^2+(n_2-1)S_2^2}{n_1+n_2-2}.$$

作为σ^2的估计，可得枢轴量

$$T=\frac{(\overline{X}-\overline{Y})-(\mu_1-\mu_2)}{S_w\sqrt{\frac{1}{n_1}+\frac{1}{n_2}}}\sim t(n_1+n_2-2),$$

从而可得$\mu_1-\mu_2$的置信度为$1-\alpha$的置信区间为

$$\left(\overline{X}-\overline{Y}\pm t_{\alpha/2}(n_1+n_2-2)S_w\sqrt{\frac{1}{n_1}+\frac{1}{n_2}}\right).$$

3）当σ_1^2、σ_2^2未知，且不知两者是否相等，但$n_1=n_2$时．我们令$Z_i=X_i-Y_i$，则$Z_i\sim N(\mu_1-\mu_2,\ \sigma_1^2+\sigma_2^2)$，这时$\mu_1-\mu_2$的置信水平为$1-\alpha$的置信区间问题就转化为单个正态总体均值$\mu=\mu_1-\mu_2$的置信水平为$1-\alpha$的置信区间问题，利用式（6.2.5）读者可自己将结论写出．

4）当σ_1^2、σ_2^2未知，但n_1、n_2很大（大于50）时，可利用如下近似公式

$$\left(\overline{X}-\overline{Y}\pm z_{\alpha/2}\sqrt{\frac{S_1^2}{n_1}+\frac{S_2^2}{n_2}}\right)$$

作为$\mu_1-\mu_2$的一个置信水平为$1-\alpha$的置信区间．

例6　为提高某一化学生产过程的得率，试图采用一种新的催化剂．为慎重起见，在实验工厂先进行试验．设采用原来的催化剂进行了$n_1=8$次试验，得到得率的平均值$\bar{x}=91.73$. 样本方差$s_1^2=3.89$；又采用新的催化剂进行了$n_2=8$次试验得到得率的平均值$\bar{y}=93.75$，样本方差$s_2^2=4.02$. 假设两总体都可认为服从正态分布，且方差相等，两样本独立．试求两总体均值差$\mu_1-\mu_2$的置信水平为0.95的置信区间．

解　因为两正态总体的方差相等但未知，由于$1-\alpha=0.95$，

㊀ 寻求一个样本$X_1, X_2, \cdots, X_n$和θ的函数$W=W(X_1, X_2, \cdots, X_n;\ \theta)$，使得$W$的分布不依赖于$\theta$以及其他未知参数，称具有这种性质的函数$W$为**枢轴量**．

$\alpha/2=0.025$，$n_1=n_2=8$，$n_1+n_2-2=14$，$t_{0.025}(14)=2.1448$，这里

$$s_w^2=\frac{(n_1-1)s_1^2+(n_2-1)s_2^2}{n_1+n_2-2}=3.96, s_w=\sqrt{s_w^2}=\sqrt{3.96},$$

故所求的置信区间为$\left(\bar{x}-\bar{y}\pm s_w\cdot t_{0.025}(14)\sqrt{\frac{1}{8}+\frac{1}{8}}\right)=(-2.02\pm 2.13)$，即$(-4.15, 0.11)$.

注 由于本题所得的置信区间包含零，在实际中我们就认为采用这两种催化剂所得的得率的平均值没有显著差别.

思考题 若去掉两总体方差相等这个条件，又将如何求解呢?

(2) 两个总体方差比 σ_1^2/σ_2^2 的置信区间.

仅讨论μ_1、μ_2 均未知的情况，μ_1、μ_2 均已知的情形读者可类似推导. 已知

$$F=\frac{S_1^2/S_2^2}{\sigma_1^2/\sigma_2^2}\sim F(n_1-1, n_2-1),$$

并且 F 分布不依赖任何未知参数，故可取 F 作为枢轴量，得

$$P\left\{F_{1-\alpha/2}(n_1-1,n_2-1)<\frac{S_1^2/S_2^2}{\sigma_1^2/\sigma_2^2}<F_{\alpha/2}(n_1-1,n_2-1)\right\}=1-\alpha,$$

即 $P\left\{\frac{S_1^2}{S_2^2}\frac{1}{F_{\alpha/2}(n_1-1,n_2-1)}<\frac{\sigma_1^2}{\sigma_2^2}<\frac{S_1^2}{S_2^2}\frac{1}{F_{1-\alpha/2}(n_1-1,n_2-1)}\right\}=1-\alpha,$

于是两正态总体方差比 σ_1^2/σ_2^2 的一个置信水平为 $1-\alpha$ 的置信区间为

$$\left(\frac{S_1^2}{S_2^2}\frac{1}{F_{\alpha/2}(n_1-1,n_2-1)},\frac{S_1^2}{S_2^2}\frac{1}{F_{1-\alpha/2}(n_1-1,n_2-1)}\right).$$

例7 （续例6）如果不知道两正态总体的方差 σ_1^2 与 σ_2^2 是否相等，试求方差比 σ_1^2/σ_2^2 的置信水平为 0.95 的置信区间.

解 由于 $1-\alpha=0.95$，$\alpha/2=0.025$，$n_1=n_2=8$，

$$F_{\alpha/2}(n_1-1,n_2-1)=F_{0.025}(7,7)=4.99,$$

$$F_{1-\alpha/2}(n_1-1,n_2-1)=F_{0.975}(7,7)=\frac{1}{F_{\alpha/2}(n_2-1,n_1-1)}=\frac{1}{F_{0.025}(7,7)}=\frac{1}{4.99},$$

计算得 $s_1^2=1.1^2=1.21$，$s_2^2=1.2^2=1.44$，$\alpha=0.10$.

故得 σ_1^2/σ_2^2 的置信水平为 0.95 的置信区间为 $\left(\frac{1.21}{1.44}\times\frac{1}{4.99}, \frac{1.21}{1.44}\times 4.99\right)$，即 $(0.17, 4.19)$.

注 由于本题中 σ_1^2/σ_2^2 的置信区间包含 1，因此在实际中我们就认为 σ_1^2 与 σ_2^2 没有显著差别.

内容小结

本章讨论统计推断的一个方面——参数估计，在许多实际问题中，总体的分布往往是未知的；又在很多情况下，总体分布的类型却是已知的（如正态分布），但包含若干未知参数，这些未知参数需要用样本加以估计，这类问题即为参数估计．参数估计分为点估计和区间估计．

1. 知识框架图

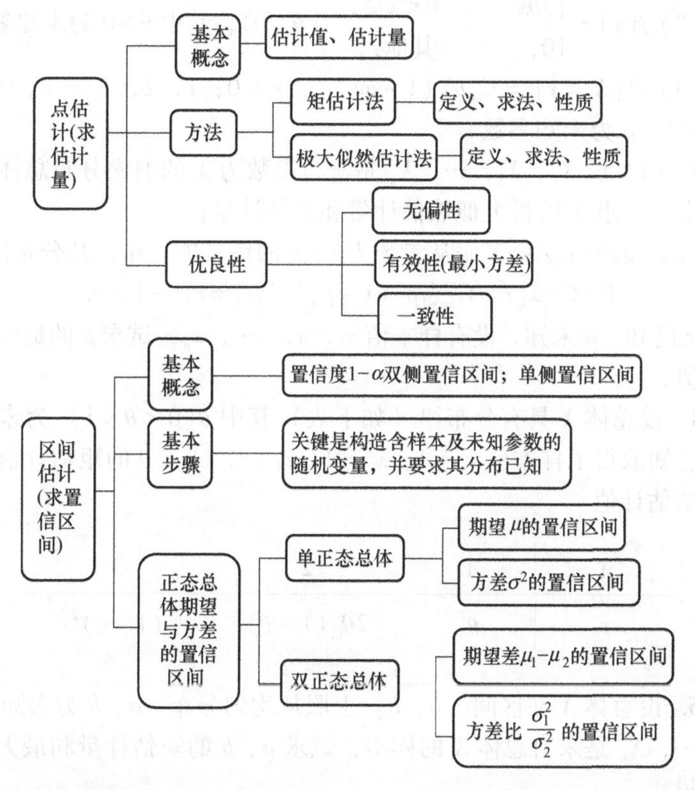

2. 基本要求

（1）理解点估计、估计量、估计值的概念，掌握矩估计法与极大似然估计法，会求参数的矩估计量（值）和极大似然估计量（值）.

（2）理解估计量的评选标准——无偏性、有效性、一致性．

（3）理解区间估计、置信区间、置信度的概念，掌握对单个正态总体均值与方差的区间估计．

习题 6

1. 随机地取 8 只活塞环，测得它们的直径（单位：mm）如下：

74.001，74.005，74.003，74.001，73.998，
74.006，74.002，74.000，

试求总体均值μ及方差σ^2的矩估计值，并求样本方差S^2.

2. 设X_1，X_2，…，X_n为总体的一个样本，x_1，x_2，…，x_n为对应的样本值. 求下述各总体密度函数或分布律中未知参数的矩估计和最大似然估计.

（1）$f(x)=\begin{cases}\theta c^{\theta}x^{-(\theta+1)}, & x>c,\\ 0, & 其他,\end{cases}$ 其中$c>0$为已知，$\theta>1$为未知参数；

（2）$f(x)=\begin{cases}\sqrt{\theta}x^{\sqrt{\theta}-1}, & 0\leqslant x\leqslant 1,\\ 0, & 其他,\end{cases}$ $(\theta>0)$，其中$\theta>0$为未知参数；

（3）$P\{X=x\}=C_m^x p^x(1-p)^{m-x}$，$x=0,1,2,\cdots,m$，其中，$0<p<1$，$p$为未知参数.

3.（1）设X_1，X_2，…，X_n是来自参数为λ的泊松分布总体的一个样本，试求λ的最大似然估计量和矩估计量；

（2）设随机变量X服从参数为r、p的负二项分布，其分布律为

$$P\{X=x_k\}=C_{x_k-1}^{r-1}p^r(1-p)^{x_k-r},x_k=r,r+1,\cdots.$$

其中r已知，p未知. 设有样本值x_1，x_2，…，x_n，试求p的最大似然估计值.

4. 设总体X具有分布律（如下表）其中$\theta(0<\theta<1)$为未知参数. 已知取得了样本值$x_1=1$，$x_2=2$，$x_3=1$. 试求θ的矩估计值和最大似然估计值.

X	1	2	3
p	θ^2	$2\theta(1-\theta)$	$(1-\theta)^2$

5. 设总体X在区间$[a,b]$上服从均匀分布，a、b为未知. X_1，X_2，…，X_n是来自总体X的样本，试求a、b的矩估计量和最大似然估计量.

6. 设总体为区间$[\theta,2\theta]$上的均匀分布，求参数θ的矩估计和最大似然估计.

7.（1）设X_1，X_2，…，X_n是来自正态总体$N(\mu,\sigma^2)$的样本，试求$P\{\overline{X}<t\}$的最大似然估计.

（2）设X_1，X_2，…，X_n是来自正态总体$N(\mu,1)$的样本，μ未知，求$\theta=P\{X>2\}$的最大似然估计.

8. 设X_1，X_2，…，X_n是来自总体X的一个样本，设$E(X)=\mu$，$D(X)=\sigma^2$.

（1）确定常数c，使得$c\sum\limits_{i=1}^{n-1}(X_{i+1}-X_i)^2$为$\sigma^2$的无偏估计；

(2) 确定常数 c，使得 $(\overline{X})^2-cS^2$ 为 μ^2 的无偏估计（$\overline{X}$ 和 S^2 分别是样本均值和样本方差）.

9. 设 X_1，X_2，X_3，X_4 是来自参数为 θ 的指数分布总体的样本，其中 θ 未知．设有估计量：

$$T_1=\frac{1}{6}(X_1+X_2)+\frac{1}{3}(X_3+X_4),$$

$$T_2=\frac{1}{5}(X_1+2X_2+3X_3+4X_4),$$

$$T_3=\frac{1}{4}(X_1+X_2+X_3+X_4).$$

(1) 指出 T_1，T_2，T_3 中哪几个是 θ 的无偏估计量；

(2) 在上述 θ 的无偏估计量中指出哪一个较为有效.

10. (1) 设 $\hat{\theta}$ 为参数 θ 的无偏估计，且有 $D(\hat{\theta})>0$，试证：$\hat{\theta}^2=(\hat{\theta})^2$ 不是 θ^2 的无偏估计.

(2) 试证明均匀分布 $f(x)=\begin{cases}\dfrac{1}{\theta}, & 0<x\leqslant\theta,\\ 0, & \text{其他}\end{cases}$ 中未知参数 θ 的最大似然估计量不是无偏的.

11. 设从均值为 μ，方差为 $\sigma^2>0$ 的总体中分别抽取容量为 n_1、n_2 的两独立样本．$\overline{X}$ 和 $\overline{Y}$ 分别是两样本的均值，试证：对于任意常数 a、$b(a+b=1)$，$Z=a\overline{X}+b\overline{Y}$ 都是 μ 的无偏估计，并确定常数 a、b，使得 $D(Z)$ 达到最小.

12. 设有某种油漆的 9 个样品，其干燥时间（单位：h）分别为

6.0，5.7，5.8，6.5，7.0，6.3，5.6，6.1，5.3.

设干燥时间总体服从正态分布 $N(\mu, \sigma^2)$，求以下两种情况下 μ 的置信水平为 0.95 的置信区间.

(1) 若由以往的经验知 $\sigma=0.6(\text{h})$；

(2) 若 σ 为未知.

13. 随机地从一批钉子中抽取 6 枚，测得其长度（单位：cm）的样本均值为 $\overline{X}=2.213$，样本标准差为 $S=0.021$，设这种钉子的长度 X 服从正态分布 $N(\mu, \sigma^2)$，求：

(1) μ 的置信水平为 0.90 的置信区间；

(2) σ^2 的置信水平为 0.95 的置信区间.

14. 随机地从甲批导线中抽取 4 根，又从乙批导线中抽取 5 根，测得电阻（单位：Ω）为

甲批导线：0.143，0.142，0.143，0.137.

乙批导线：0.140，0.142，0.136，0.138，0.140.

设测量数据分别来自 $N(\mu_1, \sigma^2)$ 和 $N(\mu_2, \sigma^2)$，且两样本相互独立．又 μ_1、μ_2、σ^2 均未知，试求 $\mu_1-\mu_2$ 的置信水平为 0.95 的置信

区间.

15. 在一批容量为100的货物样本中，经检验发现有16只次品，试求这批货物次品率的置信水平为0.95的置信区间.

16. 求第12题中μ的置信水平为0.95的单侧置信上限.

17. 为研究某种汽车轮胎的磨损特性，随机地选择16只轮胎，每只轮胎行驶到磨损为止，所行使的路程分别为X_1，X_2，…，X_{16}，假设这些数据来自正态总体$N(\mu, \sigma^2)$，其中μ、σ^2未知，计算得出$\overline{X}=41117$，$S=1347$，试求：

（1）求μ的置信水平为0.95的单侧置信下限；

（2）求方差σ^2的置信水平为0.95的单侧置信上限.

18. 求第14题中$\mu_1-\mu_2$的置信水平为0.95的单侧置信下限.

19. 设两位化验员A、B独立地对某种聚合物含氯量用相同的方法各做10次测定，其测定值的样本方差依次为$S_A^2=0.5419$，$S_B^2=0.6065$. 设σ_A^2、σ_B^2分别为A、B所测定的测定值总体的方差，设总体均为正态的，求：

（1）方差比σ_A^2/σ_B^2的置信水平为0.95的置信区间；

（2）方差比σ_A^2/σ_B^2的置信水平为0.95的单侧置信上限.

第7章

假设检验

本章主要介绍统计推断中一个重要问题——假设检验，它是以样本统计量来验证假设的总体参数是否成立，借以决定采取适当行动的统计方法，包括假设和检验两个基本环节．

7.1 假设检验的基本思想

7.1.1 引例

这里先用一个实例，引出假设检验的基本问题．

例1 某工厂生产某零件10000个，产品必须经检验合格后方能出厂，规定次品率不得超过0.01%，现从中任取10个，发现含有次品，试问该产品能否出厂？

此例中该厂得到了这样的抽样信息：总次品率为p，而10个零件中就有次品，那么需要判断不等式$p \leqslant 0.01\%$的假设是否成立，如果不成立，产品就不能出厂；如果成立，则认为产品合格可以出厂．这就是一个假设检验的问题．

7.1.2 假设检验的原理

要进行假设检验，首先需要对总体分布的形式或某些参数做出假设，这一假设被称为**原假设**．然后再根据样本数据，对原假设是否成立做出判断．

这种思维方法与反证法很相似，但这里对原假设是否成立做出判断的依据是**小概率原理**，即小概率事件在一次试验中通常是不可能发生的．如果在原假设成立的前提下，在一次观察中小概率事件发生了，则认为原假设不正确予以否定；反之，如果小概率事件没有发生，则接受原假设．

就例1而言，如果假设这批产品合格，即在10000个零件中抽中次品的概率小于0.01%，这种概率是非常小的．也就是说，在一次试验中，次品是不可能被抽中的．而实际情况是才抽取10个零件，就发现了次品．那么我们就有理由怀疑该批零件的次品率是否真的很小，要不然怎么会这么容易就抽到次品？因此，有足够的理由否定该批产品合格．

7.1.3 假设检验的步骤

下面通过一个具体例子说明假设检验是怎样进行的．

例2 某车间用一台包装机包装葡萄糖，袋装糖的净重（单位：kg）是一个随机变量，它服从正态分布．当机器正常时，其均值为0.5kg，标准差为0.015kg. 某次检修后，为检验包装机是否正常，随机地取它所包装的糖9袋，称得净重如下：

0.497，0.506，0.518，0.524，0.498，0.511，0.520，0.515，0.512.

问检修后机器是否正常？

假设检验的步骤如下：

1. 提出原假设与备择假设

此例中，问题的核心是检验总体平均净重能否符合0.5kg，即检验总体平均值$\mu=0.5$是否成立．这就是一个原假设，通常用H_0表示．与原假设对立的是备择假设H_1，它是与原假设相互排斥的对立假设．当原假设被否定时，备择假设就自然成立．此例中，

$$H_0: \mu=0.5, \quad H_1: \mu\neq 0.5.$$

此种备择假设表示μ可能大于0.5，也可能小于0.5，称为双边备择假设．

除此之外，有时也关心总体期望是否只明显增大，此时需做检验假设：

$$H_0: \mu\leqslant\mu_0, \quad H_1: \mu>\mu_0.$$

如果关心总体期望是否只明显减小，那么应做检验假设为

$$H_0: \mu\geqslant\mu_0, \quad H_1: \mu<\mu_0.$$

这两种假设检验分别称为右侧检验和左侧检验，统称为单侧检验．

原假设和备择假设并不是随便提出的，一般来说，原假设通常是设定总体参数等于某一个具体的数值，或有关统计量服从某一种分布．而作为对立面的备择假设则通常是我们“希望出现的结论”．

2. 构造检验统计量

样本对原假设进行判断总是通过一个统计量来完成的，因此该统计量称为**检验统计量**．但对不同问题和不同情况，要选择不同的检验统计量．检验统计量的选择要符合以下要求：

(1) 检验统计量要与原假设直接相关；

(2) 检验统计量要能通过样本准确计算出观测值；

(3) 检验统计量的分布必须已知．

此例中，根据抽样分布理论知，其样本平均数也服从正态分布，

当 H_0 为真时，对其进行标准化变换，可得如下检验统计量 Z：

$$Z=\frac{\overline{X}-0.5}{\sigma/\sqrt{n}}.$$

3. 确定拒绝域

上述小概率原理中，事件的概率小到什么程度才能算是“小概率”，对于它的发生我们才会认为是不合理的，这个程度称为**显著水平或检验水平**，用 α 表示，我们通常取 0.1、0.05、0.01 等值．在例 2 中，我们取 $\alpha=0.05$.

根据构造的检验统计量的已知分布，在显著水平 α 下，检验统计量的取值范围被分成了两个部分，一个是小概率事件发生的区域，即拒绝原假设的区域，简称**拒绝域**；另一个是小概率事件不发生的区域，即不能拒绝原假设的区域，简称为**接受域**．

在拒绝域的构造过程中，检验统计量不论是在极端大的右侧取值，还是极端小的左侧取值，都有利于拒绝原假设，接受备择假设．因此拒绝原假设的拒绝域被安排在左、右两侧，两侧的概率分别为 $\alpha/2$. 具体如图 7-1 所示．

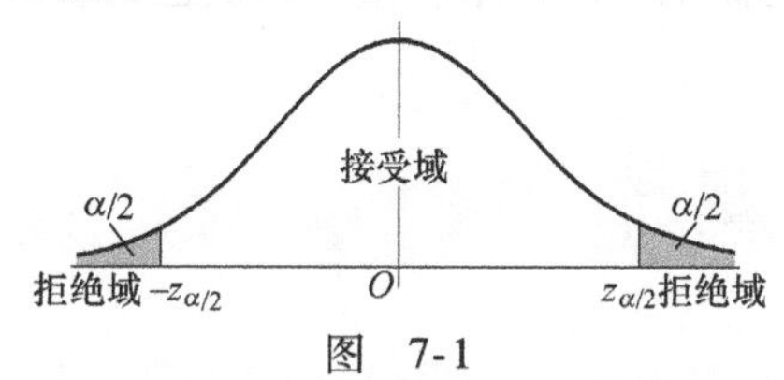

图 7-1

拒绝域与接受域的分界点称为临界点，如图 7-1 中的 $-z_{\alpha/2}$ 和 $z_{\alpha/2}$. 在实践中，通常是通过查相关的统计表得到的临界值来确定拒绝域的．在例 2 中，$-z_{\alpha/2}=-1.96$，$z_{\alpha/2}=1.96$，则拒绝域为 $|z|>1.96$.

4. 计算出检验统计量的样本观测值

对于所构造的检验统计量，通过样本数据，计算出样本观测值，以便确定是否落入拒绝域．在例 2 中，首先可得 $\bar{x}=0.511$，$n=9$，代入检验统计量，得

$$z_0=\left|\frac{0.511-0.5}{0.015/\sqrt{9}}\right|=2.2.$$

5. 比较判断

比较检验统计量的样本观测值与临界值，判断其是否落在拒绝域中．若是，则拒绝原假设，接受备择假设；否则，不能否定原假设；接受原假设．

在例 2 中，由于 $z_0=2.2>1.96$，即检验统计量的样本观测值落在了拒绝域中，于是拒绝原假设，接受备择假设．认为有足够的证据说明该包装机工作不正常．

7.1.4 两种类型的错误

假设检验是通过检验统计量的样本观测值做出的决策，而统计量

是随机变量，因此据之所做的判断不可能保证百分百的正确，可能出现以下两类错误：

(1) 第一类错误．在原假设为真的情况下，统计量不巧刚好落入了小概率的拒绝区域，根据小概率原理，我们要拒绝原假设，从而发生错误．可以看出，犯第一类错误的概率大小就等于显著水平 α. 因此，第一类错误也称**弃真错误**．

(2) 第二类错误．在原假设不为真的情况下，由于观测值的极端情况，统计量却落入接受域，这样没有发生小概率事件，所以我们就认为原假设为真，从而发生错误．犯第二类错误大小的概率用 β 表示，第二类错误也称**取伪错误**．

在实际的假设检验中，两类错误都是不可避免的．无论是哪种错误都是检验失真的表现，都应尽可能避免．但对于一定的样本容量 n，两类错误的概率不能同时变小，一个减小另一个必会增大．当然，要同时减小两类错误的方法也有．通过选取更小的显著水平 α，控制第一类错误的概率．再通过增大样本容量，使抽样分布更集中，从而降低第二类错误的概率．但样本容量的增加也是有限的，否则会使抽样调查失去意义．

7.2 正态总体的参数检验

7.2.1 单个总体均值的假设检验

1. 总体方差已知

根据抽样分布理论可知，如果总体服从正态分布，或虽不服从正态分布，但样本容量 n 充分大时，样本平均数服从正态分布．当总体方差已知时，可得服从标准正态分布的检验统计量 Z：

$$Z=\frac{\overline{X}-\mu_0}{\sigma/\sqrt{n}}\sim N(0,\ 1),$$

式中，μ_0 是总体均值的假设值．

例1 某机床加工一种零件，根据经验可知，该长加工零件的椭圆度近似服从正态分布，其总体均值为 0.081mm，总体标准差为 0.025mm. 今换一种新机床进行加工，抽取 200 个零件进行检验，得到的椭圆度为 0.076mm. 试问在 0.05 的显著水平下，新机床加工零件的椭圆度的均值与以前有无差异？

解 第一步：确定原假设与备择假设．

H_0：$\mu=0.081$，H_1：$\mu\neq 0.081$. 此处所关心的是椭圆度均值有无明显差异，因此使用双侧检验．

第二步：构造检验统计量．

因总体标准差已知且样本容量较大，所以使用 Z 统计量：

$$Z=\frac{\overline{X}-\mu_0}{\sigma/\sqrt{n}}\sim N(0,\ 1).$$

第三步：根据显著水平，确定拒绝域.

$\alpha=0.05$，双侧检验，拒绝域在两边，查标准正态分布表得临界值 $z_{\alpha/2}=1.96$，拒绝域是 $(-\infty,\ -1.96]\cup[1.96,\ +\infty)$.

第四步：计算检验统计量的样本观测值.

$$z=\frac{0.076-0.081}{0.025/\sqrt{200}}=-2.83.$$

第五步：判断.

$z_0=-2.83<-1.96$，检验统计量的样本取值落入拒绝域. 拒绝原假设，接受备择假设，有证据表明新机床加工的零件的椭圆度与以前相比有显著差异.

2. 总体方差未知

总体标准差未知时，可用样本标准差代替. 但即使在正态总体条件下，此新统计量服从自由度为 $n-1$ 的 t 分布，此时的检验统计量称为 T 统计量：

$$T=\frac{\overline{X}-\mu_0}{S/\sqrt{n}}\sim t(n-1).$$

例2　某厂采用自动包装机分装产品，假定每包产品的重量（单位：g）服从正态分布，每包标准重量为1000g. 在产品质量抽样中，某日随机抽查9包，测得样本平均重量为986g，样本标准差是24g. 试问在0.05的显著水平下，能否认为这天自动包装机工作正常？

解　第一步：确定原假设与备择假设.

H_0：$\mu=1000$，H_1：$\mu\neq1000$. 由于只要均值偏离1000g都说明不正常，因此使用双侧检验.

第二步：构造检验统计量.

由于正态总体中方差未知，故采用 T 统计量.

$$T=\frac{\overline{X}-1000}{S/\sqrt{n}}.$$

第三步：确定显著水平，确定拒绝域.

$\alpha=0.05$，查 t 分布表，自由度为8，得临界值是 $t_{\alpha/2}(n-1)=t_{0.025}(8)=2.306$，则拒绝域是 $(-\infty,\ -2.306]\cup[2.306,\ +\infty)$.

第四步：计算检验统计量的样本观测值.

将 $\overline{X}=986$，$n=9$，$S=24$，代入 T 统计量，得

$$t=\frac{986-1000}{24/\sqrt{9}}=-1.75.$$

第五步：判断.

由于 $|t_0|=1.75<2.306$，检验统计量的样本取值落入接受域，所以不能拒绝 H_0. 样本数据表明这天自动包装机工作正常.

在样本容量较小时，t 分布与标准正态分布的差异是明显的，但是在大样本场合，t 分布与标准正态分布近似，此时可以用 Z 统计量代替 T 统计量．此外，当总体分布未知或不是正态总体，且总体标准差未知时，仍然可用样本标准差来代替总体标准差，但此时必须是大样本，并且使用 Z 统计量．

7.2.2 单个总体方差的假设检验

设总体服从正态分布，且方差与均值均未知，此时若要对总体方差进行检验，自然会联想到样本方差 S^2，根据抽样分布的理论，可得总体方差的检验统计量 χ^2：

$$\chi^2=\frac{(n-1)S^2}{\sigma_0^2},$$

此统计量 χ^2 服从自由度为（$n-1$）的 χ^2 分布．

例3 某汽车配件厂在新工艺下对加工好的25个活塞的直径进行测量，得样本方差 $S^2=0.00066$，已知老工艺生产的活塞直径的方差为0.00040. 问改进工艺后活塞直径的方差是否小于等于改进工艺前的方差？（显著水平 $\alpha=0.05$）

解 第一步：确定原假设与备择假设．

$$H_0:\sigma^2\leqslant 0.00040,\quad H_1:\sigma^2>0.00040.$$

由于要考虑方差是否明显大于0.00040，因此使用右侧检验．

第二步：构造检验统计量．

由于正态总体中的均值、方差均未知，故采用 χ^2 统计量：

$$\chi^2=\frac{(n-1)S^2}{\sigma_0^2}\sim\chi^2(n-1).$$

第三步：确定显著水平，确定拒绝域．

$\alpha=0.05$，查 χ^2 分布表，自由度为24，得临界值是 $\chi^2_\alpha(n-1)=\chi^2_{0.05}(24)=36.415$，则拒绝域是 $[36.415,+\infty)$．

第四步：计算检验统计量的样本观测值．

将 $n=25$，$S^2=0.00066$，$\sigma_0^2=0.00040$，代入 t 统计量，得

$$\chi^2=\frac{(25-1)\times 0.00066}{0.00040}=39.6.$$

第五步：判断．

由于 $\chi^2=39.6>36.415$，检验统计量的样本取值落入拒绝域，所以拒绝 H_0. 即改进工艺后活塞直径的方差显著大于改进工艺前的方差.

7.2.3 配对样本均值的假设检验

对于配对样本，可以计算配对观测值之差，利用该差值可以构造一个 χ^2 检验统计量．设配对观测值为（x，y），其差值是 $d=x-y$.

设μ_d为差值的总体均值，要检验的是

$$H_0: \mu_d = \mu_0, \quad H_1: \mu_d \neq \mu_0.$$

检验统计量为

$$T = \frac{\bar{d} - \mu_0}{S_d/\sqrt{n}} \sim t(n-1).$$

例4 某企业可以用两种方法完成一项生产任务．为了研究这两种方法的平均使用时间情况，现场管理人员对10名工人进行配对抽样调查，结果如下表：

编号	1	2	3	4	5	6	7	8	9	10
方法一	6	5	7	6.2	6	6.4	6.3	6.5	6.3	6.1
方法二	5.4	5.2	6.5	5.9	6	5.8	6	6.1	6.4	6.3

在显著性水平0.05下，检验调查结果是否表明两种方法的平均使用时间存在显著不同．

解 第一步：确定原假设与备择假设．

H_0：$\mu_1 = \mu_2$（即$\mu_d = 0$），H_1：$\mu_1 \neq \mu_2$（即$\mu_d \neq 0$）．

由于不论大小，只考虑均值是否明显不同，因此使用双侧检验．

第二步：构造检验统计量．

由于样本配对，故可用两样本差值的均值μ_d来构造用统计量．

$$T = \frac{\bar{d} - \mu_0}{S_d/\sqrt{n}}.$$

第三步：确定显著水平，确定拒绝域．

$\alpha = 0.05$，查t分布表，自由度为9，得临界值是$t_{\alpha/2}(n-1) = t_{0.025}(9) = 2.2622$，则拒绝域是$(-\infty, -2.2622] \cup [2.2622, +\infty)$．

第四步：计算检验统计量的样本观测值．

将$\bar{d} = 0.22$，$n = 10$，$S_d = 0.319$，代入T统计量，得

$$t_0 = \frac{0.22 - 0}{0.319/\sqrt{10}} = 2.181$$

第五步：判断．

由于$|t_0| = 2.181 < 2.262$，检验统计量的样本取值落入接受域，故不能拒绝H_0．样本数据表明，两种方法的平均使用时间不存在明显的差异．

7.3 p值检验法

前述假设检验方法称为临界值法，使用临界值法检验有时会出现这样的情况：在一个较大的显著性水平（比如$\alpha = 0.05$）下得到拒绝原假设的结论，但在一个较小的显著性水平（比如$\alpha = 0.01$）下却得

到相反的结论．这种情况可以理解为：因为显著性水平变小后会导致拒绝域变小．但在应用中究竟该取多大的显著性水平呢？

例1 一支香烟中的尼古丁含量（单位：mg）X 服从正态分布 $N(\mu,\ 1)$，质量标准规定 μ 不能超过 1.5mg. 现在某厂生产的香烟中随机抽取 20 支测得平均每支香烟的尼古丁含量为 $\bar{x}=1.97$mg. 试问该厂生产的香烟尼古丁含量是否符合质量标准的规定．

解 第一步：确定原假设与备择假设．

$$H_0:\ \mu \leqslant \mu_0 = 1.5, \qquad H_1:\ \mu > \mu_0.$$

由于小于 1.5mg 才算符合标准，因此使用右侧检验．

第二步：构造检验统计量．

由于是对总体均值检验，且总体方差已知，故可用 Z 统计量来检验．

$$Z = \frac{\overline{X} - \mu_0}{\sigma / \sqrt{n}}.$$

第三步：计算检验统计量的样本观测值．

$$z_0 = \frac{1.97 - 1.5}{1/\sqrt{20}} = 2.10.$$

第四步：计算 p 值．

$$p\ 值 = P\{Z \geqslant z_0\} = P\{Z \geqslant 2.10\} = 1 - \Phi(2.10) = 0.0179.$$

第五步：比较判断．

若显著性水平 $\alpha \geqslant p = 0.0179$，则对应的临界值 $z_\alpha \leqslant 2.10$，这表示观测值 $z_0 = 2.10$ 落在拒绝域内，因此拒绝 H_0；又若显著性水平 $\alpha < p = 0.0179$，则对应得临界值 $z_\alpha > 2.10$，这表示观测值 $z_0 = 2.10$ 落在接受域内，因此接收 H_0.

由此可以看出，p 值 $= P\{Z \geqslant z_0\} = 0.0179$ 是原假设 H_0 可被拒绝的最小显著性水平．

在一个假设检验问题中，利用观测值能够做出拒绝原假设的最小显著水平称为检验的 p 值．

引进检验 p 值的观念有明显的优点．第一，它比较客观，避免了事先确定显著性水平；第二，p 值检验法比临界值法给出了有关拒绝域的更多信息．

应用时，将检验 p 值与事先给定的显著性水平 α 进行比较可以很容易地做出检验的结论：

（1）如果 $\alpha \geqslant p$，则在显著性水平 α 下拒绝 H_0；

（2）如果 $\alpha < p$，则在显著性水平 α 下接受 H_0.

例2 某企业产品的市场份额几个月前是60%. 近期的一项调查，访问了500位客户，发现该企业产品的市场份额变成了55%. 显著性水平取 0.05，使用 p 值检验法，检验企业的市场份额是否下降了？

解 第一步：确定原假设与备择假设．

$$H_0: P\geqslant 60\%, \ H_1: P<60\%.$$

第二步：构造检验统计量.

$$Z=\frac{P-0.6}{\sqrt{\frac{0.6(1-0.6)}{n}}}\sim N(0,1).$$

第三步：计算检验统计量的数值.

将 $P=55\%$ 代入检验统计量中，得

$$z_0=\frac{0.55-0.6}{\sqrt{\frac{0.6(1-0.6)}{500}}}=-2.28.$$

第四步：计算 p 值.

由于是左侧检验，p 值计算为

$$p\text{值}=P\{Z<z_0\}=P\{Z<-2.28\}=1-\Phi(2.28)=0.0113.$$

第五步：判断.

p 值小于显著性水平 0.05，拒绝原假设，接受备择假设，有足够的证据证明该企业的市场份额已经下降了.

内容小结

1. 知识框架图

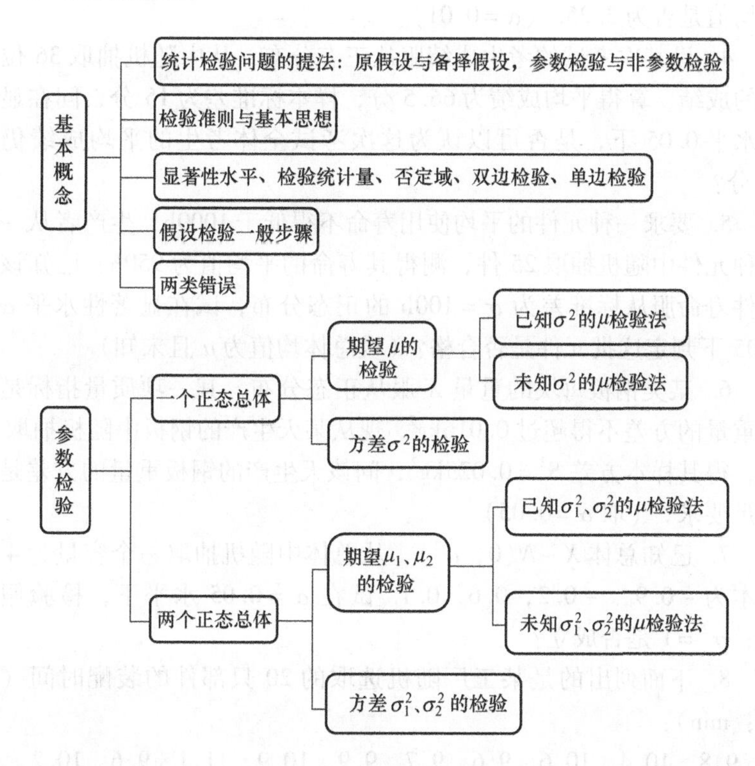

2. 基本要求

（1）了解假设检验的一些概念，了解假设检验的基本思想，知道犯两类错误的概率的确切含义.

（2）掌握 t 检验法、χ^2 检验法及 p 值检验法，要求会使用这些方法解决实际应用问题.

（3）了解样本容量与检验水平的关系.

习题 7

1. 某罐头厂生产的蘑菇罐头规定每罐净重500g，根据检验知道，每罐净重服从正态分布 $N(500, 36)$，且方差是不变的. 现从所生产的罐头中任取100罐进行测量，测得每罐净重的平均值为 $\bar{X}=502$g，问这批罐头是否符合出厂标准？（$\alpha=0.05$）

2. 经气象部门多年资料统计，长沙市四月份平均气温 $\mu=16.8$℃，现根据近五年气温资料统计得出四月份气温平均为17.3℃. 若气温服从正态分布，且方差 $\sigma^2=0.52$ 不变，问近五年的平均气温与过去相比是否有显著差异？（$\alpha=0.01$）

3. 某批砂矿的5个样品中的镍含量，经测定为（%）

$$3.25，3.27，3.24，3.26，3.24.$$

设测定值总体服从正态分布，但参数均未知，问这批砂矿的镍含量均值是否为3.25.（$\alpha=0.01$）

4. 设某次考试的考生成绩服从正态分布，从中随机抽取36位考生的成绩，算得平均成绩为66.5分，样本标准差为15分，问在显著性水平0.05下，是否可以认为这次考试全体考生的平均成绩仍为70分？

5. 要求一种元件的平均使用寿命不得低于1000h，生产者从一批这种元件中随机抽取25件，测得其寿命的平均值为950h，已知该种元件寿命服从标准差为 $\sigma=100$h 的正态分布，试在显著性水平 $\alpha=0.05$ 下判定这批元件是否合格？（设总体均值为 μ 且未知）

6. 某类钢板每块的重量 X 服从正态分布，其一项质量指标是钢板重量的方差不得超过 0.016kg^2. 现从某天生产的钢板中随机抽取25块，得其样本方差 $S^2=0.025\text{kg}^2$，问该天生产的钢板重量的方差是否满足要求.（取 $\alpha=0.05$）

7. 已知总体 $X\sim N(0, \sigma^2)$，从总体中随机抽取一个容量为4的样本为 -0.9，-0.2，0.6，0.1. 试在 $\alpha=0.05$ 水平下，检验假设 H_0：$\sigma^2=1$ 是否成立？

8. 下面列出的是某工厂随机选取的20只部件的装配时间（单位：min）：

9.8，10.4，10.6，9.6，9.7，9.9，10.9，11.1，9.6，10.2，

10.3，9.6，9.9，11.2，10.6，9.8，10.5，10.1，10.5，9.7.

设装配时间的总体服从正态分布 $N(\mu,\ \sigma^2)$，μ、σ^2 均未知，是否可以认为装配时间的均值显著大于10?（$\alpha=0.05$）

9. 甲、乙两人加工同类轴杆，其直径（单位：cm）都服从正态分布且方差相同．从中抽样测得其直径样本如下．

甲（X）：5.15，5.08，5.04，5.12，5.13，5.09，5.05，5.11.

乙（Y）：5.12，5.14，5.07，5.09，5.05，5.11，5.15，5.09.

试问甲、乙两人加工的轴杆直径有无明显差异?（$\alpha=0.05$）

10. 用 p 值检验法检验第2、3题中的检验问题．

部分习题参考答案

习题 1

1. (1) $AB\overline{C}$　(2) $A\overline{BC}$　(3) ABC　(4) $A\cup B\cup C$　(5) $\overline{ABC}$
(6) $\overline{AB}\cup\overline{AC}\cup\overline{BC}$　(7) $\overline{A}\cup\overline{B}\cup\overline{C}$　(8) $AB\cup AC\cup BC$

2. (1) $P(A\cup B\cup C)=5/8$　(2) $P(\overline{AB})=0.6$　(3) $P(A\cup B)=0.5$，事件 A、B 不独立.

3. (1) $\dfrac{C_{400}^{90}C_{1100}^{110}}{C_{1500}^{200}}$　(2) $1-\dfrac{C_{1100}^{200}+C_{400}^{1}C_{1100}^{199}}{C_{1500}^{200}}$

4. $\dfrac{4}{P_{11}^{7}}$　**5.** (1) $\dfrac{28}{45}$　(2) $\dfrac{1}{45}$　(3) $\dfrac{16}{45}$　(4) $\dfrac{1}{5}$

6. $\dfrac{252}{2431}$　**7.** $\dfrac{2l}{\pi a}$　**8.** 0.18　**9.** 0.0083　**10.** 略　**11.** (1) $\dfrac{1}{n-k+1}$，(2) $\dfrac{1}{n}$　**12.** 略

13. 0.25　**14.** $\dfrac{13}{48}$　**15.** 0.645　**16.** $\dfrac{20}{21}$

17. $\dfrac{N(n+m)+n}{(n+m)(N+M+1)}$　**18.** 0.59　**19.** 0.146　**20.** 0.0315，$\dfrac{14}{63}$

21. $\dfrac{25}{69}$，$\dfrac{28}{69}$，$\dfrac{16}{69}$　**22.** (1) 0.1942　(2) 0.4856　**23.** 略　**24.** 0.6　**25.** 略

26. $C_{n+m-1}^{m}p^{n}(1-p)^{m}$　**27.** $\dfrac{m}{m+n2^{r}}$　**28.** $\dfrac{1}{2}$　**29.** (1) 0.84　(2) 6

习题 2

1.

X	3	4	5
p_k	1/10	3/10	6/10

Y	1	2	3
p_k	6/10	3/10	1/10

2. (1) 1　(2) 1/8

3. $P\{X=k\}=0.45(0.55)^{k-1}$，$k=1,2,\cdots$.

4. $P\{X=k\}=C_{k-1}^{r-1}p^{r}(1-p)^{k-r}$，$k=r,r+1,\cdots$.

5. $X\sim B(n,p)$　**6.** (1) 0.194　(2) 0.264　**7.** (1) 0.321　(2) 0.243

8. (1) $k=5$，$p=0.1756$　(2) 0.9934　**9.** $\dfrac{2}{3}e^{-2}$　**10.** (1) 0.0298
(2) 0.5665　**11.** $Y\sim\pi(\lambda p)$　**12.** 0.8622　**13.** 4 名　**14.** 105

15. $P\{X=k\}=p^{k}(1-p)$，$k=0,1,2,3$，$P\{X=4\}=p^{4}$；

$$F(x)=\begin{cases}0, & x<0,\\ 0.6, & 0\leqslant x<1,\\ 0.84, & 1\leqslant x<2,\\ 0.936, & 2\leqslant x<3,\\ 0.9744, & 3\leqslant x<4,\\ 1, & x\geqslant 4.\end{cases}$$

16. C **17.** (1) $a=1$, $b=-1$ (2) 0.4712 (3) $f(x)=\begin{cases}xe^{-\frac{x^2}{2}}, & x>0,\\ 0, & x\leqslant 0.\end{cases}$

18. $a>0$, $4ac-b^2=4\pi^2$ **19.** (1) $c=1000$ (2) 0.4706 (3) 4/9

20. $f(x)=\begin{cases}100, & |x|\leqslant 0.005,\\ 0, & \text{其他};\end{cases}$ $P\{|X|\leqslant 0.004\}=0.8$ **21.** 0.8

22. (1) $T\sim E(\lambda)$ (2) $P\{T>18|T>8\}=e^{-10\lambda}$

23. $P\{X=k\}=C_5^k e^{-2k}(1-e^{-2})^{5-k}$, $k=1, 2, \cdots, 5$; $P\{X\geqslant 1\}=0.5167$

24. (1) 0.8051 (2) 0.5498 (3) 0.6678 (4) 0.6147 (5) 0.8253

25. 0.2 **26.** 4 次 **27.** 31.2

28.

$Y=2X-1$	-3	-1	1	3
p	1/8	1/8	1/4	1/2

,

$Z=X^2$	0	1	4
p	1/8	3/8	1/2

29.

X	-1	0	1
p	$\frac{pq^3}{1-q^4}$	$\frac{p}{1-q^2}$	$\frac{pq}{1-q^4}$

30. $f_Y(y)=\begin{cases}\frac{2}{3}e^{-\frac{2(2-y)}{3}}, & y<2,\\ 0, & \text{其他}\end{cases}$

31. $f_Y(y)=\frac{3(1-y)^2}{\pi[1+(1-y)^6]}$, $-\infty<y<+\infty$

32. $F_Y(y)=\begin{cases}0, & y\leqslant 0,\\ y, & 0<y<1,\\ 1, & y\geqslant 1\end{cases}$ **33.** $f_Y(y)=\begin{cases}\frac{2}{\pi\sqrt{1-y^2}}, & 0<y<1,\\ 0, & \text{其他}\end{cases}$

34. 0.5525

35.

(X, Y)	(0, 2)	(1, 1)	(2, 0)
p_{ij}	0.1	0.6	0.3

36. (1) $P\{X=i, Y=j\}=\dfrac{C_{m_1}^{i}C_{m_2}^{j}C_{n-m_1-m_2}^{k-i-j}}{C_n^k}$ $(i=1, 2, \cdots, m_1; j=1, 2, \cdots, m_2)$

(2) $P\{X=i, Y=j\}=C_n^iC_{n-i}^j\left(\dfrac{m_1}{n}\right)^i\left(\dfrac{m_2}{n}\right)^j\left(1-\dfrac{m_1}{n}-\dfrac{m_2}{n}\right)^{n-i-j}$ $(i, j=1, 2, \cdots, n; i+j\leqslant n)$

37. 不能 **38**. (1) 1/8 (2) 3/8 (3) 27/32 (4) 2/3 **39**. (1) 21/4

(2) $f_X(x)=\begin{cases}\dfrac{21}{8}x^2(1-x^4), & -1\leqslant x\leqslant 1,\\ 0, & \text{其他},\end{cases}$ $f_Y(y)=\begin{cases}\dfrac{7}{2}y^{5/2}, & 0\leqslant y\leqslant 1,\\ 0, & \text{其他}.\end{cases}$

40. $F_X(x)=\begin{cases}1-e^{-x}, & x>0,\\ 0, & \text{其他},\end{cases}$ $F_Y(y)=\begin{cases}1-e^{-y}, & y>0,\\ 0, & \text{其他}.\end{cases}$

41. (1) $f(x, y)=\begin{cases}2, & 0\leqslant y\leqslant x, 0\leqslant x\leqslant 1,\\ 0, & \text{其他}.\end{cases}$ (2) 1/3 (3) 0.09

42. $f_X(x)=\begin{cases}e^{-x}, & x>0,\\ 0, & \text{其他}.\end{cases}$ $f_Y(y)=\begin{cases}ye^{-y}, & y>0,\\ 0, & \text{其他}.\end{cases}$

43. (1) 独立 (2) 不独立

44. 1/24, 1/12, 3/8

45. (1) $f(x, y)=\begin{cases}\dfrac{1}{2}e^{-\frac{y}{2}}, & 0<x<1, y>0,\\ 0, & \text{其他}.\end{cases}$ (2) 0.1445

46. 略

47.

$X+Y$	-2	-1	0	1	2
p	1/4	1/4	1/6	1/4	1/12

$X-Y$	-1	0	1	2	3
p	1/4	1/4	1/8	1/4	1/8

XY	-2	-1	0	1
p	1/8	1/6	11/24	1/4

Y/X	-1	$-1/2$	0	1
p	1/8	1/6	11/24	1/4

48. $f_Z(z)=\begin{cases}0,\ z<0\text{ 或 }z>2,\\ z,\ 0<z<1,\\ 2-z,\ 1<z<2\end{cases}$

49. $f_R(z)=\begin{cases}\dfrac{1}{15000}(600z-60z^2+z^3), & 0\leqslant z<10\\ \dfrac{1}{15000}(20-z)^3, & 10\leqslant z\leqslant 20\\ 0, & \text{其他}\end{cases}$

习题 3

1. -0.2，0.6，3.8 **2.** $\dfrac{9}{2}$ **3.** a **4.** 略 **5.** 1.0556 **6.** $\dfrac{1}{\lambda}(1-e^{-\lambda})$ **7.** 1500 **8.** 2，$\dfrac{1}{3}$ **9.** (1) $\dfrac{n}{n+1}$ (2) $\dfrac{1}{n+1}$. **10.** (1) 2，0 (2) $-\dfrac{1}{15}$ (3) 5

11. (1)

Y \ X	1	2	3	$P\{X=i\}$
1	1/9	0	0	1/9
2	2/9	1/9	0	3/9
3	2/9	2/9	1/9	5/9
$P\{Y=j\}$	5/9	3/9	1/9	1

(2) $\dfrac{22}{9}$

12. $E(X)=\dfrac{4}{5}$，$E(Y)=\dfrac{3}{5}$，$E(XY)=\dfrac{1}{2}$，$E(X^2+Y^2)=\dfrac{16}{15}$ **13.** $\dfrac{\pi}{24}(a+b)(a^2+b^2)$ **14.** $\dfrac{70}{6}$ **15.** $\dfrac{2}{3}R$ **16.** $\dfrac{n+1}{2}$ **17.** $E(X)=\sqrt{\dfrac{\pi}{2}}\sigma$，$D(X)=\dfrac{4-\pi}{2}\sigma^2$ **18.** $E(X)=\alpha\beta$，$D(X)=\alpha\beta^2$ **19.** μ，$\dfrac{\sigma^2}{n}$ **20.** (1) $E(Y)=7$，$D(Y)=37.25$ (2) $W\sim N(2080,\ 65^2)$，$V\sim N(80,\ 1525)$，$P\{X>Y\}=0.9798$，$P\{X+Y>1400\}=0.1539$ **21.** 39 袋 **22.** (1) $E(XY)=1/4$，$E(X/Y)$不存在，$E[\ln(XY)]=-2$，$E(|Y-X|)=1/3$ (2) $\rho_{AC}=\sqrt{6/7}$

23. 略 **24.** 略 **25.** (1) $E(Z)=\dfrac{1}{3}$，$D(Z)=3$ (2) $\rho_{XZ}=0$ (3) X 与 Z 不相互独立

26. $E(X)=E(Y)=\frac{7}{6}$，$\text{Cov}(X, Y)=-\frac{1}{36}$，$\rho_{XY}=\frac{-1}{11}$，$D(X+Y)=\frac{5}{9}$ **27**. 0，0

28. $\frac{a^2-b^2}{a^2+b^2}$ **29**. 略 **30**. $p \geqslant \frac{8}{9}$

习题4

1. 0.9 **2**. 0.92 **3**. (1) 0.709 (2) 0.875 **4**. 0.7685

5. (1) 0.1802 (2) $n=443$ **6**. 144支 **7**. (1) 0.9525 (2) $n \geqslant 25$

8. 0.9938 **9**. (1) 0.0248 (2) 176 ~ 224 **10**. 0.0787

习题5

1. 50.0625，1.2625 **2**. 2.39，0.00105，0.03 **3**. (1) (3)

4. $f(x_1,x_2,\cdots,x_6)=e^{-6\lambda}\frac{\lambda^{\sum_{i=1}^{6}x_i}}{\prod_{i=1}^{6}x_i!}$ **5**. 0.0455 **6**. 0.8293 **7**. (1) -1.65 (2) 1.28 (3) 1.65

8. (1) 30.578 (2) 4.681，32.801 **9**. (1) 1.3968 (2) -1.3968 (3) 2.306

10. (1) 2.39 (2) 0.3.58 (3) 0.2137，3.11 **11**. 0.25

12. $a=\frac{1}{\sqrt{3}}$，$b=\frac{1}{\sqrt{2}}$ **13**. t (10) **14**. 略 **15**. (1) 0.9916 (2) 0.8904 (3) 96

16. (1) $E(\overline{X})=\lambda$ (2) $D(\overline{X})=\frac{\lambda}{n}$ (3) $E(S^2)=\left(1-\frac{1}{n}\right)\lambda$ **17**. (1) $C=1$，自由度为2 (2) $C=\frac{\sqrt{6}}{2}$，自由度为3

18. (1) 0.0918 (2) 0.6826 **19**. (1) $P\{S^2/\sigma^2 \leqslant 2.041\}=0.99$ (2) $D(S^2)=2\sigma^2/15$

习题6

1. $\hat{\mu}=74.002$，$\hat{\sigma}^2=6\times10^{-6}$，$S^2=6.86\times10^{-6}$

2. (1) $\hat{\theta}=\frac{\overline{X}}{\overline{X}-c}$，$\hat{\theta}_L=\frac{n}{\sum_{i=1}^{n}\ln X_i-n\ln c}$ (2) $\hat{\theta}=\left(\frac{\overline{X}}{\overline{X}-1}\right)^2$，$\hat{\theta}_L=\frac{n^2}{(\sum_{i=1}^{n}\ln X_i)^2}$ (3) $\hat{p}=\frac{\overline{X}}{m}$，$\hat{p}_L=\frac{\overline{X}}{m}$ **3**. (1) $\hat{\lambda}=\overline{X}$，$\hat{\lambda}_L=\overline{X}$ (2) $\hat{p}=\frac{r}{\bar{x}}$

4. $\hat{\theta}=\frac{5}{6}$，$\hat{\theta}_L=\frac{5}{6}$ **5**. $\overline{X}-\sqrt{\frac{3}{n}\sum_{i=1}^{n}(X_i-\overline{X})^2}$，$\overline{X}+\sqrt{\frac{3}{n}\sum_{i=1}^{n}(X_i-\overline{X})^2}$，$\hat{a}=X_{(1)}=\min_{1\leqslant i\leqslant n}\{X_i\}$，$\hat{b}=X_{(n)}=\max_{1\leqslant i\leqslant n}\{X_i\}$

6. $\hat{\theta}=\frac{2\overline{X}}{3}$，$\hat{\theta}_L=\frac{1}{2}\max\{X_1, X_2, \cdots, X_n\}$ **7**. (1) $\Phi\left(\frac{t-\overline{X}}{S_n}\right)$ (2) $1-\Phi(2-\bar{x})$

8. (1) $c=\frac{1}{2(n-1)}$ (2) $c=\frac{1}{n}$ **9**. (1) T_1、T_3是无偏的 (2) T_3更为有效 **10**. 略

11. $a=\frac{n_1}{n_1+n_2}$，$b=\frac{n_2}{n_1+n_2}$

12. (1) (5.608, 6.392)　(2) (5.558, 6.442)

13. (1) (2.106, 2.140)　(2) (0.357, 8.223)　**14**. (−0.002, 0.006)

15. (0.101, 0.244)　**16**. σ 为已知时，6.329；σ 为未知时，6.356.　**17**. (1) 40527 (2) 3748262.6

18. −0.0012　**19**. (1) (0.222, 3.601)　(2) 2.84

习题 7

答案略.

附　表

附表 1　泊松分布的数值表

$$P\{X \geqslant x\} = \sum_{k=x}^{\infty} \frac{\lambda^k}{k!} e^{-\lambda}$$

k \ λ	0.1	0.2	0.3	0.4	0.5	0.6	0.7	0.8	0.9	1.0	1.5	2.0	2.5	3.0
0	0.9048	0.8187	0.7408	0.6703	0.6065	0.5488	0.4966	0.4493	0.4066	0.3679	0.2231	0.1353	0.0821	0.0498
1	0.0905	0.1637	0.2223	0.2681	0.3033	0.3293	0.3476	0.3595	0.3659	0.3679	0.3347	0.2707	0.2052	0.1494
2	0.0045	0.0164	0.0333	0.0536	0.0758	0.0988	0.1216	0.1438	0.1647	0.1839	0.2510	0.2707	0.2565	0.2240
3	0.0002	0.0011	0.0033	0.0072	0.0126	0.0198	0.0284	0.0383	0.0494	0.0613	0.1255	0.1805	0.2138	0.2240
4		0.0001	0.0003	0.0007	0.0016	0.0030	0.0050	0.0077	0.0111	0.0153	0.0471	0.0902	0.1336	0.1681
5				0.0001	0.0002	0.0003	0.0007	0.0012	0.0020	0.0031	0.0141	0.0361	0.0668	0.1008
6							0.0001	0.0002	0.0003	0.0005	0.0035	0.0120	0.0278	0.0504
7										0.0001	0.0008	0.0034	0.0099	0.0216
8											0.0002	0.0009	0.0031	0.0081
9												0.0002	0.0009	0.0027
10													0.0002	0.0008
11													0.0001	0.0002
12														0.0001

（续）

k \ λ	3.5	4.0	4.5	5	6	7	8	9	10	11	12	13	14	15
0	0.0302	0.0183	0.0111	0.0067	0.0025	0.0009	0.0003	0.0001						
1	0.1057	0.0733	0.0500	0.0337	0.0149	0.0064	0.0027	0.0011	0.0004	0.0002	0.0001			
2	0.1850	0.1465	0.1125	0.0842	0.0446	0.0223	0.0107	0.0050	0.0023	0.0010	0.0004	0.0002	0.0001	
3	0.2158	0.1954	0.1687	0.1404	0.0892	0.0521	0.0286	0.0150	0.0076	0.0037	0.0018	0.0008	0.0004	0.0002
4	0.1888	0.1954	0.1898	0.1755	0.1339	0.0912	0.0573	0.0337	0.0189	0.0102	0.0053	0.0027	0.0013	0.0006
5	0.1322	0.1563	0.1708	0.1755	0.1606	0.1277	0.0916	0.0607	0.0378	0.0224	0.0127	0.0071	0.0037	0.0019
6	0.0771	0.1042	0.1281	0.1462	0.1606	0.1490	0.1221	0.0911	0.0631	0.0411	0.0255	0.0151	0.0087	0.0048
7	0.0385	0.0595	0.0824	0.1044	0.1377	0.1490	0.1396	0.1171	0.0901	0.0646	0.0437	0.0281	0.0174	0.0104
8	0.0169	0.0298	0.0463	0.0653	0.1033	0.1304	0.1396	0.1318	0.1126	0.0888	0.0655	0.0457	0.0304	0.0195
9	0.0065	0.0132	0.0232	0.0363	0.0688	0.1014	0.1241	0.1318	0.1251	0.1085	0.0874	0.0660	0.0473	0.0324
10	0.0023	0.0053	0.0104	0.0181	0.0413	0.0710	0.0993	0.1186	0.1251	0.1194	0.1048	0.0859	0.0663	0.0486
11	0.0007	0.0019	0.0043	0.0082	0.0225	0.0452	0.0722	0.0970	0.1137	0.1194	0.1144	0.1015	0.0843	0.0663
12	0.0002	0.0006	0.0015	0.0034	0.0113	0.0264	0.0481	0.0728	0.0948	0.1094	0.1144	0.1099	0.0984	0.0828
13	0.0001	0.0002	0.0006	0.0013	0.0052	0.0142	0.0296	0.0504	0.0729	0.0926	0.1056	0.1099	0.1061	0.0956
14		0.0001	0.0002	0.0005	0.0023	0.0071	0.0169	0.0324	0.0521	0.0728	0.0905	0.1021	0.1061	0.1025
15			0.0001	0.0002	0.0009	0.0033	0.0090	0.0194	0.0347	0.0533	0.0724	0.0885	0.0989	0.1025
16				0.0001	0.0003	0.0015	0.0045	0.0109	0.0217	0.0367	0.0543	0.0719	0.0865	0.0960
17					0.0001	0.0006	0.0021	0.0058	0.0128	0.0237	0.0383	0.0551	0.0713	0.0847
18						0.0002	0.0010	0.0029	0.0071	0.0145	0.0255	0.0397	0.0554	0.0706
19						0.0001	0.0004	0.0014	0.0037	0.0084	0.0161	0.0272	0.0408	0.0557
20							0.0002	0.0006	0.0019	0.0046	0.0097	0.0177	0.0286	0.0418
21							0.0001	0.0003	0.0009	0.0024	0.0055	0.0109	0.0191	0.0299
22								0.0001	0.0004	0.0013	0.0030	0.0065	0.0122	0.0204
23									0.0002	0.0006	0.0016	0.0036	0.0074	0.0133
24									0.0001	0.0003	0.0008	0.0020	0.0043	0.0083
25										0.0001	0.0004	0.0011	0.0024	0.0050
26											0.0002	0.0005	0.0013	0.0029
27											0.0001	0.0002	0.0007	0.0017
28												0.0001	0.0003	0.0009
29													0.0002	0.0004
30													0.0001	0.0002
31														0.0001

附表 2 标准正态分布表

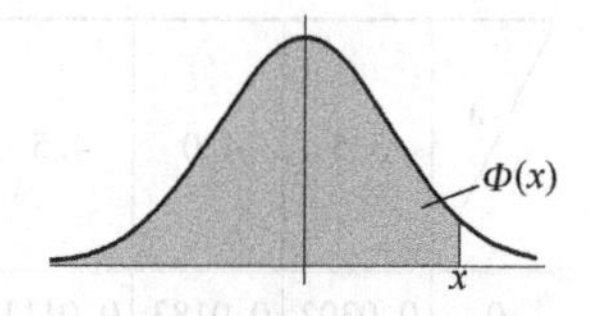

$$\Phi(x) = \int_{-\infty}^{x} \frac{1}{\sqrt{2\pi}} e^{-\frac{t^2}{2}} dt$$

x	0.00	0.01	0.02	0.03	0.04	0.05	0.06	0.07	0.08	0.09
0.0	0.5000	0.5040	0.5080	0.5120	0.5160	0.5199	0.5239	0.5279	0.5319	0.5359
0.1	0.5398	0.5438	0.5478	0.5517	0.5557	0.5596	0.5636	0.5675	0.5714	0.5754
0.2	0.5793	0.5832	0.5871	0.5910	0.5948	0.5987	0.6026	0.6064	0.6103	0.6141
0.3	0.6179	0.6217	0.6255	0.6293	0.6331	0.6368	0.6406	0.6443	0.6480	0.6517
0.4	0.6554	0.6591	0.6628	0.6664	0.6700	0.6736	0.6772	0.6808	0.6844	0.6879
0.5	0.6915	0.6950	0.6985	0.7019	0.7054	0.7088	0.7123	0.7157	0.7190	0.7224
0.6	0.7258	0.7291	0.7324	0.7357	0.7389	0.7422	0.7454	0.7486	0.7518	0.7549
0.7	0.7580	0.7612	0.7642	0.7673	0.7704	0.7734	0.7764	0.7794	0.7823	0.7852
0.8	0.7881	0.7910	0.7939	0.7967	0.7996	0.8023	0.8051	0.8079	0.8106	0.8133
0.9	0.8159	0.8186	0.8212	0.8238	0.8264	0.8289	0.8315	0.8340	0.8365	0.8389
1.0	0.8413	0.8438	0.8461	0.8485	0.8508	0.8531	0.8554	0.8577	0.8599	0.8621
1.1	0.8643	0.8665	0.8686	0.8708	0.8729	0.8749	0.8770	0.8790	0.8810	0.8830
1.2	0.8849	0.8869	0.8888	0.8907	0.8925	0.8944	0.8962	0.8980	0.8997	0.9015
1.3	0.9032	0.9049	0.9066	0.9082	0.9099	0.9115	0.9131	0.9147	0.9162	0.9177
1.4	0.9192	0.9207	0.9222	0.9236	0.9251	0.9265	0.9279	0.9292	0.9306	0.9319
1.5	0.9332	0.9345	0.9357	0.9370	0.9382	0.9394	0.9406	0.9418	0.9430	0.9441
1.6	0.9452	0.9463	0.9474	0.9485	0.9495	0.9505	0.9515	0.9525	0.9535	0.9545
1.7	0.9554	0.9564	0.9573	0.9582	0.9591	0.9599	0.9608	0.9616	0.9625	0.9633
1.8	0.9641	0.9649	0.9656	0.9664	0.9671	0.9678	0.9686	0.9693	0.9700	0.9706
1.9	0.9713	0.9719	0.9726	0.9732	0.9738	0.9744	0.9750	0.9756	0.9762	0.9767
2.0	0.9772	0.9778	0.9783	0.9788	0.9793	0.9798	0.9803	0.9808	0.9812	0.9817
2.1	0.9821	0.9826	0.9830	0.9834	0.9838	0.9842	0.9846	0.9850	0.9854	0.9857
2.2	0.9861	0.9865	0.9868	0.9871	0.9875	0.9878	0.9881	0.9884	0.9887	0.9890
2.3	0.9893	0.9896	0.9898	0.9901	0.9904	0.9906	0.9909	0.9911	0.9913	0.9916
2.4	0.9918	0.9920	0.9922	0.9925	0.9927	0.9929	0.9931	0.9932	0.9934	0.9936
2.5	0.9938	0.9940	0.9941	0.9943	0.9945	0.9946	0.9948	0.9949	0.9951	0.9952
2.6	0.9953	0.9955	0.9956	0.9957	0.9959	0.9960	0.9961	0.9962	0.9963	0.9964
2.7	0.9965	0.9966	0.9967	0.9968	0.9969	0.9970	0.9971	0.9972	0.9973	0.9974
2.8	0.9974	0.9975	0.9976	0.9977	0.9977	0.9978	0.9979	0.9980	0.9980	0.9981
2.9	0.9981	0.9982	0.9983	0.9983	0.9984	0.9984	0.9985	0.9985	0.9986	0.9986
3.0	0.9987	0.9987	0.9987	0.9988	0.9988	0.9989	0.9989	0.9989	0.9990	0.9990

附表3 t 分布表

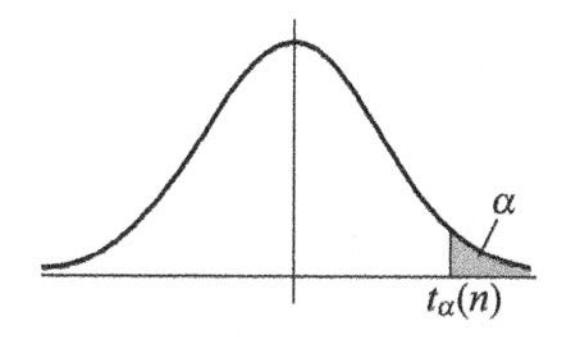

$$P\{t(n) > t_\alpha(n)\} = \alpha$$

n \ α	0.20	0.15	0.10	0.05	0.025	0.01	0.005
1	1.3764	1.9626	3.0777	6.3138	12.7060	31.8210	63.6570
2	1.0607	1.3862	1.8856	2.9200	4.3027	6.9646	9.9248
3	0.9785	1.2498	1.6377	2.3534	3.1824	4.5407	5.8409
4	0.9410	1.1896	1.5332	2.1318	2.7764	3.7469	4.6041
5	0.9195	1.1558	1.4759	2.0150	2.5706	3.3649	4.0321
6	0.9057	1.1342	1.4398	1.9432	2.4469	3.1427	3.7074
7	0.8960	1.1192	1.4149	1.8946	2.3646	2.9980	3.4995
8	0.8889	1.1081	1.3968	1.8595	2.3060	2.8965	3.3554
9	0.8834	1.0997	1.3830	1.8331	2.2622	2.8214	3.2498
10	0.8791	1.0931	1.3722	1.8125	2.2281	2.7638	3.1693
11	0.8755	1.0877	1.3634	1.7959	2.2010	2.7181	3.1058
12	0.8726	1.0832	1.3562	1.7823	2.1788	2.6810	3.0545
13	0.8702	1.0795	1.3502	1.7709	2.1604	2.6503	3.0123
14	0.8681	1.0763	1.3450	1.7613	2.1448	2.6245	2.9768
15	0.8662	1.0735	1.3406	1.7531	2.1315	2.6025	2.9467
16	0.8647	1.0711	1.3368	1.7459	2.1199	2.5835	2.9208
17	0.8633	1.0690	1.3334	1.7396	2.1098	2.5669	2.8982
18	0.8621	1.0672	1.3304	1.7341	2.1009	2.5524	2.8784
19	0.8610	1.0655	1.3277	1.7291	2.0930	2.5395	2.8609
20	0.8600	1.0640	1.3253	1.7247	2.0860	2.5280	2.8453
21	0.8591	1.0627	1.3232	1.7207	2.0796	2.5176	2.8314
22	0.8583	1.0614	1.3212	1.7171	2.0739	2.5083	2.8188
23	0.8575	1.0603	1.3195	1.7139	2.0687	2.4999	2.8073
24	0.8569	1.0593	1.3178	1.7109	2.0639	2.4922	2.7969
25	0.8562	1.0584	1.3163	1.7081	2.0595	2.4851	2.7874
26	0.8557	1.0575	1.3150	1.7056	2.0555	2.4786	2.7787
27	0.8551	1.0567	1.3137	1.7033	2.0518	2.4727	2.7707
28	0.8547	1.0560	1.3125	1.7011	2.0484	2.4671	2.7633
29	0.8542	1.0553	1.3114	1.6991	2.0452	2.4620	2.7564
30	0.8538	1.0547	1.3104	1.6973	2.0423	2.4573	2.7500
31	0.8534	1.0541	1.3095	1.6955	2.0395	2.4528	2.7440
32	0.8530	1.0535	1.3086	1.6939	2.0369	2.4487	2.7385
33	0.8527	1.0530	1.3077	1.6924	2.0345	2.4448	2.7333
34	0.8523	1.0525	1.3070	1.6909	2.0322	2.4411	2.7284
35	0.8520	1.0520	1.3062	1.6896	2.0301	2.4377	2.7238
36	0.8517	1.0516	1.3055	1.6883	2.0281	2.4345	2.7195
37	0.8514	1.0512	1.3049	1.6871	2.0262	2.4314	2.7154
38	0.8512	1.0508	1.3042	1.6860	2.0244	2.4286	2.7116
39	0.8509	1.0504	1.3036	1.6849	2.0227	2.4258	2.7079
40	0.8507	1.0500	1.3031	1.6839	2.0211	2.4233	2.7045
41	0.8505	1.0497	1.3025	1.6829	2.0195	2.4208	2.7012
42	0.8503	1.0494	1.3020	1.6820	2.0181	2.4185	2.6981
43	0.8501	1.0491	1.3016	1.6811	2.0167	2.4163	2.6951
44	0.8499	1.0488	1.3011	1.6802	2.0154	2.4141	2.6923
45	0.8497	1.0485	1.3006	1.6794	2.0141	2.4121	2.6896

附表4 χ^2 分布表

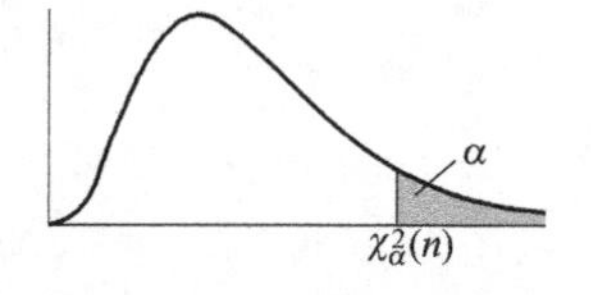

$$P\{\chi^2(n) > \chi^2_\alpha(n)\} = \alpha$$

n \ α	0.995	0.99	0.975	0.95	0.90	0.10	0.05	0.025	0.01	0.005
1	0.000	0.000	0.001	0.004	0.016	2.706	3.842	5.024	6.635	7.879
2	0.010	0.020	0.051	0.103	0.211	4.605	5.992	7.378	9.210	10.597
3	0.072	0.115	0.216	0.352	0.584	6.251	7.815	9.348	11.345	12.838
4	0.207	0.297	0.484	0.711	1.064	7.779	9.488	11.143	13.277	14.860
5	0.412	0.554	0.831	1.146	1.610	9.236	11.070	12.833	15.086	16.750
6	0.676	0.872	1.237	1.635	2.204	10.645	12.592	14.449	16.812	18.548
7	0.989	1.239	1.690	2.167	2.833	12.017	14.067	16.013	18.475	20.278
8	1.344	1.647	2.180	2.733	3.490	13.362	15.507	17.535	20.090	21.955
9	1.735	2.088	2.700	3.325	4.168	14.684	16.919	19.023	21.666	23.589
10	2.156	2.558	3.247	3.940	4.865	15.987	18.307	20.483	23.209	25.188
11	2.603	3.054	3.816	4.575	5.578	17.275	19.675	21.920	24.725	26.757
12	3.074	3.571	4.404	5.226	6.304	18.549	21.026	23.337	26.217	28.300
13	3.565	4.107	5.009	5.892	7.042	19.812	22.362	24.736	27.688	29.819
14	4.075	4.660	5.629	6.571	7.790	21.064	23.685	26.119	29.141	31.319
15	4.601	5.229	6.262	7.261	8.547	22.307	24.996	27.488	30.578	32.801
16	5.142	5.812	6.908	7.962	9.312	23.542	26.296	28.845	32.000	34.267
17	5.697	6.408	7.564	8.672	10.085	24.769	27.587	30.191	33.409	35.718
18	6.265	7.015	8.231	9.391	10.865	25.989	28.869	31.526	34.805	37.156
19	6.844	7.633	8.907	10.117	11.651	27.204	30.144	32.852	36.191	38.582
20	7.434	8.260	9.591	10.851	12.443	28.412	31.410	34.170	37.566	39.997
21	8.034	8.897	10.283	11.591	13.240	29.615	32.671	35.479	38.932	41.401
22	8.643	9.543	10.982	12.338	14.041	30.813	33.924	36.781	40.289	42.796
23	9.260	10.196	11.689	13.091	14.848	32.007	35.172	38.076	41.638	44.181
24	9.886	10.856	12.401	13.848	15.659	33.196	36.415	39.364	42.980	45.559
25	10.520	11.524	13.120	14.611	16.473	34.382	37.652	40.646	44.314	46.928
26	11.160	12.198	13.844	15.379	17.292	35.563	38.885	41.923	45.642	48.290
27	11.808	12.879	14.573	16.151	18.114	36.741	40.113	43.195	46.963	49.645
28	12.461	13.565	15.308	16.928	18.939	37.916	41.337	44.461	48.278	50.993
29	13.121	14.256	16.047	17.708	19.768	39.087	42.557	45.722	49.588	52.336
30	13.787	14.953	16.791	18.493	20.599	40.256	43.773	46.979	50.892	53.672
31	14.458	15.655	17.539	19.281	21.434	41.422	44.985	48.232	52.191	55.003
32	15.134	16.362	18.291	20.072	22.271	42.585	46.194	49.480	53.486	56.328
33	15.815	17.074	19.047	20.867	23.110	43.745	47.400	50.725	54.776	57.648
34	16.501	17.789	19.806	21.664	23.952	44.903	48.602	51.966	56.061	58.964
35	17.192	18.509	20.569	22.465	24.797	46.059	49.802	53.203	57.342	60.275
36	17.887	19.233	21.336	23.269	25.643	47.212	50.998	54.437	58.619	61.581
37	18.586	19.960	22.106	24.075	26.492	48.363	52.192	55.668	59.893	62.883
38	19.289	20.691	22.878	24.884	27.343	49.513	53.384	56.896	61.162	64.181
39	19.996	21.426	23.654	25.695	28.196	50.660	54.572	58.120	62.428	65.476
40	20.707	22.164	24.433	26.509	29.051	51.805	55.758	59.342	63.691	66.766
41	21.421	22.906	25.215	27.326	29.907	52.949	56.942	60.561	64.950	68.053
42	22.138	23.650	25.999	28.144	30.765	54.090	58.124	61.777	66.206	69.336
43	22.859	24.398	26.785	28.965	31.625	55.230	59.304	62.990	67.459	70.616
44	23.584	25.148	27.575	29.787	32.487	56.369	60.481	64.201	68.710	71.893
45	24.311	25.901	28.366	30.612	33.350	57.505	61.656	65.410	69.957	73.166

附表 5 F 分布表

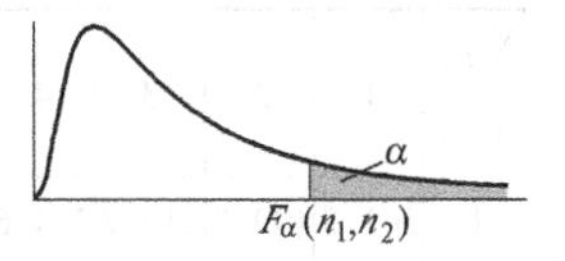

$$P\{F(n_1,n_2)>F_\alpha(n_1,n_2)\}=\alpha \quad (\alpha=0.10)$$

n_2 \ n_1	1	2	3	4	5	6	7	8	9	10	12	15	20	24	30	40	60	120	∞
1	39.86	49.50	53.59	55.83	57.24	58.20	58.91	59.44	59.86	60.20	60.71	61.22	61.74	62.00	62.27	62.53	62.79	63.06	63.36
2	8.53	9.00	9.16	9.24	9.29	9.33	9.35	9.37	9.38	9.39	9.41	9.42	9.44	9.45	9.46	9.47	9.47	9.48	9.49
3	5.54	5.46	5.39	5.34	5.31	5.28	5.27	5.25	5.24	5.23	5.22	5.20	5.18	5.18	5.17	5.16	5.15	5.14	5.13
4	4.54	4.32	4.19	4.11	4.05	4.01	3.98	3.95	3.94	3.92	3.90	3.87	3.84	3.83	3.82	3.80	3.79	3.78	3.76
5	4.06	3.78	3.62	3.52	3.45	3.40	3.37	3.34	3.32	3.30	3.27	3.24	3.21	3.19	3.17	3.16	3.14	3.12	3.11
6	3.78	3.46	3.29	3.18	3.11	3.05	3.01	2.98	2.96	2.94	2.90	2.87	2.84	2.82	2.80	2.78	2.76	2.74	2.72
7	3.59	3.26	3.07	2.96	2.88	2.83	2.78	2.75	2.72	2.70	2.67	2.63	2.59	2.58	2.56	2.54	2.51	2.49	2.47
8	3.46	3.11	2.92	2.81	2.73	2.67	2.62	2.59	2.56	2.54	2.50	2.46	2.42	2.40	2.38	2.36	2.34	2.32	2.29
9	3.36	3.01	2.81	2.69	2.61	2.55	2.51	2.47	2.44	2.42	2.38	2.34	2.30	2.28	2.25	2.23	2.21	2.18	2.16
10	3.29	2.92	2.73	2.61	2.52	2.46	2.41	2.38	2.35	2.32	2.28	2.24	2.20	2.18	2.16	2.13	2.11	2.08	2.06
11	3.23	2.86	2.66	2.54	2.45	2.39	2.34	2.30	2.27	2.25	2.21	2.17	2.12	2.10	2.08	2.05	2.03	2.00	1.97
12	3.18	2.81	2.61	2.48	2.39	2.33	2.28	2.24	2.21	2.19	2.15	2.10	2.06	2.04	2.01	1.99	1.96	1.93	1.90
13	3.14	2.76	2.56	2.43	2.35	2.28	2.23	2.20	2.16	2.14	2.10	2.05	2.01	1.98	1.96	1.93	1.90	1.88	1.85
14	3.10	2.73	2.52	2.39	2.31	2.24	2.19	2.15	2.12	2.10	2.05	2.01	1.96	1.94	1.91	1.89	1.86	1.83	1.80
15	3.07	2.70	2.49	2.36	2.27	2.21	2.16	2.12	2.09	2.06	2.02	1.97	1.92	1.90	1.87	1.85	1.82	1.79	1.76
16	3.05	2.67	2.46	2.33	2.24	2.18	2.13	2.09	2.06	2.03	1.99	1.94	1.89	1.87	1.84	1.81	1.78	1.75	1.72
17	3.03	2.64	2.44	2.31	2.22	2.15	2.10	2.06	2.03	2.00	1.96	1.91	1.86	1.84	1.81	1.78	1.75	1.72	1.69
18	3.01	2.62	2.42	2.29	2.20	2.13	2.08	2.04	2.00	1.98	1.93	1.89	1.84	1.81	1.78	1.75	1.72	1.69	1.66
19	2.99	2.61	2.40	2.27	2.18	2.11	2.06	2.02	1.98	1.96	1.91	1.86	1.81	1.79	1.76	1.73	1.70	1.67	1.63
20	2.97	2.59	2.38	2.25	2.16	2.09	2.04	2.00	1.96	1.94	1.89	1.84	1.79	1.77	1.74	1.71	1.68	1.64	1.61
21	2.96	2.57	2.36	2.23	2.14	2.08	2.02	1.98	1.95	1.92	1.88	1.83	1.78	1.75	1.72	1.69	1.66	1.62	1.59
22	2.95	2.56	2.35	2.22	2.13	2.06	2.01	1.97	1.93	1.90	1.86	1.81	1.76	1.73	1.70	1.67	1.64	1.60	1.57
23	2.94	2.55	2.34	2.21	2.11	2.05	1.99	1.95	1.92	1.89	1.85	1.80	1.74	1.72	1.69	1.66	1.62	1.59	1.55
24	2.93	2.54	2.33	2.19	2.10	2.04	1.98	1.94	1.91	1.88	1.83	1.78	1.73	1.70	1.67	1.64	1.61	1.57	1.53
25	2.92	2.53	2.32	2.18	2.09	2.02	1.97	1.93	1.89	1.87	1.82	1.77	1.72	1.69	1.66	1.63	1.59	1.56	1.52
26	2.91	2.52	2.31	2.17	2.08	2.01	1.96	1.92	1.88	1.86	1.81	1.76	1.71	1.68	1.65	1.61	1.58	1.54	1.50
27	2.90	2.51	2.30	2.17	2.07	2.00	1.95	1.91	1.87	1.85	1.80	1.75	1.70	1.67	1.64	1.60	1.57	1.53	1.49
28	2.89	2.50	2.29	2.16	2.06	2.00	1.94	1.90	1.87	1.84	1.79	1.74	1.69	1.66	1.63	1.59	1.56	1.52	1.48
29	2.89	2.50	2.28	2.15	2.06	1.99	1.93	1.89	1.86	1.83	1.78	1.73	1.68	1.65	1.62	1.58	1.55	1.51	1.47
30	2.88	2.49	2.28	2.14	2.05	1.98	1.93	1.88	1.85	1.82	1.77	1.72	1.67	1.64	1.61	1.57	1.54	1.50	1.46
40	2.84	2.44	2.23	2.09	2.00	1.93	1.87	1.83	1.79	1.76	1.71	1.66	1.61	1.57	1.54	1.51	1.47	1.42	1.38
60	2.79	2.39	2.18	2.04	1.95	1.87	1.82	1.77	1.74	1.71	1.66	1.60	1.54	1.51	1.48	1.44	1.40	1.35	1.29
120	2.75	2.35	2.13	1.99	1.90	1.82	1.77	1.72	1.68	1.65	1.60	1.55	1.48	1.45	1.41	1.37	1.32	1.26	1.19
∞	2.71	2.30	2.08	1.95	1.85	1.77	1.72	1.67	1.63	1.60	1.55	1.49	1.42	1.38	1.34	1.30	1.24	1.17	1.00

($\alpha=0.05$)

n_2 \ n_1	1	2	3	4	5	6	7	8	9	10	12	15	20	24	30	40	60	120	∞
1	161.5	199.5	215.7	224.6	230.2	234.0	236.8	238.9	240.5	241.9	243.9	246.0	248.0	249.1	250.1	251.1	252.2	253.3	254.4
2	18.5	19.0	19.2	19.2	19.3	19.3	19.4	19.4	19.4	19.4	19.4	19.4	19.4	19.5	19.5	19.5	19.5	19.5	19.5
3	10.13	9.55	9.28	9.12	9.01	8.94	8.89	8.85	8.81	8.79	8.74	8.70	8.66	8.64	8.62	8.59	8.57	8.55	8.53
4	7.71	6.94	6.59	6.39	6.26	6.16	6.09	6.04	6.00	5.96	5.91	5.86	5.80	5.77	5.75	5.72	5.69	5.66	5.63
5	6.61	5.79	5.41	5.19	5.05	4.95	4.88	4.82	4.77	4.74	4.68	4.62	4.56	4.53	4.50	4.46	4.43	4.40	4.37
6	5.99	5.14	4.76	4.53	4.39	4.28	4.21	4.15	4.10	4.06	4.00	3.94	3.87	3.84	3.81	3.77	3.74	3.70	3.67
7	5.59	4.74	4.35	4.12	3.97	3.87	3.79	3.73	3.68	3.64	3.57	3.51	3.44	3.41	3.38	3.34	3.30	3.27	3.23
8	5.32	4.46	4.07	3.84	3.69	3.58	3.50	3.44	3.39	3.35	3.28	3.22	3.15	3.12	3.08	3.04	3.01	2.97	2.93
9	5.12	4.26	3.86	3.63	3.48	3.37	3.29	3.23	3.18	3.14	3.07	3.01	2.94	2.90	2.86	2.83	2.79	2.75	2.71
10	4.96	4.10	3.71	3.48	3.33	3.22	3.14	3.07	3.02	2.98	2.91	2.85	2.77	2.74	2.70	2.66	2.62	2.58	2.54
11	4.84	3.98	3.59	3.36	3.20	3.09	3.01	2.95	2.90	2.85	2.79	2.72	2.65	2.61	2.57	2.53	2.49	2.45	2.40
12	4.75	3.89	3.49	3.26	3.11	3.00	2.91	2.85	2.80	2.75	2.69	2.62	2.54	2.51	2.47	2.43	2.38	2.34	2.30
13	4.67	3.81	3.41	3.18	3.03	2.92	2.83	2.77	2.71	2.67	2.60	2.53	2.46	2.42	2.38	2.34	2.30	2.25	2.21
14	4.60	3.74	3.34	3.11	2.96	2.85	2.76	2.70	2.65	2.60	2.53	2.46	2.39	2.35	2.31	2.27	2.22	2.18	2.13
15	4.54	3.68	3.29	3.06	2.90	2.79	2.71	2.64	2.59	2.54	2.48	2.40	2.33	2.29	2.25	2.20	2.16	2.11	2.07
16	4.49	3.63	3.24	3.01	2.85	2.74	2.66	2.59	2.54	2.49	2.42	2.35	2.28	2.24	2.19	2.15	2.11	2.06	2.01
17	4.45	3.59	3.20	2.96	2.81	2.70	2.61	2.55	2.49	2.45	2.38	2.31	2.23	2.19	2.15	2.10	2.06	2.01	1.96
18	4.41	3.55	3.16	2.93	2.77	2.66	2.58	2.51	2.46	2.41	2.34	2.27	2.19	2.15	2.11	2.06	2.02	1.97	1.92
19	4.38	3.52	3.13	2.90	2.74	2.63	2.54	2.48	2.42	2.38	2.31	2.23	2.16	2.11	2.07	2.03	1.98	1.93	1.88
20	4.35	3.49	3.10	2.87	2.71	2.60	2.51	2.45	2.39	2.35	2.28	2.20	2.12	2.08	2.04	1.99	1.95	1.90	1.84
21	4.32	3.47	3.07	2.84	2.68	2.57	2.49	2.42	2.37	2.32	2.25	2.18	2.10	2.05	2.01	1.96	1.92	1.87	1.81
22	4.30	3.44	3.05	2.82	2.66	2.55	2.46	2.40	2.34	2.30	2.23	2.15	2.07	2.03	1.98	1.94	1.89	1.84	1.78
23	4.28	3.42	3.03	2.80	2.64	2.53	2.44	2.37	2.32	2.27	2.20	2.13	2.05	2.01	1.96	1.91	1.86	1.81	1.76
24	4.26	3.40	3.01	2.78	2.62	2.51	2.42	2.36	2.30	2.25	2.18	2.11	2.03	1.98	1.94	1.89	1.84	1.79	1.73
25	4.24	3.39	2.99	2.76	2.60	2.49	2.40	2.34	2.28	2.24	2.16	2.09	2.01	1.96	1.92	1.87	1.82	1.77	1.71
26	4.23	3.37	2.98	2.74	2.59	2.47	2.39	2.32	2.27	2.22	2.15	2.07	1.99	1.95	1.90	1.85	1.80	1.75	1.69
27	4.21	3.35	2.96	2.73	2.57	2.46	2.37	2.31	2.25	2.20	2.13	2.06	1.97	1.93	1.88	1.84	1.79	1.73	1.67
28	4.20	3.34	2.95	2.71	2.56	2.45	2.36	2.29	2.24	2.19	2.12	2.04	1.96	1.91	1.87	1.82	1.77	1.71	1.65
29	4.18	3.33	2.93	2.70	2.55	2.43	2.35	2.28	2.22	2.18	2.10	2.03	1.94	1.90	1.85	1.81	1.75	1.70	1.64
30	4.17	3.32	2.92	2.69	2.53	2.42	2.33	2.27	2.21	2.16	2.09	2.01	1.93	1.89	1.84	1.79	1.74	1.68	1.62
40	4.08	3.23	2.84	2.61	2.45	2.34	2.25	2.18	2.12	2.08	2.00	1.92	1.84	1.79	1.74	1.69	1.64	1.58	1.51
60	4.00	3.15	2.76	2.53	2.37	2.25	2.17	2.10	2.04	1.99	1.92	1.84	1.75	1.70	1.65	1.59	1.53	1.47	1.39
120	3.92	3.07	2.68	2.45	2.29	2.18	2.09	2.02	1.96	1.91	1.83	1.75	1.66	1.61	1.55	1.50	1.43	1.35	1.25
∞	3.84	3.00	2.61	2.37	2.21	2.10	2.01	1.94	1.88	1.83	1.75	1.67	1.57	1.52	1.46	1.39	1.32	1.22	1.00

(α=0.025)

n_2 \ n_1	1	2	3	4	5	6	7	8	9	10	12	15	20	24	30	40	60	120	∞
1	648	800	864	900	922	937	948	957	963	969	977	985	993	997	1001	1006	1010	1014	1018
2	38.5	39.0	39.2	39.2	39.3	39.3	39.4	39.4	39.4	39.4	39.4	39.4	39.4	39.5	39.5	39.5	39.5	39.5	39.5
3	17.4	16.0	15.4	15.1	14.9	14.7	14.6	14.5	14.5	14.4	14.3	14.3	14.2	14.1	14.1	14.0	14.0	13.9	13.9
4	12.2	10.6	9.98	9.60	9.36	9.20	9.07	8.98	8.90	8.84	8.75	8.66	8.56	8.51	8.46	8.41	8.36	8.31	8.26
5	10.01	8.43	7.76	7.39	7.15	6.98	6.85	6.76	6.68	6.62	6.52	6.43	6.33	6.28	6.23	6.18	6.12	6.07	6.02
6	8.81	7.26	6.60	6.23	5.99	5.82	5.70	5.60	5.52	5.46	5.37	5.27	5.17	5.12	5.07	5.01	4.96	4.90	4.85
7	8.07	6.54	5.89	5.52	5.29	5.12	4.99	4.90	4.82	4.76	4.67	4.57	4.47	4.42	4.36	4.31	4.25	4.20	4.14
8	7.57	6.06	5.42	5.05	4.82	4.65	4.53	4.43	4.36	4.30	4.20	4.10	4.00	3.95	3.89	3.84	3.78	3.73	3.67
9	7.21	5.71	5.08	4.72	4.48	4.32	4.20	4.10	4.03	3.96	3.87	3.77	3.67	3.61	3.56	3.51	3.45	3.39	3.33
10	6.94	5.46	4.83	4.47	4.24	4.07	3.95	3.85	3.78	3.72	3.62	3.52	3.42	3.37	3.31	3.26	3.20	3.14	3.08
11	6.72	5.26	4.63	4.28	4.04	3.88	3.76	3.66	3.59	3.53	3.43	3.33	3.23	3.17	3.12	3.06	3.00	2.94	2.88
12	6.55	5.10	4.47	4.12	3.89	3.73	3.61	3.51	3.44	3.37	3.28	3.18	3.07	3.02	2.96	2.91	2.85	2.79	2.73
13	6.41	4.97	4.35	4.00	3.77	3.60	3.48	3.39	3.31	3.25	3.15	3.05	2.95	2.89	2.84	2.78	2.72	2.66	2.60
14	6.30	4.86	4.24	3.89	3.66	3.50	3.38	3.29	3.21	3.15	3.05	2.95	2.84	2.79	2.73	2.67	2.61	2.55	2.49
15	6.20	4.77	4.15	3.80	3.58	3.41	3.29	3.20	3.12	3.06	2.96	2.86	2.76	2.70	2.64	2.59	2.52	2.46	2.40
16	6.12	4.69	4.08	3.73	3.50	3.34	3.22	3.12	3.05	2.99	2.89	2.79	2.68	2.63	2.57	2.51	2.45	2.38	2.32
17	6.04	4.62	4.01	3.66	3.44	3.28	3.16	3.06	2.98	2.92	2.82	2.72	2.62	2.56	2.50	2.44	2.38	2.32	2.25
18	5.98	4.56	3.95	3.61	3.38	3.22	3.10	3.01	2.93	2.87	2.77	2.67	2.56	2.50	2.44	2.38	2.32	2.26	2.19
19	5.92	4.51	3.90	3.56	3.33	3.17	3.05	2.96	2.88	2.82	2.72	2.62	2.51	2.45	2.39	2.33	2.27	2.20	2.13
20	5.87	4.46	3.86	3.51	3.29	3.13	3.01	2.91	2.84	2.77	2.68	2.57	2.46	2.41	2.35	2.29	2.22	2.16	2.09
21	5.83	4.42	3.82	3.48	3.25	3.09	2.97	2.87	2.80	2.73	2.64	2.53	2.42	2.37	2.31	2.25	2.18	2.11	2.04
22	5.79	4.38	3.78	3.44	3.22	3.05	2.93	2.84	2.76	2.70	2.60	2.50	2.39	2.33	2.27	2.21	2.14	2.08	2.00
23	5.75	4.35	3.75	3.41	3.18	3.02	2.90	2.81	2.73	2.67	2.57	2.47	2.36	2.30	2.24	2.18	2.11	2.04	1.97
24	5.72	4.32	3.72	3.38	3.15	2.99	2.87	2.78	2.70	2.64	2.54	2.44	2.33	2.27	2.21	2.15	2.08	2.01	1.94
25	5.69	4.29	3.69	3.35	3.13	2.97	2.85	2.75	2.68	2.61	2.51	2.41	2.30	2.24	2.18	2.12	2.05	1.98	1.91
26	5.66	4.27	3.67	3.33	3.10	2.94	2.82	2.73	2.65	2.59	2.49	2.39	2.28	2.22	2.16	2.09	2.03	1.95	1.88
27	5.63	4.24	3.65	3.31	3.08	2.92	2.80	2.71	2.63	2.57	2.47	2.36	2.25	2.19	2.13	2.07	2.00	1.93	1.85
28	5.61	4.22	3.63	3.29	3.06	2.90	2.78	2.69	2.61	2.55	2.45	2.34	2.23	2.17	2.11	2.05	1.98	1.91	1.83
29	5.59	4.20	3.61	3.27	3.04	2.88	2.76	2.67	2.59	2.53	2.43	2.32	2.21	2.15	2.09	2.03	1.96	1.89	1.81
30	5.57	4.18	3.59	3.25	3.03	2.87	2.75	2.65	2.57	2.51	2.41	2.31	2.20	2.14	2.07	2.01	1.94	1.87	1.79
40	5.42	4.05	3.46	3.13	2.90	2.74	2.62	2.53	2.45	2.39	2.29	2.18	2.07	2.01	1.94	1.88	1.80	1.72	1.64
60	5.29	3.93	3.34	3.01	2.79	2.63	2.51	2.41	2.33	2.27	2.17	2.06	1.94	1.88	1.82	1.74	1.67	1.58	1.48
120	5.15	3.80	3.23	2.89	2.67	2.52	2.39	2.30	2.22	2.16	2.05	1.95	1.82	1.76	1.69	1.61	1.53	1.43	1.31
∞	5.02	3.69	3.12	2.79	2.57	2.41	2.29	2.19	2.11	2.05	1.94	1.83	1.71	1.64	1.57	1.48	1.39	1.27	1.00

($\alpha=0.01$)

n_2 \ n_1	1	2	3	4	5	6	7	8	9	10	12	15	20	24	30	40	60	120	∞
1	4052	5000	5403	5625	5764	5859	5928	5981	6023	6056	6106	6157	6209	6235	6261	6287	6313	6339	6637
2	98.5	99.0	99.2	99.2	99.3	99.3	99.4	99.4	99.4	99.4	99.4	99.4	99.4	99.5	99.5	99.5	99.5	99.5	99.5
3	34.1	30.8	29.5	28.7	28.2	27.9	27.7	27.5	27.3	27.2	27.1	26.9	26.7	26.6	26.5	26.4	26.3	26.2	26.1
4	21.2	18.0	16.7	16.0	15.5	15.2	15.0	14.8	14.7	14.5	14.4	14.2	14.0	13.9	13.8	13.7	13.7	13.6	13.5
5	16.3	13.3	12.1	11.4	11.0	10.7	10.5	10.3	10.2	10.1	9.89	9.72	9.55	9.47	9.38	9.29	9.20	9.11	9.02
6	13.7	10.9	9.78	9.15	8.75	8.47	8.26	8.10	7.98	7.87	7.72	7.56	7.40	7.31	7.23	7.14	7.06	6.97	6.88
7	12.2	9.55	8.45	7.85	7.46	7.19	6.99	6.84	6.72	6.62	6.47	6.31	6.16	6.07	5.99	5.91	5.82	5.74	5.65
8	11.3	8.65	7.59	7.01	6.63	6.37	6.18	6.03	5.91	5.81	5.67	5.52	5.36	5.28	5.20	5.12	5.03	4.95	4.86
9	10.6	8.02	6.99	6.42	6.06	5.80	5.61	5.47	5.35	5.26	5.11	4.96	4.81	4.73	4.65	4.57	4.48	4.40	4.31
10	10.0	7.56	6.55	5.99	5.64	5.39	5.20	5.06	4.94	4.85	4.71	4.56	4.41	4.33	4.25	4.17	4.08	4.00	3.91
11	9.65	7.21	6.22	5.67	5.32	5.07	4.89	4.74	4.63	4.54	4.40	4.25	4.10	4.02	3.94	3.86	3.78	3.69	3.60
12	9.33	6.93	5.95	5.41	5.06	4.82	4.64	4.50	4.39	4.30	4.16	4.01	3.86	3.78	3.70	3.62	3.54	3.45	3.36
13	9.07	6.70	5.74	5.21	4.86	4.62	4.44	4.30	4.19	4.10	3.96	3.82	3.66	3.59	3.51	3.43	3.34	3.25	3.17
14	8.86	6.51	5.56	5.04	4.70	4.46	4.28	4.14	4.03	3.94	3.80	3.66	3.51	3.43	3.35	3.27	3.18	3.09	3.00
15	8.68	6.36	5.42	4.89	4.56	4.32	4.14	4.00	3.89	3.80	3.67	3.52	3.37	3.29	3.21	3.13	3.05	2.96	2.87
16	8.53	6.23	5.29	4.77	4.44	4.20	4.03	3.89	3.78	3.69	3.55	3.41	3.26	3.18	3.10	3.02	2.93	2.84	2.75
17	8.40	6.11	5.19	4.67	4.34	4.10	3.93	3.79	3.68	3.59	3.46	3.31	3.16	3.08	3.00	2.92	2.83	2.75	2.65
18	8.29	6.01	5.09	4.58	4.25	4.01	3.84	3.71	3.60	3.51	3.37	3.23	3.08	3.00	2.92	2.84	2.75	2.66	2.57
19	8.18	5.93	5.01	4.50	4.17	3.94	3.77	3.63	3.52	3.43	3.30	3.15	3.00	2.92	2.84	2.76	2.67	2.58	2.49
20	8.10	5.85	4.94	4.43	4.10	3.87	3.70	3.56	3.46	3.37	3.23	3.09	2.94	2.86	2.78	2.69	2.61	2.52	2.42
21	8.02	5.78	4.87	4.37	4.04	3.81	3.64	3.51	3.40	3.31	3.17	3.03	2.88	2.80	2.72	2.64	2.55	2.46	2.36
22	7.95	5.72	4.82	4.31	3.99	3.76	3.59	3.45	3.35	3.26	3.12	2.98	2.83	2.75	2.67	2.58	2.50	2.40	2.31
23	7.88	5.66	4.76	4.26	3.94	3.71	3.54	3.41	3.30	3.21	3.07	2.93	2.78	2.70	2.62	2.54	2.45	2.35	2.26
24	7.82	5.61	4.72	4.22	3.90	3.67	3.50	3.36	3.26	3.17	3.03	2.89	2.74	2.66	2.58	2.49	2.40	2.31	2.21
25	7.77	5.57	4.68	4.18	3.86	3.63	3.46	3.32	3.22	3.13	2.99	2.85	2.70	2.62	2.54	2.45	2.36	2.27	2.17
26	7.72	5.53	4.64	4.14	3.82	3.59	3.42	3.29	3.18	3.09	2.96	2.82	2.66	2.58	2.50	2.42	2.33	2.23	2.13
27	7.68	5.49	4.60	4.11	3.78	3.56	3.39	3.26	3.15	3.06	2.93	2.78	2.63	2.55	2.47	2.38	2.29	2.20	2.10
28	7.64	5.45	4.57	4.07	3.75	3.53	3.36	3.23	3.12	3.03	2.90	2.75	2.60	2.52	2.44	2.35	2.26	2.17	2.06
29	7.60	5.42	4.54	4.04	3.73	3.50	3.33	3.20	3.09	3.00	2.87	2.73	2.57	2.49	2.41	2.33	2.23	2.14	2.03
30	7.56	5.39	4.51	4.02	3.70	3.47	3.30	3.17	3.07	2.98	2.84	2.70	2.55	2.47	2.39	2.30	2.21	2.11	2.01
40	7.31	5.18	4.31	3.83	3.51	3.29	3.12	2.99	2.89	2.80	2.66	2.52	2.37	2.29	2.20	2.11	2.02	1.92	1.80
60	7.08	4.98	4.13	3.65	3.34	3.12	2.95	2.82	2.72	2.63	2.50	2.35	2.20	2.12	2.03	1.94	1.84	1.73	1.60
120	6.85	4.79	3.95	3.48	3.17	2.96	2.79	2.66	2.56	2.47	2.34	2.19	2.03	1.95	1.86	1.76	1.66	1.53	1.38
∞	6.64	4.61	3.78	3.32	3.02	2.80	2.64	2.51	2.41	2.32	2.19	2.04	1.88	1.79	1.70	1.59	1.47	1.32	1.00

(α=0.005)

n_2 \ n_1	1	2	3	4	5	6	7	8	9	10	12	15	20	24	30	40	60	120	∞
1	16211	20000	21615	22500	23056	23437	23715	23925	24091	24224	24426	24630	24836	24940	25044	25148	25253	25367	25476
2	198.5	199.0	199.2	199.3	199.3	199.3	199.4	199.4	199.4	199.4	199.4	199.4	199.5	199.5	199.5	199.5	199.5	199.5	199.5
3	55.6	49.8	47.5	46.2	45.4	44.8	44.4	44.1	43.9	43.7	43.4	43.1	42.8	42.6	42.5	42.3	42.1	42.0	41.8
4	31.3	26.3	24.3	23.2	22.5	22.0	21.6	21.4	21.1	21.0	20.7	20.4	20.2	20.0	19.9	19.8	19.6	19.5	19.3
5	22.8	18.3	16.5	15.6	14.9	14.5	14.2	14.0	13.8	13.6	13.4	13.1	12.9	12.8	12.7	12.5	12.4	12.3	12.1
6	18.6	14.5	12.92	12.03	11.46	11.07	10.79	10.6	10.4	10.3	10.0	9.81	9.59	9.47	9.36	9.24	9.12	9.00	8.88
7	16.2	12.40	10.88	10.05	9.52	9.16	8.89	8.68	8.51	8.38	8.18	7.97	7.75	7.65	7.53	7.42	7.31	7.19	7.08
8	14.7	11.04	9.60	8.81	8.30	7.95	7.69	7.50	7.34	7.21	7.01	6.81	6.61	6.50	6.40	6.29	6.18	6.06	5.95
9	13.6	10.11	8.72	7.96	7.47	7.13	6.88	6.69	6.54	6.42	6.23	6.03	5.83	5.73	5.62	5.52	5.41	5.30	5.19
10	12.8	9.43	8.08	7.34	6.87	6.54	6.30	6.12	5.97	5.85	5.66	5.47	5.27	5.17	5.07	4.97	4.86	4.75	4.64
11	12.23	8.91	7.60	6.88	6.42	6.10	5.86	5.68	5.54	5.42	5.24	5.05	4.86	4.76	4.65	4.55	4.45	4.34	4.23
12	11.75	8.51	7.23	6.52	6.07	5.76	5.52	5.35	5.20	5.09	4.91	4.72	4.53	4.43	4.33	4.23	4.12	4.01	3.90
13	11.37	8.19	6.93	6.23	5.79	5.48	5.25	5.08	4.94	4.82	4.64	4.46	4.27	4.17	4.07	3.97	3.87	3.76	3.65
14	11.06	7.92	6.68	6.00	5.56	5.26	5.03	4.86	4.72	4.60	4.43	4.25	4.06	3.96	3.86	3.76	3.66	3.55	3.44
15	10.80	7.70	6.48	5.80	5.37	5.07	4.85	4.67	4.54	4.42	4.25	4.07	3.88	3.79	3.69	3.59	3.48	3.37	3.26
16	10.58	7.51	6.30	5.64	5.21	4.91	4.69	4.52	4.38	4.27	4.10	3.92	3.73	3.64	3.54	3.44	3.33	3.22	3.11
17	10.38	7.35	6.16	5.50	5.07	4.78	4.56	4.39	4.25	4.14	3.97	3.79	3.61	3.51	3.41	3.31	3.21	3.10	2.98
18	10.22	7.21	6.03	5.37	4.96	4.66	4.44	4.28	4.14	4.03	3.86	3.68	3.50	3.40	3.30	3.20	3.10	2.99	2.87
19	10.07	7.09	5.92	5.27	4.85	4.56	4.34	4.18	4.04	3.93	3.76	3.59	3.40	3.31	3.21	3.11	3.00	2.89	2.78
20	9.94	6.99	5.82	5.17	4.76	4.47	4.26	4.09	3.96	3.85	3.68	3.50	3.32	3.22	3.12	3.02	2.92	2.81	2.69
21	9.83	6.89	5.73	5.09	4.68	4.39	4.18	4.01	3.88	3.77	3.60	3.43	3.24	3.15	3.05	2.95	2.84	2.73	2.61
22	9.73	6.81	5.65	5.02	4.61	4.32	4.11	3.94	3.81	3.70	3.54	3.36	3.18	3.08	2.98	2.88	2.77	2.66	2.55
23	9.63	6.73	5.58	4.95	4.54	4.26	4.05	3.88	3.75	3.64	3.47	3.30	3.12	3.02	2.92	2.82	2.71	2.60	2.48
24	9.55	6.66	5.52	4.89	4.49	4.20	3.99	3.83	3.69	3.59	3.42	3.25	3.06	2.97	2.87	2.77	2.66	2.55	2.43
25	9.48	6.60	5.46	4.84	4.43	4.15	3.94	3.78	3.64	3.54	3.37	3.20	3.01	2.92	2.82	2.72	2.61	2.50	2.38
26	9.41	6.54	5.41	4.79	4.38	4.10	3.89	3.73	3.60	3.49	3.33	3.15	2.97	2.87	2.77	2.67	2.56	2.45	2.33
27	9.34	6.49	5.36	4.74	4.34	4.06	3.85	3.69	3.56	3.45	3.28	3.11	2.93	2.83	2.73	2.63	2.52	2.41	2.29
28	9.28	6.44	5.32	4.70	4.30	4.02	3.81	3.65	3.52	3.41	3.25	3.07	2.89	2.79	2.69	2.59	2.48	2.37	2.25
29	9.23	6.40	5.28	4.66	4.26	3.98	3.77	3.61	3.48	3.38	3.21	3.04	2.86	2.76	2.66	2.56	2.45	2.33	2.21
30	9.18	6.35	5.24	4.62	4.23	3.95	3.74	3.58	3.45	3.34	3.18	3.01	2.82	2.73	2.63	2.52	2.42	2.30	2.18
40	8.83	6.07	4.98	4.37	3.99	3.71	3.51	3.35	3.22	3.12	2.95	2.78	2.60	2.50	2.40	2.30	2.18	2.06	1.93
60	8.49	5.80	4.73	4.14	3.76	3.49	3.29	3.13	3.01	2.90	2.74	2.57	2.39	2.29	2.19	2.08	1.96	1.83	1.69
120	8.18	5.54	4.50	3.92	3.55	3.28	3.09	2.93	2.81	2.71	2.54	2.37	2.19	2.09	1.98	1.87	1.75	1.61	1.43
∞	7.88	5.30	4.28	3.72	3.35	3.09	2.90	2.74	2.62	2.52	2.36	2.19	2.00	1.90	1.79	1.67	1.53	1.36	1.00

参 考 文 献

[1] 魏宗舒．概率论与数理统计教程［M］．北京：高等教育出版社，2008.

[2] 盛骤，等．概率论与数理统计［M］．4 版．北京：高等教育出版社，2008.

[3] 茆诗松，等．概率论与数理统计教程［M］．2 版．北京：高等教育出版社，2011.

[4] 上海交通大学数学系．概率论与数理统计［M］．2 版．北京：科学出版社，2007.

[5] 杨万才．概率论与数理统计［M］．北京：科学出版社，2009.

[6] 王松桂，等．概率论与数理统计［M］．3 版．北京：科学出版社，2011.

[7] 同济大学概率统计教研室．概率统计［M］．4 版．上海：同济大学出版社，2009.

[8] 韩旭里，等．概率论与数理统计［M］．北京：科学出版社，2004.

[9] 罗敏娜．概率论与数理统计［M］．北京：科学出版社，2010.